2007
浙江科技统计年鉴

浙江省科学技术厅
浙 江 省 统 计 局　编

浙江大學出版社

《浙江科技统计年鉴》编辑委员会

编辑说明

为反映浙江科技进步状况和区域创新能力，满足宏观管理部门制定科技发展规划和调整科技政策的需要，省科技厅、省统计局在征询有关部门意见的基础上，共同编辑整理了这本科技统计资料书。

本书收集了浙江各类科技活动的投入产出等方面统计数据，较为全面、系统地描述了浙江区域科技活动的规模、水平、布局、构成与发展，是有关管理部门和社会各界了解、研究和分析浙江科技政策以及科技活动情况的主要资料工具书。

本书共分七个部分。第一部分为全社会科技活动的综合统计资料，主要有科技活动人员构成与投入情况、科技活动经费构成与投入情况、地方财政科技拨款情况、科技成果产出及获奖、技术市场成交等指标的综合资料；第二、三、四、五部分则依次为研究与开发机构、规模以上工业企业、大中型工业企业、高等院校的科技活动统计资料，主要有机构情况、科技活动人员情况、科技活动经费筹集与支出情况、科技项目（课题）情况、成果和知识产权和等科技产出情况的内容；第六部分为浙江高技术产业发展状况的综合资料；第七部分收录了全国及分省（市、区）的有关科技统计数据资料。本书的最后还附录了主要指标解释，便于读者了解科技统计数据资料的统计定义、口径范围和统计方法。

目　　录

一、综　　合

二、研究与开发机构

三、规模以上工业企业情况

四、大中型工业企业情况

五、高等院校

六、高技术产业

七、全国及分省(市、区)情况

一、综　合

1－1 行政区划(2006年底)

单位:个

地区	市辖区	县及县级市	建制镇	乡	村
合 计	32	58	754	461	32976
杭州市	8	5	108	33	3660
宁波市	6	5	80	11	2654
温州市	3	8	119	143	5391
嘉兴市	2	5	53	1	944
湖州市	2	3	44	16	1063
绍兴市	1	5	79	15	2911
金华市	2	7	74	37	4824
衢州市	2	4	47	46	2598
舟山市	2	2	23	12	417
台州市	3	6	65	28	5034
丽水市	1	8	62	119	3480

1－2　历年生产总值

年份	全省生产总值（亿元）	第一产业	第二产业			第三产业	人均生产总值（元）
				工业	建筑业		
1978	123.72	47.09	53.52	46.97	6.55	23.11	331
1979	157.75	67.56	64.07	55.59	8.48	26.12	417
1980	179.92	64.61	84.07	73.71	10.36	31.24	471
1981	204.86	69.06	94.68	84.08	10.60	41.12	531
1982	234.01	84.88	98.44	87.21	11.23	50.69	599
1983	257.09	82.89	113.12	102.55	10.57	61.08	650
1984	323.25	104.40	141.48	127.91	13.57	77.37	810
1985	429.16	123.88	198.91	178.68	20.23	106.37	1067
1986	502.47	136.29	230.89	206.63	24.26	135.29	1237
1987	606.99	159.41	281.47	249.69	31.78	166.11	1478
1988	770.25	195.68	354.39	315.36	39.03	220.18	1853
1989	849.44	210.95	386.25	346.50	39.75	252.24	2023
1990	904.69	225.04	408.18	363.74	44.44	271.47	2138
1991	1089.33	245.22	494.11	438.36	55.75	350.00	2558
1992	1375.70	262.67	653.43	581.73	71.70	459.60	3212
1993	1925.91	315.97	983.96	876.26	107.70	625.99	4469
1994	2689.28	438.65	1398.12	1243.37	154.75	852.52	6201
1995	3557.55	549.96	1854.52	1645.51	209.01	1153.07	8149
1996	4188.53	594.94	2232.17	1983.90	248.27	1361.43	9552
1997	4686.11	618.90	2554.57	2285.24	269.33	1512.64	10624
1998	5052.62	609.30	2766.95	2484.97	281.97	1676.38	11394
1999	5443.92	606.31	2974.74	2679.68	295.06	1862.87	12214
2000	6141.03	630.98	3273.93	2945.70	328.23	2236.12	13416
2001	6898.34	659.78	3572.88	3181.93	390.94	2665.68	14713
2002	8003.67	685.20	4090.48	3640.84	449.64	3227.99	16978
2003	9705.02	717.85	5096.38	4462.97	633.42	3890.79	20444
2004	11648.70	814.10	6250.38	5491.33	759.05	4584.22	24352
2005	13437.85	892.83	7166.15	6349.34	816.81	5378.87	27703
2006	15742.51	925.10	8509.57	7590.57	919.00	6307.84	31874

注：本表按当年价格计算。2000年以后人均生产总值均按常住人口计算。

1－3 历年总户数和总人口数(年底数)

年份	总户数（万户）	总人口数（万人）	按性别分		按农业和非农业分	
			男性	女性	农业人口	非农业人口
1978	897.62	3750.96	1948.29	1802.67	3321.96	429.00
1979	905.32	3792.33	1967.40	1824.93	3332.57	459.76
1980	923.58	3826.58	1985.59	1840.99	3346.40	480.18
1981	965.92	3871.51	2007.55	1863.96	3362.04	509.47
1982	990.66	3924.32	2034.98	1889.34	3387.79	536.53
1983	1014.03	3963.10	2056.06	1907.04	3413.05	550.05
1984	1038.85	3993.09	2071.46	1921.63	3425.47	567.62
1985	1081.20	4029.56	2090.69	1938.87	3395.35	634.21
1986	1122.09	4070.07	2112.05	1958.02	3417.19	652.88
1987	1167.30	4121.19	2137.38	1983.81	3455.14	666.05
1988	1211.08	4169.85	2161.26	2008.59	3487.61	682.24
1989	1240.41	4208.88	2180.83	2028.05	3515.46	693.42
1990	1259.49	4234.91	2193.71	2041.20	3538.13	696.78
1991	1276.80	4261.37	2206.65	2054.72	3555.37	706.00
1992	1297.81	4285.91	2218.72	2067.19	3560.13	725.78
1993	1311.07	4313.30	2232.72	2080.58	3563.24	750.06
1994	1321.54	4341.20	2246.57	2094.63	3565.19	776.01
1995	1339.82	4369.63	2259.54	2110.09	3567.14	802.49
1996	1353.99	4400.09	2273.54	2126.55	3570.17	829.92
1997	1369.79	4422.28	2282.85	2139.43	3557.19	865.09
1998	1389.44	4446.86	2293.29	2153.57	3539.78	907.08
1999	1410.25	4467.46	2302.64	2164.82	3519.79	947.67
2000	1440.40	4501.22	2316.54	2184.68	3506.20	995.02
2001	1447.67	4519.84	2323.87	2195.97	3473.63	1046.21
2002	1466.19	4535.98	2330.30	2205.68	3438.76	1097.22
2003	1485.72	4551.58	2335.61	2215.97	3394.08	1157.50
2004	1509.29	4577.22	2345.26	2231.96	3353.16	1224.06
2005	1534.16	4602.11	2354.19	2247.91	3335.30	1266.81
2006	1556.53	4629.43	2364.97	2264.46	3317.26	1312.17

注：本表资料为公安年报数。

1-4 历年从业人员总数(年底数)

单位:万人

年份	从业人员总数	职工合计	国有单位	城镇集体单位	其他单位	城镇私营和个体从业人员	乡村从业人员	其他从业人员
1978	1794.96	312.89	183.14	129.75		1.51	1480.56	
1979	1829.9	339.91	196.78	143.13		2.00	1487.99	
1980	1856.42	359.73	208.5	151.23		3.51	1493.18	
1981	1954.53	397.35	223.62	155.73		4.11	1571.07	
1982	2021.74	374.33	232.29	142.04		5.25	1642.16	
1983	2141.16	382.75	237.68	145.07		7.61	1750.8	
1984	2248.91	402.51	228.26	172.72	1.53	9.55	1836.85	
1985	2318.56	426.57	240.71	183.81	2.05	12.09	1879.9	
1986	2386.42	443.04	251.92	188.73	2.39	12.87	1930.51	
1987	2444.73	459.65	263.46	192.97	3.22	15.69	1969.39	
1988	2502.73	475.74	274.30	196.97	4.47	22.54	2004.45	
1989	2522.86	470.12	274.95	189.34	5.83	27.03	2025.71	
1990	2554.46	476.02	280.87	189.12	6.03	29.84	2048.60	
1991	2579.36	492.81	293.41	191.09	8.31	30.98	2049.22	6.35
1992	2600.38	491.37	297.96	181.62	11.79	38.29	2065.04	5.68
1993	2615.89	502.36	300.59	176.12	25.65	52.54	2052.66	8.33
1994	2640.51	500.88	294.13	170.42	36.33	82.39	2024.39	32.85
1995	2621.47	498.61	294.59	161.89	42.13	96.44	2015.45	10.97
1996	2625.06	495.35	290.22	156.25	48.88	108.99	2010.21	10.51
1997	2619.66	482.26	285.05	144.53	52.68	110.27	2016.2	10.93
1998	2612.54	455.8	256.61	102.94	96.25	122.86	2021.56	12.32
1999	2625.17	427.45	233.15	80.21	114.09	163.34	2021.24	13.14
2000	2726.09	398.53	208.19	58.93	131.41	208.56	2106.14	12.86
2001	2796.65	372.39	185.36	41.28	145.75	236.00	2173.63	14.63
2002	2858.56	367.14	179.67	35.49	151.98	280.97	2185.87	24.58
2003	2918.74	373.21	170.40	30.53	172.28	349.19	2168.74	27.60
2004	2991.95	447.47	176.44	36.05	234.98	383.11	2144.28	17.09
2005	3100.76	522.93	177.93	31.17	313.83	373.22	2196.42	8.19
2006	3172.38	590.47	182.27	28.51	379.70	467.05	2094.49	20.37

注:1978—2000 年按户籍统计,2001—2006 年按所在地统计。

1－5　地方财政科技拨款情况(1990—2006)

年份	财政科技拨款(亿元)			财政科技拨款占财政支出的比　重(%)
		科技三项费	科学事业费	
1990	1.50	0.77	0.73	1.87
1991	1.73	0.91	0.81	2.03
1992	1.93	0.96	0.95	2.03
1993	2.26	1.11	1.11	1.80
1994	2.78	1.32	1.37	1.82
1995	3.49	1.78	1.63	1.94
1996	4.42	2.04	2.19	2.07
1997	5.57	2.94	2.41	2.32
1998	7.30	4.08	2.98	2.55
1999	9.46	5.59	3.39	2.80
2000	13.98	9.18	3.95	3.24
2001	18.55	12.05	5.12	3.10
2002	24.94	16.05	6.12	3.33
2003	29.41	19.52	7.17	3.28
2004	38.35	25.18	9.15	3.61
2005	50.01	34.10	10.56	3.96
2006	62.88	41.52	12.81	4.29

1－6　省本级财政科技拨款情况(1999—2006)

	省本级地方财政科技拨款(亿元)				占本级财政支出比重(%)
		科技三项费	科学事业费	科技基建费	
1999	3.32	1.37	1.93	0.02	5.94
2000	3.97	1.76	2.20	0.01	5.99
2001	5.13	2.23	2.89	0.01	5.71
2002	6.52	3.33	3.12	0.07	6.19
2003	7.52	3.87	3.58	0.06	6.52
2004	10.01	5.53	4.48	0.01	7.29
2005	12.96	7.90	4.79	0.01	8.10
2006	16.48	9.09	5.58	0.01	9.04

1－7　科技活动人员构成情况(1990—2006)

单位:人

年份	科技活动人员合计	科学家工程师	研究机构	科学家工程师	高等院校	科学家工程师	工业企业	科学家工程师	其他部门	科学家工程师
1990	76925		14718		15958		41244		5005	
1991	86518		15795		15760		46208		8755	
1992	98103		14332		15891		55088		12792	
1993	111264		13095		16311		64048		17810	
1994	109883		11966		15549		62215		20153	
1995	121764	54199	10873		15453		73762		21676	
1996	130191	65367	10981		16051		74980		28179	
1997	141729	82189	11551		9718		81919		38541	
1998	149212	81734	11080		10777		88733		38622	
1999	150883	82384	10734		10647		93832		35670	
2000	152885	95151	8950	6129	12660	12222	99842	56376	31433	20424
2001	164157	105930	8066	5458	15178	14774	107067	62908	33846	22790
2002	189443	123641	7915	5246	19659	18258	122153	73507	39716	26630
2003	208861	136742	7588	5247	21763	21289	134673	80898	44837	29308
2004	209278	125650	7509	5164	22930	19522	149910	97069	28929	3895
2005	257750	163519	8657	6093	25077	21629	196739	131863	27277	3934
2006	310525	189775	9098	6598	25436	21941	240696	157260	35295	3976

1-8 研究与试验发展(R&D)活动人员构成情况(1990—2006)

单位:人年

年份	R&D人员合计	科学家工程师	研究机构	科学家工程师	高等院校	科学家工程师	工业企业	科学家工程师	其他部门	科学家工程师
1990	12324	8049								
1991	13018	8611								
1992	13929	9332								
1993	14904	10115								
1994	15630	10746								
1995	16255	11318								
1996	17068	12038								
1997	17649	13102								
1998	23097	18587								
1999	27401	20358								
2000	28604	21235	2893	2154	5252	5082	16160	10695	4299	3304
2001	39156	25830	2739	2120	5679	5537	24279	13884	6459	4289
2002	44585	33619	2828	2355	7740	7253	26574	18556	7443	5455
2003	49566	37809	2928	2484	8157	8039	31330	21656	7151	5630
2004	58460	42920	2802	2417	10291	9926	44818	30083	549	494
2005	80117	59993	3189	2775	10641	10337	65701	46359	585	521
2006	108123	95855	3388	2545	10450	10121	93711	82674	574	515

1－9 科技活动经费构成情况(1990—2006)

单位:亿元

年份	科技活动经费	科研机构	高等院校	工业企业	其他部门
1990	8.60	2.36	0.52	5.49	0.23
1991	9.86	2.15	0.69	6.76	0.26
1992	14.12	3.00	1.27	9.48	0.37
1993	17.93	3.66	2.66	10.95	0.66
1994	23.21	3.12	1.91	17.23	0.95
1995	32.57	4.59	2.45	24.37	1.17
1996	37.96	4.77	2.53	29.31	1.35
1997	51.33	7.21	4.23	34.35	5.53
1998	60.89	8.18	4.46	41.56	6.69
1999	76.78	10.49	5.81	52.37	8.11
2000	104.89	9.56	7.39	76.95	10.99
2001	124.29	11.16	9.17	91.04	12.92
2002	150.03	10.60	11.26	112.44	15.73
2003	185.20	14.68	13.61	139.72	17.19
2004	243.85	15.68	19.09	191.22	17.86
2005	321.42	19.43	20.32	264.24	17.43
2006	407.85	21.17	24.87	333.66	28.15

1-10 科技活动经费投入情况(1990—2006)

年份	科技活动经费(亿元)	占GDP比重(%)	R&D活动经费(亿元)	占GDP比重(%)
1990	8.60	0.95	2.04	0.23
1991	9.86	0.91	2.27	0.21
1992	14.12	1.03	3.46	0.25
1993	17.93	0.93	4.43	0.23
1994	23.21	0.86	7.88	0.29
1995	32.57	0.92	9.14	0.26
1996	37.96	0.91	10.50	0.25
1997	51.33	1.10	15.19	0.32
1998	60.89	1.21	19.70	0.39
1999	76.78	1.41	27.05	0.50
2000	104.89	1.71	36.59	0.60
2001	124.27	1.80	44.74	0.65
2002	150.03	1.87	57.65	0.72
2003	185.20	1.91	77.76	0.80
2004	243.85	2.09	115.55	0.99
2005	321.42	2.39	163.29	1.22
2006	407.85	2.59	224.03	1.42

1－11 研究与试验发展(R&D)经费情况(1990—2006)

单位:亿元

年份	R&D活动经费支出	按执行部门分				按经费来源分			
		研究机构	高等院校	工业企业	其他部门	政府资金	企业资金	国外资金	其他资金
1990	2.04	0.96	0.51	0.52	0.05				
1991	2.27	0.87	0.69	0.64	0.06				
1992	3.46	1.21	1.25	0.9	0.09				
1993	4.43	1.48	1.77	1.04	0.13				
1994	7.88	1.33	1.82	4.52	0.21				
1995	9.14	1.85	2.42	4.63	0.24				
1996	10.50	2.23	2.43	5.56	0.29				
1997	15.19	2.96	3.04	7.85	1.34				
1998	19.70	3.10	3.00	11.80	1.80				
1999	27.05	3.04	3.71	17.80	2.50				
2000	36.59	3.21	3.33	26.54	3.51	5.73	26.93	0.53	3.40
2001	44.74	3.32	5.09	32.04	4.29	6.59	32.73	0.64	4.78
2002	57.65	2.97	6.58	42.58	5.52	6.77	42.20	0.17	8.51
2003	77.76	4.35	7.88	59.62	5.91	9.46	57.70	0.32	10.28
2004	115.55	4.62	13.33	91.10	6.50	13.78	97.42	0.63	3.72
2005	163.29	11.58	13.90	130.41	7.40	24.12	134.74	0.55	3.88
2006	224.03	12.38	15.99	183.39	12.27	28.00	190.28	1.12	4.63

1－12 地方国有企事业单位专业技术人员情况(1990—2006)

单位:人

	总　计	工程技术人员	农业技术人员	科学技术人员	卫生技术人员	教学人员	其　他
1991	624459	103472	13826	4721	80837	274985	146618
1992	652234	107934	13243	4487	86260	281172	159138
1993	676167	113001	12861	4556	90396	286600	168753
1994	696455	116672	14648	4358	94353	292171	174253
1995	703133	118630	14856	4447	97658	304513	163029
1996	741998	125584	17472	4357	103331	322953	168301
1997	768769	128788	17817	4551	109286	337230	171097
1998	770929	128201	18767	3894	108782	344290	166995
1999	792969	132877	19456	4027	115026	357441	164142
2000	784993	125710	19183	4075	117971	368294	149760
2001	766471	112939	19195	4205	121796	377050	131286
2002	761390	107786	18319	4207	125686	385007	120385
2003	777986	110674	18926	5140	130700	392515	120031
2004	898859	93731	18954	2486	150235	405641	227812
2005	814699	98224	19214	6281	153944	413375	123661
2006	828474	100016	18749	5952	158926	420777	124054

1-13 按行业分的事业单位专业技术人员(2006年)

单位:人

项目	总计	按职务分					按专业分					
		高级职务	#正高级职务	中级职务	初级职务	未聘任专业技术职务	#工程技术人员	#农业技术人员	#科学技术人员	#卫生技术人员	#教学人员	#其他专技人员
总数	**734353**	**66289**	**5896**	**287624**	**339829**	**40611**	**57667**	**18280**	**5789**	**154345**	**419992**	**78280**
农林牧渔业	30290	1561	46	9752	17729	1248	8201	16301	11	184	43	5550
交通运输仓储及邮电通讯业	8721	629	8	3221	4590	281	4013	7	1	11	94	4595
信息传输、计算机服务和软件业	979	64		344	459	112	656	2		1	3	317
金融保险业	568	13		204	351		20			2		546
租赁和商务服务业	2150	79	1	737	1176	158	679	12	4	16	13	1426
科学研究技术服务和地质勘查业	16964	3001	225	6472	6715	776	10936	598	1915	244	77	3194
水利环境和公共设施管理业	16866	1209	20	5867	9067	723	12298	230	28	53	23	4234
居民服务和其他服务业	4288	230	7	1250	2479	329	2239	124	2	42	30	1851
教育	434246	43271	2950	187759	180753	22463	2956	17	3641	1785	417955	7892
卫生、社会保障和社会福利业	166707	12338	2133	53432	90891	10076	2405	158	127	151332	636	12049
文化体育和娱乐业	28867	2956	494	10327	13378	2206	4873	34	29	108	758	23065
其他行业	23707	938	12	8259	12241	2239	8391	797	31	567	360	13561

注:统计范围为地方国有乡(镇)街道以上的专业技术人员。

1－14　按行业分的企业单位专业技术人员(2006年)

单位：人

项　目	总计	按职务分					按专业分					
		高级职务	#正高级职务	中级职务	初级职务	未聘任专业技术职务	#工程技术人员	#农业技术人员	#科学技术人员	#卫生技术人员	#教学人员	#其他专技人员
总　数	**94121**	**4938**	**57**	**27878**	**51401**	**9904**	**42349**	**469**	**163**	**4581**	**785**	**45774**
农林牧渔业	1045	28		265	731	21	448	151		16	3	427
交通运输仓储及邮电通讯业	13794	538		4281	8208	767	5893	9		162	104	7626
信息传输、计算机服务和软件业	959	44	1	213	522	180	444		21		18	476
金融保险业	3998	90		1295	2450	163	210			3	5	3780
租赁和商务服务业	2241	39		687	940	575	325	1		550	5	1360
科学研究技术服务和地质勘查业	1628	274	2	564	644	146	1398		33	1	8	188
水利环境和公共设施管理业	2521	142	2	705	1440	234	1586	21	1	3	2	908
居民服务和其他服务业	1082	51		356	594	81	273			9	3	797
教育	296	36	7	90	163	7	5			4	263	24
卫生、社会保障和社会福利业	350	10		116	199	25	7			330		13
文化体育和娱乐业	1742	161	30	523	796	262	348		2	2	8	1382
其他行业	64465	3525	15	18783	34714	7443	31412	287	106	3501	366	28793

1－15 技术市场成交合同数量与成交金额(1990—2006)

	合同项数(项)	技术开发	技术转让	技术咨询	技术服务	成交金额(万元)	技术开发	技术转让	技术咨询	技术服务
1990	8336	1375	526	1436	4999	13623	3999	1285	951	7387
1991	9200	1014	538	1502	6146	16236	4064	2805	1564	7804
1992	12670	1788	671	2188	8023	30829	5478	4121	4171	17060
1993	15769	876	437	3824	10632	71485	7520	4366	12153	47374
1994	14436	550	458	4387	9041	71966	6866	5339	18463	41298
1995	17954	467	491	5206	11790	97768	10510	10396	22174	54689
1996	19031	759	360	4554	13358	107293	12239	4831	22463	67761
1997	19808	849	378	5296	13285	133232	14018	8516	27906	82792
1998	21774	1094	314	5294	15072	162275	21432	7032	34486	99324
1999	25479	1713	542	6435	16789	188496	35651	12124	42448	96273
2000	31218	4391	395	11163	15269	276275	73795	13419	69398	119664
2001	33728	4014	510	10328	18876	316652	88501	12115	84019	132017
2002	38400	4143	458	13975	19824	389438	91372	17510	124756	155800
2003	50861	5886	489	21046	23440	530353	120639	24097	207732	177884
2004	39974	6862	562	18825	13725	581465	170182	27396	233855	150032
2005	20628	6788	816	8361	4663	386954	197527	34666	87409	67352
2006	17734	6900	682	6908	3244	399618	241660	26982	73721	57255

1－16 科协系统科技活动情况(2005—2006)

项 目	单位	科协合计		省科协		市科协		县级科协	
		2005	2006	2005	2006	2005	2006	2005	2006
机构数	个	**102**	**102**	**1**	**1**	**11**	**11**	**90**	**90**
人员数	人	**692**	**1157**	**39**	**122**	**132**	**373**	**521**	**662**
学术活动									
学术会议									
次数	次	702	775	8	15	367	360	327	400
参加人数	人	141172	178510	7000	2840	91985	113250	42187	62420
科技培训									
办培训班	个	5526	5988	62	79	745	510	4719	5399
培训人次	人次	700349	611616	4852	3200	57369	53034	564667	555382
科普活动									
讲座次数	次	4865	6513	10	8	935	1071	3920	5434
听讲人数	人次	1626921	1913175	1680	5200	218391	382681	1406850	1525294
展览次数	次	2003	1763	30	37	143	181	1830	1545
参观人数	人次	6755090	4167204	157400	176000	1071186	1174086	5526504	2817118
咨询活动									
完成合同	项	3295	1773	1160	1180	1218	253	917	340
合同实现金额	千元	340721	161037	130000	136000	142320	10700	68401	14337
技术交易额	千元	331260	158482	130000	136000	141670	10700	59590	11782
出 版									
编著科技图书	种	79	119			25	17	54	102
年发行总量	册	905750	499700			254150	99400	651600	400300

1－17　科协系统省级学会情况(2000—2006)

项　目	单位	2000	2001	2002	2003	2004	2005	2006
机构数	个	**133**	**133**	**138**	**144**	**147**	**149**	**149**
会员数	人	**153909**	**134412**	**158487**	**135243**	**132062**	**148298**	**158427**
学术活动								
学术会议								
次数	次	441	488	468	486	517	567	634
参加人数	人	41535	47425	46336	48904	58954	66100	76158
交流论文数	篇	12399	19728	12378	16904	14092	22988	21155
科技培训								
办培训班	个	265	242	282	326	350	286	460
培训人次	人次	26872	16237	20744	24910	25754	20625	45929
继续教育	人次	8708	6135	4203	9208	4821	7354	11263
科普活动								
讲座次数	次	426	373	321	328	588	696	668
听讲人数	人次	99885	72361	37053	65740	77955	117214	322887
展览次数	次	103	37	48	105	88	118	71
参观人数	人次	278144	97880	110317	307790	326814	445843	153108
青少年科技竞赛次数	次	20	44	23	30	30	33	41
咨询活动								
完成合同	项	288	238	268	283	309	319	245
合同实现金额	千元	5490	20555	8426	11549	12591	38009	8057
技术交易额	千元	1507	4220	3009	7437	2573	2682	3178
出　版								
主办科技期刊	种	49	38	14	51	51	42	46
年发行总数	册	2376465	569530	236600	1712535	999100	1052500	1382500
编著科技图书	种	57	133	78	178	21	24	36
年发行总量	册	63057	394200	259300	306800	95000	160500	91500

1－18　专利申请量和授权量(1990—2006)

单位:件

	申请量合　计	发　明	实用新型	外观设计	授权量合　计	发　明	实用新型	外观设计
1990	2243	256	1754	233	989	43	882	64
1991	2571	300	1965	306	1217	49	1006	162
1992	3194	377	2382	435	1577	63	1343	171
1993	3343	423	2353	567	2946	129	2404	413
1994	3495	389	2373	733	2028	62	1612	354
1995	4042	357	2323	1362	2131	54	1455	622
1996	5162	403	2845	1914	2410	45	1377	988
1997	6262	493	3062	2707	3167	64	1487	1616
1998	7074	571	3309	3194	4470	47	1967	2456
1999	8177	587	3465	4125	7071	108	3524	3439
2000	10316	859	4439	5018	7495	184	3439	3872
2001	12828	1093	5216	6519	8312	174	3549	4589
2002	17265	1843	6390	9032	10479	188	3860	6431
2003	21463	2750	7758	10955	14402	398	4928	9076
2004	25294	3578	9021	12695	15249	785	5492	8972
2005	43221	6776	12723	23722	19056	1110	6778	11168
2006	52980	8333	15940	28707	30968	1424	10503	19041

1－19　测绘部门主要指标完成情况(2000—2006)

项　　目	2000	2001	2002	2003	2004	2005	2006
测绘工作产值(万元)	27996	31615	42126	55357	73011	78758	91092
年末测绘人数(人)	4929	4767	5398	5637	6616	7324	7741
劳动生产率(元/人)	56798	66320	78041	98202	110355	107534	117675
地形图测图(幅)	45805	39350	57309	54061	65111	68210	54628
各等级三角导线,GPS 测量(点)	6955	10229	13159	14747	11811	11801	12155
各等级水准测量(公里)	7452	10507	8918	18719	13736	14712	21611
编制各种专题图(幅)	1167	649	467	396	2028	3001	9334
地图印刷(令)	12370	17462	6767	2572	7907		
提供各种比例尺地形图(张)	20195	15531	17295	20392	17362	20721	33564
提供航摄照片(片)	13066	8192	5560	5780	4372	213	
提供大地控制点成果(点)	2246	993	3727	3562	1525	1455	3011

1－20　标准计量、质量监督机构和人员数(2000—2006)

项　目	2000	2001	2002	2003	2004	2005	2006
质量技术监督行政部门及其技术机构(个)	156	157	166	186	190	186	192
省级机构数(个)	11	10	11	14	14	14	15
市级机构数(个)	44	45	48	56	55	52	51
县(市、区)级机构数(个)	101	102	107	116	121	120	126
产品质量监督检验机构数(个)	175	151	166	176	810	943	987
省级院(所)	67	58	60	68	144	151	121
市级院(所)	47	45	39	44	418	507	392
县级院(所)	61	48	67	64	248	285	474
年末职工总数(人)	3644	4113	4551	4552	4761	4903	5133
专业技术人员(人)	1808	2056	2123	2190	2224	2330	2433
业务管理人员(人)	749	729	597	587	655	668	774
行政人员(人)	722	915	1408	1429	1515	1471	1544
工人(人)	365	413	429	346	367	434	382
已建省级社会公用计量标准(大类)	10	10	10	10	10	10	10
已建市级社会公用计量标准(大类)	10	10	10	10	10	10	10
计量仪器检定(万台件)	114	109	268	107	143	135	134.81
产品质量监督检验受检企业数(个)		23877	22819	22780	17113	19999	25612
本年度财政拨款(万元)	7240	15993	21194	26134	43060	51823	59348
#省级机构拨款	1372	2914	3911	3578	8154	9353	11118
市级机构拨款	2275	5397	6146	9306	13985	16967	19605
县级机构拨款	3593	7682	11137	13250	20920	25502	28625
固定资产总值(万元)	32381	42340	48250	68268	74754	87220	116160
省级固定资产	5897	6305	10010	13979	15263	19049	18729
市级固定资产	13105	15381	17456	21473	24213	27863	43790
县级固定资产	13379	20651	20784	32816	35278	40308	53641
现有工作用房(万平方米)	15.08	18.84	21.63	26.99	35.37	31.32	34.48
标准馆藏总量(万件)	13	7.5	9.5	20	20	20	20
国内标准	6	5	5	12.4	16	15	13
国外标准	7	2.5	4.5	7.6	4	5	7
打击假冒伪劣案件立案数(个)	9833	11736	11989	11085	10667	9889	11000

1－21 高技术产品进出口贸易情况

单位:万美元

	出口		进口		进出口	
	2005	2006	2005	2006	2005	2006
高技术产品(合计)	602036	1016226	463973	674404	1066009	1690629
生物技术	5334	5227	144	182	5478	5409
生物科学技术	91207	126007	21996	26698	103203	152704
光电技术	12780	17805	12477	12495	25257	30300
计算机与通信技术	420630	748484	183558	253119	604187	1001602
电子技术	49584	71079	171252	297766	220836	368846
计算机集成制造技术	24904	34567	69026	76643	93929	111210
材料技术	4429	9610	2924	5973	7353	15583
航空航天技术	1203	1337	2541	1331	3744	2667
其他技术	1965	2110	57	198	2022	2308

1－22 分地区工业制成品、高新技术产品进出口情况

单位:万美元

地区	出口					
	2005年			2006年		
	总值	工业制成品	高技术产品	总值	工业制成品	高技术产品
杭州市	1980392	1889536	368095	2622481	2530623	679181
宁波市	2221701	2115325	139262	2876961	2759188	187300
温州市	618431	593742	15838	808133	781233	23271
嘉兴市	704352	672645	20714	917580	883449	37510
湖州市	199669	183720	2640	266637	242173	8746
绍兴市	814162	798470	13830	1050289	1031341	22485
金华市	438749	431762	10825	580595	572833	15355
衢州市	32408	27412	1722	46349	36692	3090
舟山市	106874	37676	148	162239	65199	225
台州市	519553	506973	28522	703447	689025	38580
丽水市	44063	41914	439	54716	51930	482

1－22　续表　　单位:万美元

地　区	出　口					
	2005 年			2006 年		
	总　值	工业制成品	高技术产品	总　值	工业制成品	高技术产品
杭州市	1006602	821708	281075	1268039	1068888	478378
宁波市	1125397	927438	140558	1344264	1062256	139846
温州市	167557	89527	2476	181328	87882	2956
嘉兴市	287861	218990	24824	347696	257117	34201
湖州市	27487	17422	1279	34253	20146	1701
绍兴市	234364	225842	6068	344619	333706	5949
金华市	33427	29399	1587	36649	31851	2232
衢州市	8457	3682	303	17593	6793	673
舟山市	43594	14755	1879	108964	28660	2886
台州市	115748	107246	3870	139699	127457	5395
丽水市	8277	1088	54	2153	848	187

1－23　全省科技成果获奖情况(1990—2006)

单位:项

年份	国家自然科学奖	国家技术发明奖	国家科技进步奖	省科技进步奖	省重大科技贡献奖
1990		3	16	297	
1991	2	7	14	299	
1992		4	6	297	
1993	1	4	24	300	
1994				299	
1995	5	5	19		
1996		3	12	300	
1997	2	6	22	300	
1998		1	16	299	
1999	1		11	299	
2000			13	300	
2001		1	8	300	
2002	2		4	279	
2003		1	8	280	3
2004		2	13	280	
2005	3		11	280	2
2006	1	2	9	280	

注:国家自然科学奖 1999 年以前每两年评定一次,1999 年以后每年评定一次。
1994 年,国家级奖励全国暂停一年。
自 1996 年起,省级奖励的获奖年份以当年评审命名。
省重大科技贡献奖从 2003 年开始评定,每两年评一次,是科技人才个人奖励。

二、研究与开发机构

2-1 县级以上政府部门属研究与开发机构情况(1986—2006)

年份	机构数(个)	从事科技活动人员(人)	#科学家工程师	科技经费筹集额(万元)	政府拨款	科技经费支出额(万元)	#人员费用
1986	153			14015	8877	12580	3067
1987	152			17721	10431	15234	3001
1988	156			18920	14073	27715	4065
1989	161			24889	11974	25070	4026
1990	163			33801	15801	29169	5123
1991	164			29623	9330	26494	5001
1992	165			40512	14410	37017	6156
1993	162			47139	14289	45206	9001
1994	161			53069	18251	48025	13993
1995	161			62021	11784	59248	15589
1996	161			72172	25110	63407	18189
1997	162			91503	31795	83434	20806
1998	164			126704	47919	107580	23018
1999	160			126740	50194	113565	28392
2000	146			120587	54365	108129	27263
2001	127			89248	51719	82109	26341
2002	110	5470	3756	89540	54571	80771	28286
2003	104	5095	3746	115029	65770	97981	38157
2004	96	5171	3836	116542	80373	102949	34213
2005	99	5798	4543	144821	109676	120907	31646
2006	99	6178	4917	176610	128341	142664	38853

2－2　县及县以上政府部门属各类研究与开发机构概况

	单位	县以上部门属研究与开发机构合计	自然科学和技术领域	社会与人文科学领域	县以上部门属科技信息和文献机构	县属研究与开发机构	转制机构
机构数	个	99	84	4	11	48	47
职工总数	人	7447	6890	238	319	490	5377
单位在职从事科技活动人员	人	5730	5220	211	299	374	2555
科学家工程师	人	4469	4070	195	204	204	1909
R&D人员	人年	2021	1881	140		15	565
科技经费筹集额	千元	1766098	1629646	61054	75398	36280	437260
政府拨款	千元	1283413	1166682	55739	60992	33932	187062
科技经费内部支出	千元	1360455	1244881	53923	61651	32792	431602
资产购建支出	千元	228254	222350	1172	4732	2973	111441
R&D经费内部支出	千元	522939	491582	31357		1212	110235
资产合计	千元	3983696	3766635	80263	136798	53195	4229501
课题数	个	2917	2803	68	46	126	549
课题经费支出	千元	680111	640511	30754	8846	16393	227629
R&D课题经费支出	千元	335167	313596	21571		843	64541
课题投入人员	人年	3881	3658	155	68	211	1634
R&D课题投入科学家工程师	人年	1546	1439	107		9	423
专利申请	项	117	117			4	71
专利授权	项	55	55			1	35
科技论文	篇	2657	2212	376	69	98	431
科技专著	种	80	46	33	1	10	14

2-3 县级以上政府部门属自然科学研究与开发机构概况

	机构数（个）	从业人员总数（人）	科技活动人员	科学家工程师	经费收入总额（千元）	政府资金	经费支出总额（千元）	科技经费支出
总　计	**84**	**6890**	**5220**	**4070**	**1839833**	**1166682**	**1600761**	**1244881**
按隶属关系分组								
地方部门属	75	5666	4233	3173	1288923	734839	1192435	921718
省级部门属	23	3075	2428	1990	829893	506938	798025	640677
计划单列市部门属	11	542	324	258	128652	41684	113024	64417
地市级部门属	41	2049	1481	925	330378	186217	281386	216624
中央部门属	9	1224	987	897	550910	431843	408326	323163
中国科学院	1	92	90	90	94747	91685	78242	62006
按服务的国民经济行业分组								
农、林、牧、渔业	30	2860	2174	1707	695195	587055	681505	550110
农业	17	1534	1181	866	293993	245502	237301	199174
林业	4	193	127	100	35230	32942	31498	26364
渔业	4	205	152	120	57697	50784	48767	33641
农、林、牧、渔服务业	5	928	714	621	308275	257827	363939	290931
制造业	17	823	563	374	150719	63089	122847	72051
农副食品加工业	2	22	18	11	1732	1085	1500	1128
食品制造业	1	103	64	51	13437	2727	16349	7877
饮料制造业	1	32	28	16	4848	1825	3494	3246
化学原料及化学制品制造业	1	110	110	53	9639	6671	8892	8428
医药制造业	2	140	101	89	23468	17650	24567	18598
非金属矿物制品业	1	24	13	3	1709	1022	1829	1704
通用设备制造业	2	97	75	58	18711	11375	12939	11797
专用设备制造业	5	255	141	85	76219	20704	52135	18683
仪器仪表及文化、办公用机械制造业	1	24			290		480	
工艺品及其他制造业	1	16	13	8	666	30	662	590
电力、燃气及水的生产和供应业	2	163	130	111	43025	15609	39236	29053
电力、热力的生产和供应业	1	94	74	62	19421	5102	18146	14926
水的生产和供应业	1	69	56	49	23604	10507	21090	14127
信息传输、计算机服务和软件业	1	5	5	3	281	101	278	264
计算机服务业	1	5	5	3	281	101	278	264
科学研究、技术服务和地质勘查业	20	1712	1418	1164	645556	426611	501115	392839

	机构数（个）	从业人员总　数（人）	科技活动人员	科学家工程师	经费收入总　额（千元）	政府资金	经费支出总　额（千元）	科技经费支　出
研究与试验发展	5	524	452	407	172330	146314	158555	141747
专业技术服务业	8	931	797	618	388994	263650	268471	219910
科技交流和推广服务业	6	154	105	85	21322	8090	20372	16132
地质勘查业	1	103	64	54	62910	8557	53717	15050
水利、环境和公共设施管理业	12	1306	911	709	301334	71166	252008	197492
水利管理业	2	362	304	270	103763	30975	80833	72123
环境管理业	10	944	607	439	197571	40191	171175	125369
卫生、社会保障和社会福利业	1	6	5	2	517	415	566	566
卫生	1	6	5	2	517	415	566	566
文化、体育和娱乐业	1	15	14		3206	2636	3206	2506
体育	1	15	14		3206	2636	3206	2506
按机构中从事科技活动人员规模分组								
500～999 人	1	769	595	533	277609	228710	333563	264078
300～499 人	3	1153	993	845	411678	284625	323291	278675
200～299 人	3	867	671	588	233014	137183	175297	151869
100～199 人	4	581	519	373	137681	65537	101990	98913
50～99 人	19	1775	1279	947	456971	286035	401133	260548
30～49 人	17	1074	652	452	223651	112164	181802	119659
20～29 人	11	310	264	186	52376	28816	41566	36939
10～19 人	14	252	182	109	36409	17668	33534	26798
0～9 人	12	109	65	37	10444	5944	8585	7402
按地区分组								
杭州市	31	4532	3454	2883	1347297	832649	1185239	939557
宁波市	12	634	414	348	223399	133369	191266	126423
温州市	12	766	613	371	111876	78131	94930	73840
嘉兴市	2	144	124	80	19308	15650	15370	14306
湖州市	3	140	92	64	40036	33055	30864	20750
绍兴市	1	49	43	20	9800	9442	7474	6625
金华市	6	157	120	80	17629	15316	15124	13018
衢州市	5	43	37	29	5967	5518	4805	4496
舟山市	6	167	127	56	21641	11922	20602	15332
台州市	4	160	110	77	32779	22663	27309	23064
丽水市	2	98	86	62	10101	8967	7778	7470

2－4　县级以上政府部门属自然科学研究与开发机构人员情况

单位：人

	从业人员总数	单位在职科技活动人员		外来流动科技活动人员		离退休人员
			女性	外聘的流动研究人员	非本单位在读研究生	
总计	**6890**	**5220**	**1665**	**170**	**278**	**4363**
按隶属关系分组						
地方部门属	5666	4233	1400	156	36	3725
省级部门属	3075	2428	871	27	36	1903
计划单列市部门属	542	324	97	1		344
地市级部门属	2049	1481	432	128		1478
中央部门属	1224	987	265	14	242	638
中国科学院	92	90	23	2	41	
按地区分组						
杭州市	4532	3454	1162	34	228	2950
宁波市	634	414	120	3	41	344
温州市	766	613	197	131		525
嘉兴市	144	124	23	2	9	43
湖州市	140	92	27			98
绍兴市	49	43	8			28
金华市	157	120	23			101
衢州市	43	37	11			30
舟山市	167	127	38			75
台州市	160	110	31			114
丽水市	98	86	25			55

2－5　县级以上政府部门属自然科学研究与开发机构人员按工作性质分类情况

单位：人

	科技活动人员	科学家工程师	科技管理	课题活动	科技服务	生产经营活动人员	其他人员
总　计	**5220**	**4070**	**873**	**3196**	**1151**	**721**	**949**
按隶属关系分组							
地方部门属	4233	3173	754	2412	1067	617	816
省级部门属	2428	1990	467	1365	596	258	389
计划单列市部门属	324	258	63	212	49	113	105
地市级部门属	1481	925	224	835	422	246	322
中央部门属	987	897	119	784	84	104	133
中国科学院	90	90	17	65	8		2
按学科领域分组							
自然科学领域	439	384	49	356	34	33	87
农业科学领域	2275	1757	335	1621	319	408	450
医学科学领域	465	408	97	290	78	19	82
工程科学与技术领域	2014	1513	386	911	717	261	326
社会、人文科学领域	27	8	6	18	3		4
按地区分组							
杭州市	3454	2883	595	2055	804	484	594
宁波市	414	348	80	277	57	113	107
温州市	613	371	70	387	156	15	138
嘉兴市	124	80	18	95	11	3	17
湖州市	92	64	12	63	17	27	21
绍兴市	43	20		42	1		6
金华市	120	80	23	68	29	9	28
衢州市	37	29	6	26	5		6
舟山市	127	56	29	61	37	29	11
台州市	110	77	21	72	17	35	15
丽水市	86	62	19	50	17	6	6

2-6 县级以上政府部门属自然科学研究与开发机构科技活动人员情况

单位:人

	单位在职科技活动人员	学位		学历				职称		
		博士	硕士	研究生	博士	大学	大专	高级	中级	初级
总计	**5220**	**280**	**882**	**1104**	**286**	**2442**	**962**	**1555**	**1777**	**1264**
按隶属关系分组										
地方部门属	4233	135	653	732	141	1999	849	1130	1471	1059
省级部门属	2428	122	454	544	128	1102	505	716	862	572
计划单列市部门属	324	4	55	53	4	190	53	96	121	83
地市级部门属	1481	9	144	135	9	707	291	318	488	404
中央部门属	987	145	229	372	145	443	113	425	306	205
中国科学院	90	47	20	67	47	23		41	23	26
按地区分组										
杭州市	3454	204	668	835	210	1596	677	1126	1209	788
宁波市	414	51	75	120	51	213	53	137	144	109
温州市	613	6	70	61	6	323	100	137	205	176
嘉兴市	124	18	28	47	18	33	9	26	25	18
湖州市	92	1	12	13	1	38	18	27	24	25
绍兴市	43		3	3		25	2	13	8	22
金华市	120		4	9		56	24	20	46	25
衢州市	37		1	2		20	8	11	16	6
舟山市	127		2	2		42	21	16	37	31
台州市	110		14	7		53	22	23	31	38
丽水市	86		5	5		43	28	19	32	26

2－7　县级以上政府部门属自然科学研究与开发机构经费收入情况

单位：千元

	科技经费筹集额	政府资金	企业资金	事业单位资金	国外资金	其他资金	生产经营收入	其他收入
总　计	**1629646**	**1166682**	**129139**	**313755**	**424**	**19646**	**171695**	**38372**
按隶属关系分组								
地方部门属	1101817	734839	57884	302818	424	5852	151624	35362
省级部门属	761325	506938	55738	193704	424	4521	53284	15164
计划单列市部门属	71167	41684	708	28775			44718	12767
地市级部门属	269325	186217	1438	80339		1331	53622	7431
中央部门属	527829	431843	71255	10937		13794	20071	3010
中国科学院	94655	91685	2970					92
按服务的国民经济行业分组								
农、林、牧、渔业	666085	587055	2585	61842		14603	21004	7986
农业	273446	245502	2142	11199		14603	14389	6038
林业	33856	32942		914			950	424
渔业	51862	50784	311	767			5282	553
农、林、牧、渔服务业	306921	257827	132	48962			383	971
制造业	91441	63089	2510	25659		183	44824	14454
农副食品加工业	1248	1085	67	96			144	340
食品制造业	3721	2727		994			2472	7244
饮料制造业	4096	1825	2271				752	
化学原料及化学制品制造业	9253	6671	100	2482				386
医药制造业	22956	17650		5306				512
非金属矿物制品业	1205	1022				183		504
通用设备制造业	17122	11375	72	5675				1589
专用设备制造业	31810	20704		11106			41456	2953
仪器仪表及文化、办公用机械制造业								290
工艺品及其他制造业	30	30						636
电力、燃气及水的生产和供应业	28157	15609	11700	848			14483	385
电力、热力的生产和供应业	16102	5102	11000				3300	19
水的生产和供应业	12055	10507	700	848			11183	366
信息传输、计算机服务和软件业	281	101		180				

2-7 续表

	科技经费筹集额	政府资金	企业资金	事业单位资金	国外资金	其他资金	生产经营收入	其他收入
计算机服务业	281	101		180				
科学研究、技术服务和地质勘查业	589064	426611	74619	83050	424	4360	48573	7919
研究与试验发展	168737	146314	16595	1807		4021	160	3433
专业技术服务业	384869	263650	48032	72878		309		4125
科技交流和推广服务业	17229	8090	320	8365	424	30	3732	361
地质勘查业	18229	8557	9672				44681	
水利、环境和公共设施管理业	251465	71166	37725	142074		500	42811	7058
水利管理业	100290	30975	35539	33776			368	3105
环境管理业	151175	40191	2186	108298		500	42443	3953
卫生、社会保障和社会福利业	517	415		102				
卫生	517	415		102				
文化、体育和娱乐业	2636	2636						570
体育	2636	2636						570
按机构所属学科领域分组								
自然科学领域	292974	234879	57608	178		309	44681	766
农业科学领域	679705	598771	4791	61540		14603	32718	7668
医学科学领域	116383	80904	13625	17883		3971		3795
工程科学与技术领域	537918	249462	53115	234154	424	763	94296	24937
社会、人文科学领域	2666	2666						1206
按地区分组								
杭州市	1218427	832649	120999	245540	424	18815	111680	17190
宁波市	165822	133369	3678	28775			44718	12859
温州市	104035	78131	1050	24561		293	2229	5492
嘉兴市	18336	15650	2186			500	469	503
湖州市	34179	33055	311	813			5030	827
绍兴市	9442	9442						358
金华市	17341	15316	35	1952		38		288
衢州市	5518	5518						449
舟山市	14800	11922	160	2718			6457	384
台州市	32779	22663	720	9396				
丽水市	8967	8967					1112	22

2-8 县级以上政府部门属自然科学研究与开发机构技术性收入情况

单位:千元

	技术性收入		技术开发收入	技术转让收入	技术咨询服务收入	学术和科普活动收入
		来自企业				
总 计	**442894**	**129139**	**70689**	**6363**	**361541**	**4301**
按隶属关系分组						
地方部门属	360702	57884	66805	570	291665	1662
省级部门属	249442	55738	65434	460	181988	1560
计划单列市部门属	29483	708	510		28973	
地市级部门属	81777	1438	861	110	80704	102
中央部门属	82192	71255	3884	5793	69876	2639
中国科学院	2970	2970	2970			
按服务的国民经济行业分组						
农、林、牧、渔业	64427	2585	48549	6283	8911	684
农业	13341	2142	1604	5903	5150	684
林业	914		814		100	
渔业	1078	311	139		939	
农、林、牧、渔服务业	49094	132	45992	380	2722	
制造业	28169	2510	2987	80	23244	1858
农副食品加工业	163	67			163	
食品制造业	994				994	
饮料制造业	2271	2271	100		1358	813
化学原料及化学制品制造业	2582	100			2582	
医药制造业	5306		2887	80	1294	1045
通用设备制造业	5747	72			5747	
专用设备制造业	11106				11106	
电力、燃气及水的生产和供应业	12548	11700			11406	1142
电力、热力的生产和供应业	11000	11000			10653	347
水的生产和供应业	1548	700			753	795

	技术性收入	来自企业	技术开发收入	技术转让收入	技术咨询服务收入	学术和科普活动收入
信息传输、计算机服务和软件业	180				180	
计算机服务业	180				180	
科学研究、技术服务和地质勘查业	157669	74619	17272		139892	505
研究与试验发展	18402	16595	17012		885	505
专业技术服务业	120910	48032			120910	
科技交流和推广服务业	8685	320	160		8525	
地质勘查业	9672	9672	100		9572	
水利、环境和公共设施管理业	179799	37725	1881		177908	10
水利管理业	69315	35539	645		68670	
环境管理业	110484	2186	1236		109238	10
卫生、社会保障和社会福利业	102					102
卫生	102					102
按机构所属学科领域分组						
自然科学领域	57786	57608	100		57686	
农业科学领域	66331	4791	48649	6283	9902	1497
医学科学领域	31508	13625	16929	80	12847	1652
工程科学与技术领域	287269	53115	5011		281106	1152
社会、人文科学领域						
按地区分组						
杭州市	366539	120999	64580	6253	291517	4189
宁波市	32453	3678	3480		28973	
温州市	25611	1050	1233	110	24268	
嘉兴市	2186	2186	1236		940	10
湖州市	1124	311			1124	
金华市	1987	35			1885	102
舟山市	2878	160	160		2718	
台州市	10116	720			10116	

2-9 县级以上政府部门属自然科学研究与开发机构科技经费支出情况

单位:千元

	科技经费内部支出	人员费用	资产购建支出	购置科研仪器设备	其他日常支出	生产经营支出	其他支出
总　计	**1244881**	**353500**	**222350**	**149503**	**669031**	**182214**	**123171**
按隶属关系分组							
地方部门属	921718	278296	129735	113751	513687	167537	70820
省级部门属	640677	172252	106886	92990	361539	86307	40314
计划单列市部门属	64417	22021	4121	3735	38275	36812	10162
地市级部门属	216624	84023	18728	17026	113873	44418	20344
中央部门属	323163	75204	92615	35752	155344	14677	52351
中国科学院	62006	2938	52467	4650	6601		51
按服务的国民经济行业分组							
农、林、牧、渔业	550110	175890	57065	42221	317155	53359	43726
农业	199174	92203	17019	13634	89952	11677	24817
林业	26364	6916	3965	3965	15483	910	2274
渔业	33641	10610	6305	2537	16726	4474	10652
农、林、牧、渔服务业	290931	66161	29776	22085	194994	36298	5983
制造业	72051	30663	10118	10118	31270	35275	15521
农副食品加工业	1128	764	22	22	342		372
食品制造业	7877	3945	628	628	3304	2747	5725
饮料制造业	3246	1577	62	62	1607	124	124
化学原料及化学制品制造业	8428	3473	1082	1082	3873		464
医药制造业	18598	6915	1638	1638	10045		5969
非金属矿物制品业	1704	1030			674		125
通用设备制造业	11797	4932	4178	4178	2687		1142
专用设备制造业	18683	7621	2508	2508	8554	32404	1048
仪器仪表及文化、办公用机械制造业							480
工艺品及其他制造业	590	406			184		72
电力、燃气及水的生产和供应业	29053	6781	3202	3156	19070	9363	820
电力、热力的生产和供应业	14926	3371	602	556	10953	2550	670
水的生产和供应业	14127	3410	2600	2600	8117	6813	150
信息传输、计算机服务和软件业	264	223			41		14
计算机服务业	264	223			41		14
科学研究、技术服务和地质勘查业	392839	96045	106861	50069	189933	40497	51594

单位:千元

	科技经费内部支出	人员费用	资产购建支出	购置科研仪器设备	其他日常支出	生产经营支出	其他支出
按地区分组							
研究与试验发展	141747	29935	62922	13185	48890	303	320
专业技术服务业	219910	57696	41197	34142	121017	132	48429
科技交流和推广服务业	16132	4373	892	892	10867	3233	1007
地质勘查业	15050	4041	1850	1850	9159	36829	1838
水利、环境和公共设施管理业	197492	42628	44304	43139	110560	43720	10796
水利管理业	72123	23053	10262	9097	38808	4099	4611
环境管理业	125369	19575	34042	34042	71752	39621	6185
卫生、社会保障和社会福利业	566	271			295		
卫生	566	271			295		
文化、体育和娱乐业	2506	999	800	800	707		700
体育	2506	999	800	800	707		700
按机构所属学科领域分组							
自然科学领域	160338	25695	32223	25168	102420	36961	45388
农业科学领域	557861	179795	56884	42040	321182	65059	46230
医学科学领域	103483	34960	13949	12029	54574	83	6017
工程科学与技术领域	420103	111645	118494	69466	189964	80111	24764
社会、人文科学领域	3096	1405	800	800	891		772
按地区分组							
杭州市	939557	257213	144811	124989	537533	132340	80665
宁波市	126423	24959	56588	8385	44876	36812	10213
温州市	73840	33908	9590	9590	30342	2085	19005
嘉兴市	14306	5630	1592	1592	7084	400	664
湖州市	20750	6035	5631	2557	9084	4728	5386
绍兴市	6625	1775	384	384	4466		849
金华市	13018	5086	1297	437	6635	545	1561
衢州市	4496	1819	370	370	2307		309
舟山市	15332	5106	1259	491	8967	4074	1196
台州市	23064	8029	748	628	14287	1110	3135
丽水市	7470	3940	80	80	3450	120	188

2-10 县级以上政府部门属自然科学研究与开发机构资产情况

单位:千元

	资产合计	流动资产	固定资产			无形资产	对外投资
				科研房屋建筑物	科研仪器设备和图书资料		
总　计	**3766635**	**2165028**	**1234869**	**349908**	**602279**	**29590**	**337148**
按隶属关系分组							
地方部门属	2810850	1657612	864113	243357	361198	29590	259535
省级部门属	2061828	1294887	505565	100229	256054	24088	237288
计划单列市部门属	208429	97469	97942	46909	34637	280	12738
地市级部门属	540593	265256	260606	96219	70507	5222	9509
中央部门属	955785	507416	370756	106551	241081		77613
中国科学院	39235	33000	6235		4644		
按地区分组							
杭州市	3007424	1776355	924216	216779	511313	24008	282845
宁波市	247664	130469	104177	46909	39281	280	12738
温州市	203180	80494	109812	46991	27385	4203	8671
嘉兴市	71576	37708	11962	3794	1500	80	21826
湖州市	67220	32503	29637	15288	7001		5080
绍兴市	14849	7647	7202	1085	6117		
金华市	20411	11991	7410	3435	748		1010
衢州市	14377	9018	5359	350	566		
舟山市	31878	17615	10694	5829	2221	4	3565
台州市	59043	43455	15488	4455	3961		100
丽水市	29013	17773	8912	4993	2186	1015	1313

2-11 县级以上政府部门属自然科学研究与开发机构课题情况(一)

	课题数合计(个)	当年开题	当年完成	课题经费内部支出(千元)	政府资金	投入人员(人年)	科学家工程师
合　计	**2803**	**1628**	**840**	**640511**	**469476**	**3658**	**2872**
基础研究	55	13	15	7086	7080	45	44
应用研究	194	61	80	106694	105815	403	357
试验发展	700	263	233	199817	179647	1210	1038
研究与试验发展成果应用	557	238	175	112915	95257	809	583
科技服务	1214	1007	285	193341	76813	1096	785
生产性活动	83	46	52	20660	4865	94	66

2-12 县级以上政府部门属自然科学研究与开发机构课题情况(二)

	课题数合计(个)	R&D课题	课题经费内部支出(千元)	政府资金	R&D课题经费	课题投入人员(人年)	科学家和工程师	R&D人员
总 计	**2803**	**949**	**640511**	**469476**	**313596**	**3658**	**2872**	**1658**
按隶属关系分组								
地方部门属	2289	619	463568	335243	185138	2853	2150	1110
省级部门属	1720	440	362817	258421	150847	1797	1384	725
计划单列市部门属	111	42	34010	15560	10110	211	156	78
地市级部门属	458	137	66741	61262	24181	844	609	307
中央部门属	514	330	176943	134233	128458	805	722	548
中国科学院	31	31	3185	2837	3185	33	33	33
按服务的国民经济行业分组								
农、林、牧、渔业	1107	536	295694	281213	157584	1724	1319	864
农业	504	229	90558	86477	47273	908	691	452
林业	115	83	15887	13741	10384	103	79	67
渔业	75	15	16898	13149	3071	123	87	26
农、林、牧、渔服务业	413	209	172351	167845	96855	590	463	319
制造业	171	31	24627	16201	5635	290	219	75
农副食品加工业	8		406	406		10	2	
饮料制造业	12	6	2736	593	382	25	15	5
化学原料及化学制品制造业	12		1338	786		26	24	
医药制造业	79	15	11076	11076	3635	101	88	29
通用设备制造业	17	10	2253	2123	1618	61	56	41
专用设备制造业	43		6818	1217		68	35	0
电力、燃气及水的生产和供应业	62	12	23877	6599	9664	89	85	39
电力、热力的生产和供应业	55	6	13609	2499	796	47	47	3
水的生产和供应业	7	6	10268	4100	8868	42	38	36
信息传输、计算机服务和软件业	1		170	70		5	3	
计算机服务业	1		170	70		5	3	
科学研究、技术服务和地质勘查业	430	280	159093	131031	118330	819	726	551
研究与试验发展	142	133	36645	32247	30310	281	264	245
专业技术服务业	233	139	107994	89601	87027	435	391	299

	课题数合计（个）	R&D 课题	课题经费内部支出（千元）	政府资金	R&D 课题经费	课题投入人员（人年）	科学家和工程师	R&D 人员
科技交流和推广服务业	27	1	4223	4063	303	47	31	3
地质勘查业	28	7	10230	5120	690	55	40	4
水利、环境和公共设施管理业	1031	90	137001	34313	22384	731	520	128
水利管理业	220	62	57081	19381	16834	247	216	81
环境管理业	811	28	79920	14932	5550	484	304	48
文化、体育和娱乐业	1		50	50				
体育	1		50	50				
按课题所属学科分组								
自然科学领域	240	186	104755	100937	95772	433	379	370
信息科学与系统科学	6	3	667	667	331	10	9	7
力学	6	2	429	85	175	6	4	3
物理学	9		520			7	5	
化学	6	1	668	323	100	10	9	1
地球科学	142	129	88838	86344	83968	305	272	283
生物学	71	51	13633	13518	11197	96	81	77
农业科学领域	1040	490	281083	265930	144764	1658	1249	797
农学	713	342	204239	195200	110916	1246	953	629
林学	169	89	27018	24859	11891	177	123	81
畜牧、兽医科学	85	51	33353	33159	20349	120	97	75
水产学	73	8	16474	12712	1607	115	77	13
医学科学领域	182	101	41067	38086	26693	325	301	207
基础医学	57	57	12967	12895	12967	101	93	101
临床医学	19	9	4320	4320	1875	38	35	19
预防医学与卫生学	27	22	6332	3523	2185	55	53	32
药学	7	5	7529	7529	7342	33	33	31
中医学与中药学	72	8	9918	9818	2324	99	88	25
工程科学与技术领域	1333	172	212771	63689	46368	1220	922	285
工程与技术科学基础学科	13	5	899	605	665	8	7	4
测绘科学技术	3	1	594	10	180	3	2	1
材料科学	39	35	8464	5668	7446	54	52	48
机械工程	26	8	3732	1333	847	46	39	17
动力与电气工程	16	6	5062	1387	796	20	18	3
能源科学技术	18	2	2539	2489	323	20	15	4

	课题数合计(个)	R&D课题	课题经费内部支出(千元)	政府资金	R&D课题经费	课题投入人员(人年)	科学家和工程师	R&D人员
核科学技术	2		600	600		6	3	0
电子、通信与自动控制技术	40	10	9000	3016	1900	62	33	20
计算机科学技术	14	8	1577	1164	1103	22	18	13
化学工程	8	2	2510	1910	1353	26	16	7
食品科学技术	37	22	5644	4574	3824	54	44	35
土木建筑工程	10	1	1190	938	80	13	12	1
水利工程	289	52	81243	21416	19447	360	324	90
交通运输工程	7	2	820	183	73	10	8	2
航空、航天科学技术	4	3	2381	2381	1969	13	13	9
环境科学技术	802	13	85739	15765	5835	496	311	27
安全科学技术	2	2	528		528	4	3	4
管理学	3		251	251		5	5	
社会、人文科学领域	8		835	835		21	20	
经济学	6		680	680		17	16	
社会学	1		105	105		4	4	
体育科学	1		50	50				
按课题技术领域分组								
非技术领域	16	2	5014	4569	3050	35	34	3
信息技术	62	28	17658	14205	8072	84	70	35
生物技术	736	443	198747	189062	125809	1247	979	767
新材料	54	38	11544	8818	8124	81	68	50
能源技术	76	9	17595	6552	1095	72	65	8
激光技术	1		160	160		1	1	
自动化技术	49	12	9034	3463	1986	85	57	30
航天技术	1		290	290		2	1	
海洋技术	1047	163	208643	115779	98901	974	733	353
其他技术领域	761	254	171827	126579	66560	1078	864	411
按课题来源分组								
中央政府部门下达课题	278	205	127255	120297	104492	494	416	385
自然科学基金课题	53	53	9868	9868	9868	51	45	51
863计划课题	17	16	8850	6615	8748	38	33	36
八五攻关计划课题	16	10	7859	7805	5246	24	20	14
国家星火计划课题	3		1473	173		11	3	
国家攀登计划课题	16	16	4055	4055	4055	23	22	23
国家社会科学基金课题	1	1	456	456	456	1	1	1

	课题数合计（个）	R&D课题	课题经费内部支出（千元）	政府资金	R&D课题经费	课题投入人员（人年）	科学家和工程师	R&D人员
其他课题	172	109	94694	91325	76119	347	292	260
地方政府部门下达课题	1313	587	289776	271491	156400	2111	1662	1050
地方自然科学基金课题	70	59	9870	8028	8332	75	63	62
地方攻关计划课题	506	283	146517	138864	93381	1005	810	616
地方星火计划课题	2		230	90		8	4	
地方社会科学基金课题	18	16	4883	4677	4021	28	24	23
其他课题	717	229	128277	119832	50666	996	761	349
企业委托课题	918	29	139077	13343	9250	681	504	44
自选课题	120	62	32483	25133	17992	166	116	85
国际合作课题	19	16	4476	2662	3754	18	16	15
其他课题	155	50	47444	36551	21707	188	159	78
按课题合作形式分组								
与境外机构合作	18	16	2782	2325	2349	13	12	12
与国内高校合作	96	46	38701	30958	24139	187	147	101
与国内独立研究机构合作	199	109	90081	88088	77770	379	298	265
与境内注册的其他企业合作	121	42	26518	23400	10484	183	141	71
独立研究	2232	698	449172	303425	186238	2729	2125	1146
其他	137	38	33259	21280	12615	166	150	63
按地区分组								
杭州市	2192	697	533962	390901	271458	2550	2072	1180
宁波市	142	73	37195	18397	13295	244	189	111
温州市	147	61	25813	24856	11921	378	285	192
嘉兴市	76	56	8820	7603	6419	113	78	86
湖州市	52	16	10151	6649	2552	68	52	20
绍兴市	22		2254	2254		43	20	
金华市	44	11	3759	3033	712	56	44	11
衢州市	26	10	2336	2296	766	28	23	10
舟山市	32	3	2508	2137	753	44	32	6
台州市	38	22	9352	9036	5720	72	50	45
丽水市	32		4363	2313		61	27	

2－13　县级以上政府部门属自然科学研究与开发机构课题经费内部支出情况

单位：千元

	经费支出合计	基础研究	应用研究	试验发展	R&D成果应用	科技服务	生产性活动
总计	**640511**	**7086**	**106694**	**199817**	**112915**	**193341**	**20660**
按隶属关系分组							
地方部门属	463568	827	35619	148692	102917	165225	10289
省级部门属	362817	827	33052	116968	74632	133769	3570
计划单列市部门属	34010		1566	8544	5901	13099	4900
地市级部门属	66741		1001	23180	22384	18357	1819
中央部门属	176943	6258	71075	51125	9998	28116	10371
中国科学院	3185		1649	1536			
按地区分组							
杭州市	533962	7036	102192	162230	76355	170831	15318
宁波市	37195		3215	10080	5901	13099	4900
温州市	25813		156	11765	11471	2421	
嘉兴市	8820		130	6289	1314	937	150
湖州市	10151			2552	7269	330	
绍兴市	2254				1974	280	
金华市	3759		482	230	1648	1398	
衢州市	2336			766	766	804	
舟山市	2508			753	1206	534	15
台州市	9352	49	519	5151	2309	1046	277
丽水市	4363				2702	1661	

2－14　县级以上政府部门属自然科学研究与开发机构课题投入人员情况

单位：人年

	投入人员合计	基础研究	应用研究	试验发展	R&D成果应用	科技服务	生产性活动
总　计	**3658**	**45**	**403**	**1210**	**809**	**1096**	**94**
按隶属关系分组							
地方部门属	2853	4	167	939	753	929	61
省级部门属	1797	4	150	571	381	677	14
计划单列市部门属	211		7	72	55	48	30
地市级部门属	844		10	297	316	204	17
中央部门属	805	42	237	270	56	168	33
中国科学院	33		16	17			
按地区分组							
杭州市	2550	44	366	769	370	943	58
宁波市	244		22	88	55	48	30
温州市	378		2	190	160	27	
嘉兴市	113		4	82	17	7	3
湖州市	68			20	43	6	
绍兴市	43				37	6	
金华市	56		6	5	32	13	
衢州市	28			10	10	8	
舟山市	44			6	22	16	1
台州市	72	1	4	40	18	8	2
丽水市	61				45	16	

2-15 县级以上政府部门属自然科学研究与开发机构课题投入科学家工程师情况

单位:人年

	科学家和工程师合计	基础研究	应用研究	试验发展	R&D成果应用	科技服务	生产性活动
总　计	**2872**	**44**	**357**	**1038**	**583**	**785**	**66**
按隶属关系分组							
地方部门属	2150	3	149	784	537	645	33
省级部门属	1384	3	135	487	277	469	13
计划单列市部门属	156		6	69	41	32	10
地市级部门属	609		8	228	218	144	11
中央部门属	722	41	209	254	46	140	33
中国科学院	33		16	17			
按地区分组							
杭州市	2072	43	323	683	291	683	50
宁波市	189		21	85	41	32	10
温州市	285		2	155	106	23	
嘉兴市	78		4	57	10	4	3
湖州市	52			13	36	4	
绍兴市	20				17	3	
金华市	44		6	4	24	11	
衢州市	23			9	9	5	
舟山市	32			6	17	8	1
台州市	50	1	2	27	12	6	2
丽水市	27				20	7	

2－16 县级以上政府部门属自然科学研究与开发机构买入技术情况

单位:千元

	买入技术实际支付额合计	技术种类	来源	
		含新技术(新工艺)的设备和仪器	国外及港澳台	国内
总计	**1271**	**1271**	**923**	**348**
按隶属关系分组				
地方部门属	1271	1271	923	348
省级部门属	1149	1149	923	226
地市级部门属	122	122		122
按服务的国民经济行业分组				
制造业	122	122		122
通用设备制造业	122	122		122
水利、环境和公共设施管理业	1149	1149	923	226
水利管理业	1149	1149	923	226
按地区分组				
杭州市	1149	1149	923	226
温州市	122	122		122

2－17 县级以上政府部门属自然科学研究与开发机构卖出技术情况

单位:千元

	卖出技术实收金额合计	技术种类		买方类型	
		研究、研制成果(新知识和新技术、新产品原型)	含新技术(新工艺)的图纸、技术手册和软件	企业	大中型企业
总计	**2242**	**2170**	**72**	**2242**	**1932**
按隶属关系分组					
地方部门属	382	310	72	382	72
省级部门属	280	280		280	
计划单列市部门属					
地市级部门属	102	30	72	102	72
中央部门属	1860	1860		1860	1860
按服务的国民经济行业分组					
农、林、牧、渔业	1860	1860		1860	1860
农业	1860	1860		1860	1860
制造业	182	110	72	182	72
农副食品加工业	30	30		30	
医药制造业	80	80		80	
通用设备制造业	72		72	72	72
科学研究、技术服务和地质勘查业	200	200		200	
地质勘查业	200	200		200	
按地区分组					
杭州市	2140	2140		2140	1860
温州市	102	30	72	102	72

2-18　县级以上政府部门属自然科学研究与开发机构论文、著作和专利情况

	科技论文（篇）	国外发表	科技著作（种）	专利申请受理数（件）	发明专利	专利授权数（件）	发明专利	国外授权	拥有发明专利数（件）	购买的发明专利
总　计	**2212**	**167**	**46**	**117**	**83**	**55**	**39**	**1**	**114**	**11**
按隶属关系分组										
地方部门属	1718	104	35	80	57	43	30	1	89	
省级部门属	1075	96	22	68	49	31	23	1	77	
计划单列市部门属	129	2	1	3	2	7	3		5	
地市级部门属	514	6	12	9	6	5	4		7	
中央部门属	494	63	11	37	26	12	9		25	11
中国科学院	6	5		6	6					
按服务的国民经济行业分组										
农、林、牧、渔业	1385	58	32	61	49	33	27	1	77	11
制造业	132	4	3	4	1	5			7	
电力、燃气及水的生产和供应业	67	9		4	3	3	3		4	
科学研究、技术服务和地质勘查业	366	65	6	29	16	11	8		22	
水利、环境和公共设施管理业	252	31	5	18	13	3	1		4	
文化、体育和娱乐业	10			1	1					
按机构所属学科领域分组										
自然科学领域	170	31	4	11	3	4	2		2	
农业科学领域	1413	58	32	60	49	33	27	1	77	11
医学科学领域	203	31	5	8	5	6	5		25	
工程科学与技术领域	416	47	5	37	25	12	5		10	
社会、人文科学领域	10			1	1					
按地区分组										
杭州市	1497	124	30	84	58	38	30		95	11
宁波市	135	7	1	9	8	7	3		5	
温州市	167	4	8	8	5	5	3		7	
嘉兴市	72	30		7	5	2				
湖州市	39	1		5	5	2	2		3	
绍兴市	17									
衢州市	29									
舟山市	19									
台州市	94		5	2	2	1	1	1	4	
丽水市	95	1	2	2						

2－19　县级以上政府部门属自然科学研究与开发机构R&D人员情况

	R&D人员（人）	按工作量分		按学历分			
		R&D全时人员	R&D非全时人员	博士毕业	硕士毕业	本科毕业	其他
总　计	**2392**	**1388**	**1004**	**263**	**573**	**1193**	**363**
按隶属关系分组							
地方部门属	1689	1008	681	147	389	843	310
省级部门属	1125	661	464	113	276	550	186
计划单列市部门属	104	77	27	4	31	54	15
地市级部门属	460	270	190	30	82	239	109
中央部门属	703	380	323	116	184	350	53
中国科学院	112	35	77	48	20	44	
按机构所属学科领域分组							
自然科学领域	314	211	103	31	85	186	12
农业科学领域	1255	814	441	117	289	619	230
医学科学领域	299	185	114	13	75	140	71
工程科学与技术领域	524	178	346	102	124	248	50
按地区分组							
杭州市	1637	951	686	164	425	828	220
宁波市	216	112	104	52	51	98	15
温州市	284	207	77	28	61	156	39
嘉兴市	99	54	45	18	23	27	31
湖州市	31	7	24	1	5	17	8
金华市	22	1	21			19	3
衢州市	18	5	13		1	11	6
舟山市	12	12			2	6	4
台州市	73	39	34		5	31	37

2－20　县级以上政府部门属自然科学研究与开发机构 R&D 人员折合全时工作量情况

	R&D 折合全时工作量（人年）	科学家和工程师	按活动类型分			按工作岗位性质分		
			基础研究人员	应用研究人员	试验发展人员	研究人员	技术人员	其他辅助人员
总　计	**1881**	**1681**	**49**	**443**	**1389**	**1153**	**527**	**201**
按隶属关系分组								
地方部门属	1298	1153	6	198	1094	755	434	109
省级部门属	868	795	6	178	684	543	306	19
计划单列市部门属	87	82		7	80	42	42	3
地市级部门属	343	276		13	330	170	86	87
中央部门属	583	528	43	245	295	398	93	92
中国科学院	50	50		27	23	15	27	8
按服务的国民经济行业分组								
农、林、牧、渔业	996	868	8	137	851	592	268	136
农业	490	406	2	26	462	233	134	123
林业	77	63	2	8	67	63	5	9
渔业	35	31			35	23	11	1
农、林、牧、渔服务业	394	368	4	103	287	273	118	3
制造业	86	77		7	79	52	32	2
饮料制造业	5	4			5	2	2	1
医药制造业	33	27		7	26	13	19	1
通用设备制造业	48	46			48	37	11	
电力、燃气及水的生产和供应业	46	36		1	45	29	7	10
电力、热力的生产和供应业	4	4			4	3	1	
水的生产和供应业	42	32		1	41	26	6	10

2-20 续表

	R&D折合全时工作量（人年）		按活动类型分			按工作岗位性质分		
		科学家和工程师	基础研究人员	应用研究人员	试验发展人员	研究人员	技术人员	其他辅助人员
科学研究、技术服务和地质勘查业	590	547	41	278	271	365	178	47
研究与试验发展	280	266		84	196	127	145	8
专业技术服务业	300	273	41	194	65	233	28	39
科技交流和推广服务业	4	3			4	2	2	
地质勘查业	6	5			6	3	3	
水利、环境和公共设施管理业	163	153		20	143	115	42	6
水利管理业	109	105		16	93	79	26	4
环境管理业	54	48		4	50	36	16	2
按机构所属学科领域分组								
自然科学领域	299	272	41	194	64	233	28	38
农业科学领域	997	868	8	137	852	591	269	137
医学科学领域	263	243		64	199	125	137	1
工程科学与技术领域	322	298		48	274	204	93	25
按地区分组								
杭州市	1326	1216	47	389	890	883	346	97
宁波市	137	132		34	103	57	69	11
温州市	221	184		3	218	101	61	59
嘉兴市	87	64		4	83	50	23	14
湖州市	21	20			21	14	5	2
金华市	15	13		9	6	13	1	1
衢州市	10	9			10	9	1	
舟山市	12	8			12	8	3	1
台州市	52	35	2	4	46	18	18	16

2－21 县级以上政府部门属自然科学研究与开发机构 R&D 经费支出情况

单位:千元

	R&D经费内部支出	按活动类型分			按来源分					R&D经费外部支出
		基础研究	应用研究	试验发展	政府资金	企业资金	事业单位资金	国外资金	其他资金	
总　计	**491582**	**8344**	**157583**	**325655**	**443390**	**18047**	**26656**	**2303**	**1186**	**1292**
按隶属关系分组										
地方部门属	287561	1223	59637	226701	252050	11476	22826	318	891	1000
省级部门属	243019	1223	56289	185507	208470	11476	21864	318	891	950
计划单列市部门属	11547		1566	9981	11547					
地市级部门属	32995		1782	31213	32033		962			50
中央部门属	204021	7121	97946	98954	191340	6571	3830	1985	295	292
中国科学院	59703		22995	36708	59355	348				155
按机构所属学科领域分组										
自然科学领域	92246	6334	69968	15944	90145		2101			
农业科学领域	237742	2010	46343	189389	227187	6697	1480	2083	295	237
医学科学领域	54538		13102	41436	40326	774	12327	220	891	
工程科学与技术领域	107056		28170	78886	85732	10576	10748			1055
按地区分组										
杭州市	379070	8334	130697	240039	333191	17045	25345	2303	1186	987
宁波市	71250		24561	46689	70902	348				155
温州市	16967		313	16654	16967					50
嘉兴市	9052		230	8822	8447	605				
湖州市	3669			3669	2672		997			100
金华市	2440		1263	1177	2440					
衢州市	792			792	792					
舟山市	906			906	642		264			
台州市	7436	10	519	6907	7337	49	50			

2－22 县级以上政府部门属自然科学研究与开发机构R&D经费内部支出情况

单位:千元

	R&D经费内部支出	经常费支出				基本建设费		
			劳务费	设备购置费	其他日常支出		仪器设备费	土建费
总　计	**491582**	**422076**	**145250**	**38005**	**238821**	**69506**	**8208**	**61298**
按隶属关系分组								
地方部门属	287561	274662	100587	21471	152604	12899	6215	6684
省级部门属	243019	233852	74150	20481	139221	9167	3374	5793
计划单列市部门属	11547	11035	6578	543	3914	512	278	234
地市级部门属	32995	29775	19859	447	9469	3220	2563	657
中央部门属	204021	147414	44663	16534	86217	56607	1993	54614
中国科学院	59703	11886	2735	3750	5401	47817		47817
按服务的国民经济行业分组								
农、林、牧、渔业	239845	227892	86231	14059	127602	11953	4927	7026
农业	68168	62707	42725	1944	18038	5461	2778	2683
林业	16056	14063	4138	1388	8537	1993	1993	
渔业	4333	3790	2552	261	977	543		543
农、林、牧、渔服务业	151288	147332	36816	10466	100050	3956	156	3800
制造业	7522	7522	3903	1014	2605			
饮料制造业	539	539	300	25	214			
医药制造业	5097	5097	2403	680	2014			
通用设备制造业	1886	1886	1200	309	377			
电力、燃气及水的生产和供应业	12177	12177	3102	2617	6458			
电力、热力的生产和供应业	1198	1198	245	296	657			
水的生产和供应业	10979	10979	2857	2321	5801			

	R&D经费内部支出	经常费支出				基本建设费		
			劳务费	设备购置费	其他日常支出		仪器设备费	土建费
科学研究、技术服务和地质勘查业	202836	145768	39780	14912	91076	57068	3205	53863
研究与试验发展	109144	57037	20758	6693	29586	52107	3096	49011
专业技术服务业	92180	87328	18366	8203	60759	4852		4852
科技交流和推广服务业	338	316	132	16	168	22	22	
地质勘查业	1174	1087	524		563	87	87	
水利、环境和公共设施管理业	29202	28717	12234	5403	11080	485	76	409
水利管理业	22661	22239	9094	3858	9287	422	13	409
环境管理业	6541	6478	3140	1545	1793	63	63	
按机构所属学科领域分组								
自然科学领域	92246	87307	18120	8083	61104	4939	87	4852
农业科学领域	237742	225789	86201	13884	125704	11953	4927	7026
医学科学领域	54538	50248	20426	3623	26199	4290	3096	1194
工程科学与技术领域	107056	58732	20503	12415	25814	48324	98	48226
按地区分组								
杭州市	379070	361503	110754	31027	219722	17567	5367	12200
宁波市	71250	22921	9313	4293	9315	48329	278	48051
温州市	16967	14778	13101	177	1500	2189	2189	
嘉兴市	9052	9052	4410	1567	3075			
湖州市	3669	2857	1647	261	949	812	348	464
金华市	2440	2010	1379	75	556	430		430
衢州市	792	766	434	56	276	26	26	
舟山市	906	753	610		143	153		153
台州市	7436	7436	3602	549	3285			

2－23　县级以上政府部门属自然科学研究与开发机构R&D经常费支出情况

单位:千元

	R&D经常费支出	按活动类型分			按　来　源　分				
		基础研究	应用研究	试验发展	政府资金	企业资金	事业单位资　金	国外资金	其他资金
总　计	**422076**	**7876**	**132498**	**281702**	**377803**	**17273**	**24402**	**2303**	**295**
按隶属关系分组									
地方部门属	274662	1190	57101	216371	240969	10702	22673	318	
省级部门属	233852	1190	54123	178539	200968	10702	21864	318	
计划单列市部门属	11035		1566	9469	11035				
地市级部门属	29775		1412	28363	28966		809		
中央部门属	147414	6686	75397	65331	136834	6571	1729	1985	295
中国科学院	11886		4578	7308	11538	348			
按机构所属学科领域分组									
自然科学领域	87307	5997	66240	15070	87307				
农业科学领域	225789	1879	44488	179422	215387	6697	1327	2083	295
医学科学领域	50248		12101	38147	37701		12327	220	
工程科学与技术领域	58732		9669	49063	37408	10576	10748		
按地区分组									
杭州市	361503	7866	124399	229238	319390	16271	23244	2303	295
宁波市	22921		6144	16777	22573	348			
温州市	14778		313	14465	14778				
嘉兴市	9052		230	8822	8447	605			
湖州市	2857			2857	1860		997		
金华市	2010		893	1117	2010				
衢州市	766			766	766				
舟山市	753			753	642		111		
台州市	7436	10	519	6907	7337	49	50		

2－24 县级以上政府部门属自然科学研究与开发机构对外科技服务活动情况

单位：人年

	合计	科技成果的示范性推广工作	为用户提供可行性报告、技术方案、建议及进行技术论证等技术咨询工作	地形、地质和水文考察、天文、气象和地震的日常观察	为社会和公众提供的测试、标准化、计量、计算、质量控制和专利服务	科技信息文献服务	其他科技服务活动	科技培训工作
总　计	**2092**	**378**	**481**	**71**	**644**	**91**	**292**	**135**
按隶属关系分组								
地方部门属	1889	354	401	61	596	76	280	121
省级部门属	921	95	208	39	414	34	98	33
计划单列市部门属	131	18	61	1	33	5	9	4
地市级部门属	837	241	132	21	149	37	173	84
中央部门属	203	24	80	10	48	15	12	14
按地区分组								
杭州市	1271	122	326	59	571	50	100	43
宁波市	131	18	61	1	33	5	9	4
温州市	310	89	45	11	22	8	102	33
嘉兴市	146	40	19		10	20	26	31
湖州市	12	5	1		1		3	2
绍兴市	3	3						
金华市	38	6	1			1	25	5
衢州市	22	8	3			1	6	4
舟山市	63	25	11			4	16	7
台州市	83	52	14		7	2	5	3
丽水市	13	10						3

2－25 县级以上政府部门属自然科学研究与开发机构合建研究机构情况

	合建机构数（个）	科技活动人员（人）	科技经费内部支出（千元）
总　计	**33**	**448**	**24769**
按隶属关系分组			
地方部门属	26	317	13206
省级部门属	22	284	10281
计划单列市部门属	3	23	2825
地市级部门属	1	10	100
中央部门属	7	131	11563
中国科学院	3	14	53
按合建机构的组织类型分组			
与境外机构合办	4	55	255
与国内高效合办	3	16	220
与国内独立研究机构合办	2	23	1045
与境内注册其他企业合办	6	26	276
国家（重点）实验室、工程技术（研究）中心	7	170	16903
地方（重点）实验室、工程技术（研究）中心	9	141	4085
其他	2	17	1985
按地区分组			
杭州市	19	363	20451
宁波市	6	37	2878
温州市	3	28	1160
嘉兴市	5	20	280

2－26 县级以上政府部门属自然科学研究与开发机构人员流动情况

单位：人

	新增人员	应届高校毕业生	招聘的其他人员	其他	减少人员	离退休	离开本单位的人员	其他	不在岗人员
总计	**524**	**300**	**201**	**23**	**322**	**173**	**136**	**13**	**69**
按隶属关系分组									
地方部门属	403	229	152	22	270	149	108	13	51
省级部门属	272	162	104	6	101	54	37	10	30
计划单列市部门属	14	10	3	1	36	12	24		3
地市级部门属	117	57	45	15	133	83	47	3	18
中央部门属	121	71	49	1	52	24	28		18
中国科学院	71	32	39						
按地区分组									
杭州市	323	191	117	15	197	121	65	11	48
宁波市	85	42	42	1	36	12	24		3
温州市	53	24	29		49	18	31		18
嘉兴市	16	11	5		5		5		
湖州市	7	6	1		8	7	1		
绍兴市	4	4							
金华市	10	5	4	1	8	5	3		
衢州市	2		2		3	3			
舟山市	8	8			7	2	4	1	
台州市	4	3		1	4	2	1	1	
丽水市	12	6	1	5	5	3	2		

2－27 县级以上政府部门属自然科学研究与开发机构招聘人员情况

单位：人

	招聘的其他人员	学历			来源					年龄				
		博士研究生	硕士研究生	大学本科毕业	来自研究院所	来自企业	来自高等院校	来自国外	来自政府部门	<30岁	30～39岁	40～49岁	50～59岁	≥60岁
总　计	**201**	**33**	**36**	**83**	**92**	**42**	**35**	**12**	**5**	**89**	**66**	**35**	**10**	**1**
按隶属关系分组														
地方部门属	152	10	28	67	78	26	25	3	5	74	50	24	4	
省级部门属	104	6	14	44	74	11	3	3	3	53	36	13	2	
计划单列市部门属	3		1	2		3				3				
地市级部门属	45	4	13	21	4	12	22		2	18	14	11	2	
中央部门属	49	23	8	16	14	16	10	9		15	16	11	6	1
中国科学院	39	22	6	11	13	7	10	9		7	15	10	6	1
按地区分组														
杭州市	117	4	16	55	75	23	4	1	2	65	36	15	1	
宁波市	42	22	7	13	13	10	10	9		10	15	10	6	1
温州市	29	4	10	10	3	4	19		1	9	12	7	1	
嘉兴市	5	3	2			3		2		1	2	1	1	
湖州市	1			1						1				
金华市	4			4		1	2		1	3			1	
衢州市	2		1		1	1						2		
丽水市	1								1		1			

2－28 县级以上政府部门属自然科学研究与开发机构流出人员情况

单位：人

	流出人员	学历			主要流向					年龄				
		博士研究生	硕士研究生	大学本科毕业	流向政府部门	流向企业	外资或合资企业	出国	流向高等学校	<30岁	30～39岁	40～49岁	50～59岁	≥60岁
总　计	**136**	**5**	**39**	**72**	**36**	**54**	**3**	**8**	**20**	**74**	**37**	**16**	**5**	**4**
按隶属关系分组														
地方部门属	108	4	32	52	33	35	2	2	20	57	30	12	5	4
省级部门属	37	1	17	17	7	15	2	1	4	18	9	8	2	
计划单列市部门属	24		4	15	11	9		1	3	18	3		1	2
地市级部门属	47	3	11	20	15	11			13	21	18	4	2	2
中央部门属	28	1	7	20	3	19	1	6		17	7	4		
按地区分组														
杭州市	65	2	23	38	11	33	2	7	4	33	18	12	2	
宁波市	24		4	15	11	9		1	3	18	3		1	2
温州市	31	3	7	12	2	10			12	17	10		2	2
嘉兴市	5		2	3	3	2	1			4	1			
湖州市	1				1					1				
金华市	3			2	2					1	1	1		
舟山市	4		1	1	3				1		3	1		
台州市	1			1	1							1		
丽水市	2		2		2						1	1		

2－29 县级以上政府部门属自然科学研究与开发机构科技基础条件平台建设情况

	有科技基础条件平台的机构数(个)	平台建设投入的工作量(人年)	平台建设国家投入的资金(千元)	平台建设地方与部门投入的资金(千元)
总　计	**19**	**223**	**8800**	**15812**
按隶属关系分组				
地方部门属	15	194	8800	10852
省级部门属	9	147	8600	8500
地市级部门属	6	47	200	2352
中央部门属	4	29		4960
中国科学院	1	8		1760
按地区分组				
杭州市	11	103	7100	4200
宁波市	1	8		1760
温州市	3	53	1700	3560
湖州市	3	57		5432
金华市	1	2		860

2－30 县级以上政府部门属自然科学研究与开发机构科技基础条件平台运行服务情况

	用户数(个)	平台资源对外服务的次数(次)	平台资源对各类科研项目(课题)服务的次数(次)	
				对企业等机构所提供服务的次数
总　计	**7374**	**15397**	**4060**	**1062**
按隶属关系分组				
地方部门属	7320	15375	2460	1040
省级部门属	3285	10715	1560	885
地市级部门属	4035	4660	900	155
中央部门属	54	22	1600	22
中国科学院	50	2	1500	2
按服务的国民经济行业分组				
农、林、牧、渔业	854	4355	1460	875
制造业	3840	2580	920	110
信息传输、计算机服务和软件业	1000	2000	100	50
科学研究、技术服务和地质勘查业	1680	6382	1560	22
按地区分组				
杭州市	2449	6560	340	60
宁波市	50	2	1500	2
温州市	3115	2635	990	130
湖州市	1760	6200	1230	870

2-31 县级以上政府部门属社会与人文科学研究与开发机构概况

	机构数（个）	从业人员总数（人）	单位在职科技活动人员		经费收入总额（千元）		经费支出总额（千元）	
				科学家和工程师		政府资金		科技经费支出
总　计	**4**	**238**	**211**	**195**	**61523**	**55739**	**56159**	**53923**
按隶属关系分组								
地方部门属	4	238	211	195	61523	55739	56159	53923
省级部门属	3	215	200	188	53925	52758	48666	47392
地市级部门属	1	23	11	7	7598	2981	7493	6531
按机构所属学科分组								
社会、人文科学领域	4	238	211	195	61523	55739	56159	53923
马克思主义	1	130	122	114	29119	28677	28339	28099
考古学	1	59	57	54	17968	17270	13687	12800
经济学	1	26	21	20	6838	6811	6640	6493
社会学	1	23	11	7	7598	2981	7493	6531
按机构中从事科技活动人员规模分组								
100～199 人	1	130	122	114	29119	28677	28339	28099
50～99 人	1	59	57	54	17968	17270	13687	12800
20～29 人	1	26	21	20	6838	6811	6640	6493
10～19 人	1	23	11	7	7598	2981	7493	6531
按地区分组								
杭州市	4	238	211	195	61523	55739	56159	53923

2-32 县级以上政府部门属社会与人文科学研究与开发机构人员情况

单位:人

	单位在职科技活动人员	科学家工程师	科技管理	课题活动	科技服务	其他人员
总　计	**211**	**195**	**36**	**154**	**21**	**27**
按隶属关系分组						
地方部门属	211	195	36	154	21	27
省级部门属	200	188	35	146	19	15
地市级部门属	11	7	1	8	2	12
按机构所属学科领域分组						
社会、人文科学领域	211	195	36	154	21	27
按地区分组						
杭州市	211	195	36	154	21	27

2-33 县级以上政府部门属社会与人文科学研究与开发机构科技活动人员情况

单位:人

	单位在职科技活动人员	学位		学历				职称		
		博士	硕士	研究生	博士	大学	大专	高级	中级	初级
总　计	**211**	**13**	**61**	**82**	**15**	**81**	**32**	**108**	**82**	**17**
按隶属关系分组										
地方部门属	211	13	61	82	15	81	32	108	82	17
省级部门属	200	13	58	79	15	77	28	104	77	15
地市级部门属	11		3	3		4	4	4	5	2
按地区分组										
杭州市	211	13	61	82	15	81	32	108	82	17

2－34 县级以上政府部门属社会与人文科学研究与开发机构经费收入情况

	科技经费筹集额（千元）	政府资金	企业资金	其他资金	其他收入
总 计	**61054**	**55739**	**4617**	**698**	**469**
按隶属关系分组					
地方部门属	61054	55739	4617	698	469
省级部门属	53456	52758		698	469
地市级部门属	7598	2981	4617		
按机构所属学科领域分组					
社会、人文科学领域	61054	55739	4617	698	469
按地区分组					
杭州市	61054	55739	4617	698	469

2－35 县级以上政府部门属社会与人文科学研究与开发机构技术性收入情况

单位：千元

	技术性收入	来自企业	学术和科普活动收入
总 计	**4617**	**4617**	**4617**
按隶属关系分组			
地方部门属	4617	4617	4617
地市级部门属	4617	4617	4617
按机构所属学科领域分组			
社会、人文科学领域	4617	4617	4617
按地区分组			
杭州市	4617	4617	4617

2－36 县级以上政府部门属社会与人文科学研究与开发机构经费支出情况

单位：千元

	科技经费内部支出	人员费用	资产购建支出	购置科研仪器设备	其他日常支出	其他支出
总　计	**53923**	**13482**	**1172**	**1172**	**39269**	**2236**
按隶属关系分组						
地方部门属	53923	13482	1172	1172	39269	2236
省级部门属	47392	12699	1022	1022	33671	1274
地市级部门属	6531	783	150	150	5598	962
按机构所属学科领域分组						
社会、人文科学领域	53923	13482	1172	1172	39269	2236
按地区分组						
杭州市	53923	13482	1172	1172	39269	2236

2－37 县级以上政府部门属社会与人文科学研究与开发机构资产情况

单位：千元

	资产合计	资动资产	固定资产	科研仪器设备和图书资料
总　计	**80263**	**54801**	**25462**	**9634**
按隶属关系分组				
地方部门属	80263	54801	25462	9634
省级部门属	78136	54244	23892	9634
地市级部门属	2127	557	1570	
按地区分组				
杭州市	80263	54801	25462	9634

2－38 县级以上政府部门属社会与人文科学研究与开发机构课题情况(一)

	课题数合计(个)	当年开题	当年完成	课题经费内部支出(千元)	政府资金	课题投入人员(人年)	科学家工程师
合计	**68**	**51**	**52**	**30754**	**30554**	**155**	**145**
基础研究	35	25	31	12032	11832	56	56
应用研究	4	2	2	4429	4429	24	24
试验发展	3	1	2	5110	5110	27	27
科技服务	26	23	17	9183	9183	48	38

2－39 县级以上政府部门属社会与人文科学研究与开发机构课题情况(二)

	课题数合计（个）	R&D课题	课题经费内部支出（千元）	政府资金	R&D课题经费	课题投入人员（人年）	科学家和工程师	R&D人员
总　计	**68**	**42**	**30754**	**30554**	**21571**	**155**	**145**	**107**
按隶属关系分组								
地方部门属	68	42	30754	30554	21571	155	145	107
省级部门属	51	42	29751	29551	21571	146	145	107
地市级部门属	17		1003	1003		9		
按课题所属学科分组								
工程科学与技术领域	1		22	22				
管理学	1		22	22				
社会、人文科学领域	67	42	30732	30532	21571	155	145	107
马克思主义	2	1	3492	3492	1512	18	18	8
宗教学	1	1	567	567	567	3	3	3
历史学	3	3	3079	3079	3079	16	16	16
考古学	31	31	8740	8540	8740	39	39	39
经济学	14	2	6450	6450	2350	32	29	13
法学	1	1	945	945	945	5	5	5
社会学	14	2	6679	6679	3598	38	31	19
图书馆、情报与文献学	1	1	780	780	780	4	4	4
按课题来源分组								
中央政府部门下达课题	2	1	4348	4348	2078	23	23	11
国家社会科学基金课题	2	1	4348	4348	2078	23	23	11
地方政府部门下达课题	45	37	21273	21073	15363	101	100	74
地方社会科学基金课题	7	6	8603	8603	6623	45	45	35
其他课题	38	31	12670	12470	8740	56	55	39
自选课题	21	4	5133	5133	4130	31	22	22
按地区分组								
杭州市	68	42	30754	30554	21571	155	145	107

2－40　县级以上政府部门属社会与人文科学研究与开发机构课题经费内部支出情况

单位:千元

	经费支出合　计	基础研究	应用研究	试验发展	科技服务
总　计	**30754**	**12032**	**4429**	**5110**	**9183**
按隶属关系分组					
地方部门属	30754	12032	4429	5110	9183
省级部门属	29751	12032	4429	5110	8180
地市级部门属	1003				1003
按地区分组					
杭州市	30754	12032	4429	5110	9183

2－41　县级以上政府部门属社会与人文科学研究与开发机构课题投入人员情况

单位:人年

	投入人员合　计	基础研究	应用研究	试验发展	科技服务
总　计	**155**	**56**	**24**	**27**	**48**
按隶属关系分组					
地方部门属	155	56	24	27	48
省级部门属	146	56	24	27	39
地市级部门属	9				9
按地区分组					
杭州市	155	56	24	27	48

2-42　县级以上政府部门属社会与人文科学研究与开发机构课题投入科学家工程师情况

单位:人年

	科学家和工程师合计	基础研究	应用研究	试验发展	科技服务
总　计	**145**	**56**	**24**	**27**	**38**
按隶属关系分组					
地方部门属	145	56	24	27	38
省级部门属	145	56	24	27	38
按地区分组					
杭州市	145	56	24	27	38

2-43　县级以上政府部门属社会与人文科学研究与开发机构论文、著作和专利情况

	科技论文（篇）	国外发表	科技著作（种）	专利申请数（件）	专利授权数（件）
总　计	**376**	**1**	**33**		
按隶属关系分组					
地方部门属	376	1	33		
省级部门属	340	1	29		
地市级部门属	36		4		
按机构所属学科领域分组					
社会、人文科学领域	376	1	33		
按地区分组					
杭州市	376	1	33		

2-44 县级以上政府部门属社会与人文科学研究与开发机构 R&D 人员情况

	R&D 人员（人）	按工作量分		按学历分			
		R&D 全时人员	R&D 非全时人员	博士毕业	硕士毕业	本科毕业	其他
总　计	**156**	**105**	**51**	**12**	**49**	**65**	**30**
按隶属关系分组							
地方部门属	156	105	51	12	49	65	30
省级部门属	156	105	51	12	49	65	30
杭州市	156	105	51	12	49	65	30
按机构所属学科领域分组							
社会、人文科学领域	156	105	51	12	49	65	30
按地区分组							
杭州市	156	105	51	12	49	65	30

2-45 县级以上政府部门属社会与人文科学研究与开发机构 R&D 人员折合全时工作量情况

	R&D 折合全时工作量（人年）	科学家和工程师	按活动类型分			按工作岗位性质分		
			基础研究人员	应用研究人员	试验发展人员	研究人员	技术人员	其他辅助人员
总　计	**140**	**140**	**76**	**30**	**34**	**111**	**10**	**19**
按隶属关系分组								
地方部门属	140	140	76	30	34	111	10	19
省级部门属	140	140	76	30	34	111	10	19
按机构所属学科分组								
社会、人文科学领域	140	140	76	30	34	111	10	19
马克思主义	86	86	22	30	34	72	10	4
考古学	54	54	54			39		15
按地区分组								
杭州市	140	140	76	30	34	111	10	19

2-46 县级以上政府部门属社会与人文科学研究与开发机构 R&D 经费支出情况

单位:千元

	R&D经费内部支出	按活动类型分			按来源分	R&D经费外部支出
		基础研究	应用研究	试验发展	政府资金	
总 计	**31357**	**17049**	**6643**	**7665**	**31357**	
按隶属关系分组						
地方部门属	31357	17049	6643	7665	31357	
省级部门属	31357	17049	6643	7665	31357	
按机构所属学科领域分组						
社会、人文科学领域	31357	17049	6643	7665	31357	
按地区分组						
杭州市	31357	17049	6643	7665	31357	

2-47 县级以上政府部门属社会与人文科学研究与开发机构 R&D 经费内部支出情况

单位:千元

	R&D经费内部支出	经常费支出	劳务费	设备购置费	其他日常支出
总 计	**31357**	**31357**	**11343**	**426**	**19588**
按隶属关系分组					
地方部门属	31357	31357	11343	426	19588
省级部门属	31357	31357	11343	426	19588
按机构所属学科领域分组					
社会、人文科学领域	31357	31357	11343	426	19588
按地区分组					
杭州市	31357	31357	11343	426	19588

2-48 县级以上政府部门属社会与人文科学研究与开发机构 R&D 经常费支出情况

单位:人

	R&D经常费支出	按活动类型分			按来源分
		基础研究	应用研究	试验发展	政府资金
总　计	**31357**	**17049**	**6643**	**7665**	**31357**
按隶属关系分组					
地方部门属	31357	17049	6643	7665	31357
省级部门属	31357	17049	6643	7665	31357
按机构所属学科领域分组					
社会、人文科学领域	31357	17049	6643	7665	31357
按地区分组					
杭州市	31357	17049	6643	7665	31357

2-49 县级以上政府部门属社会与人文科学研究与开发机构人员流动情况

单位:人

	新增人员	应届高校毕业生	招聘的其他人员	其　他	减少人员	离退休	不在岗人员
总　计	**9**	**8**	**1**		**2**	**2**	**4**
按隶属关系分组							
地方部门属	9	8	1		2	2	4
省级部门属	9	8	1		2	2	4
按地区分组							
杭州市	9	8	1		2	2	4

2－50 县级以上政府部门属科技信息与文献机构概况

	机构数（个）	从业人员总数（人）	单位在职科技活动人员	科学家工程师	经费收入总额（千元）	政府资金	经费支出总额（千元）	科技经费支出
总　计	**11**	**319**	**299**	**204**	**77422**	**60992**	**64155**	**61651**
按隶属关系分组								
地方部门属	11	319	299	204	77422	60992	64155	61651
省级部门属	2	134	127	97	50967	37677	43786	43202
计划单列市部门属	1	36	32	23	9418	8937	5524	4434
地市级部门属	8	149	140	84	17037	14378	14845	14015
按国民经济行业分组								
电力、燃气及水的生产和供应业	1	23	20	14	2597	2342	2283	1939
科学研究、技术服务和地质勘查业	9	270	259	179	72792	57247	59907	57987
卫生、社会保障和社会福利业	1	26	20	11	2033	1403	1965	1725
按机构中从事科技活动人员规模分组								
100～199 人	1	111	107	83	48370	35335	41503	41263
30～49 人	2	71	67	49	14804	13828	10910	9820
20～29 人	3	72	63	47	7842	6504	6375	5338
10～19 人	4	56	53	21	5082	4244	4051	3968
0～9 人	1	9	9	4	1324	1081	1316	1262
按地区分组								
杭州市	4	195	182	134	58386	43971	51137	50313
宁波市	1	36	32	23	9418	8937	5524	4434
温州市	1	23	23	22	3212	2759	2127	1674
湖州市	1	9	9	4	1324	1081	1316	1262
绍兴市	1	16	13		1528	1202	1373	1355
金华市	1	13	13	9	692	554	587	553
舟山市	1	13	13	6	1077	783	1062	1062
丽水市	1	14	14	6	1785	1705	1029	998

2－51 县级以上政府部门属科技信息与文献机构人员情况

单位:人

	单位在职科技活动人员					生产经营活动人员	其他人员
		科学家工程师	科技管理	课题活动	科技服务		
总　计	**299**	**204**	**51**	**67**	**181**	**2**	**18**
按隶属关系分组							
地方部门属	299	204	51	67	181	2	18
省级部门属	127	97	20	17	90	2	5
计划单列市部门属	32	23	5	12	15		4
地市级部门属	140	84	26	38	76		9
按地区分组							
杭州市	182	134	30	31	121	2	11
宁波市	32	23	5	12	15		4
温州市	23	22	4	5	14		
湖州市	9	4	3	2	4		
绍兴市	13		2	3	8		3
金华市	13	9	2		11		
舟山市	13	6	3	4	6		
丽水市	14	6	2	10	2		

2－52 县级以上政府部门属科技信息与文献机构科技活动人员情况

单位:人

	单位在职科技活动人员	学　位		学　历			职　称		
		博士	硕士	研究生	大学	大专	高级	中级	初级
总　计	**299**	**1**	**26**	**30**	**136**	**81**	**57**	**105**	**100**
按隶属关系分组									
地方部门属	299	1	26	30	136	81	57	105	100
省级部门属	127	1	17	18	50	35	32	47	33
计划单列市部门属	32		2	2	15	15	2	14	13
地市级部门属	140		7	10	71	31	23	44	54
按地区分组									
杭州市	182	1	23	26	79	40	44	64	50
宁波市	32		2	2	15	15	2	14	13
温州市	23				15	5	5	8	10
湖州市	9		1	1	4	2	1	4	4
绍兴市	13				5	8	1	1	11
金华市	13			1	6	2	1	7	3
舟山市	13				5	4		4	7
丽水市	14				7	5	3	3	2

2－53　县级以上政府部门属科技信息与文献机构经费收入情况

单位：千元

	科技经费筹集额	政府资金	企业资金	事业单位资金	其他资金	生产经营收入	其他收入
总　计	**75398**	**60992**	**353**	**13478**	**575**	**485**	**1406**
按隶属关系分组							
地方部门属	75398	60992	353	13478	575	485	1406
省级部门属	49933	37677		12256		32	1002
计划单列市部门属	9381	8937		444			37
地市级部门属	16084	14378	353	778	575	453	367
按地区分组							
杭州市	57227	43971		12761	495	32	1104
宁波市	9381	8937		444			37
温州市	2759	2759				453	
湖州市	1324	1081	74	89	80		
绍兴市	1481	1202	279				47
金华市	554	554					138
舟山市	967	783		184			
丽水市	1705	1705					80

2－54　县级以上政府部门属科技信息与文献机构技术性收入情况

单位：千元

	技术性收入	来自企业	技术开发收入	技术咨询服务收入
总　计	**13831**	**353**	**134**	**13697**
按隶属关系分组				
地方部门属	13831	353	134	13697
省级部门属	12256			12256
计划单列市部门属	444			444
地市级部门属	1131	353	134	997
按地区分组				
杭州市	12761			12761
宁波市	444			444
湖州市	163	74		163
绍兴市	279	279		279
舟山市	184		134	50

2-55 县级以上政府部门属科技信息与文献机构经费支出情况

单位:千元

	科技经费内部支出					生产经营支出	其他支出
		人员费用	资产购建支出		其他日常支出		
				购置科研仪器设备			
总　计	**61651**	**21552**	**4732**	**4732**	**35367**	**616**	**1888**
按隶属关系分组							
地方部门属	61651	21552	4732	4732	35367	616	1888
省级部门属	43202	12878	3510	3510	26814	163	421
计划单列市部门属	4434	2032	767	767	1635		1090
地市级部门属	14015	6642	455	455	6918	453	377
按地区分组							
杭州市	50313	15502	3760	3760	31051	163	661
宁波市	4434	2032	767	767	1635		1090
温州市	1674	1149	100	100	425	453	
湖州市	1262	501			761		54
绍兴市	1355	913			442		18
金华市	553	390	33	33	130		34
舟山市	1062	564	51	51	447		
丽水市	998	501	21	21	476		31

2-56 县级以上政府部门属科技信息与文献机构资产情况

单位:千元

	资产合计					对外投资
		流动资产	固定资产			
				科研房屋建筑物	科研仪器设备和图书资料	
总　计	**136798**	**74885**	**60978**	**4758**	**49394**	**935**
按隶属关系分组						
地方部门属	136798	74885	60978	4758	49394	935
省级部门属	106121	60337	44964	4758	38119	820
计划单列市部门属	9040	4043	4937		3823	60
地市级部门属	21637	10505	11077		7452	55
按地区分组						
杭州市	113932	63739	49373	4758	42034	820
宁波市	9040	4043	4937		3823	60
温州市	5707	3358	2345		1746	4
湖州市	1957	685	1221		226	51
绍兴市	946	689	257			
金华市	1257	718	539		539	
舟山市	1655	242	1413		417	
丽水市	2304	1411	893		609	

2－57 县级以上政府部门属科技信息与文献机构课题情况(一)

	课题数合计(个)	当年开题	当年完成	课题经费内部支出(千元)	政府资金	投入人员(人年)	科学家工程师
合计	**46**	**33**	**30**	**8846**	**8498**	**68**	**47**
研究与试验发展成果应用	10	6	5	464	464	4	4
科技服务	36	27	25	8382	8034	64	42

2－58 县级以上政府部门属科技信息与文献机构课题情况(二)

	课题数合计(个)	R&D 课题	课题经费内部支出(千元)	政府资金	投入人员(人年)	科学家和工程师
总　计	**46**		**8846**	**8498**	**68**	**47**
按隶属关系分组						
地方部门属	46		8846	8498	68	47
省级部门属	21		4502	4212	25	15
计划单列市部门属	6		2130	2130	13	12
地市级部门属	19		2214	2156	30	19
按国民经济行业分组						
电力、燃气及水的生产和供应业	6		870	580	10	
科学研究、技术服务和地质勘查业	39		7888	7888	56	47
卫生、社会保障和社会福利业	1		88	30	2	
按课题所属学科分组						
自然科学领域	11		1423	1423	16	13
信息科学与系统科学	10		1303	1303	15	12
生物学	1		120	120	1	1
农业科学领域	1		500	300	2	
农学	1		500	300	2	
医学科学领域	1		88	30	2	

	课题数合计（个）	R&D课题	课题经费内部支出（千元）	政府资金	投入人员（人年）	科学家和工程师
预防医学与卫生学	1		88	30	2	
工程科学与技术领域	25		6192	6102	39	29
机械工程	2		90	60	4	
动力与电气工程	1		200	150	2	
能源科学技术	1		40	30	1	
计算机科学技术	5		3430	3430	16	14
管理学	16		2432	2432	16	15
社会、人文科学领域	8		643	643	10	5
经济学	3		210	210	4	4
图书馆、情报与文献学	5		433	433	6	1
按课题技术领域分组						
非技术领域	2		540	340	3	
信息技术	17		4844	4844	33	24
生物技术	1		120	120	1	1
能源技术	1		40	30	1	
自动化技术	1		60	40	2	
其他技术领域	24		3242	3124	28	22
按课题来源分组						
地方政府部门下达课题	37		7906	7848	58	46
地方自然科学基金课题	1		88	30	2	
地方星火计划课题	1		150	150	2	2
其他课题	35		7668	7668	54	44
自选课题	6		870	580	10	
其他课题	3		70	70	1	1
按地区分组						
杭州市	29		5300	4952	38	26
宁波市	6		2130	2130	13	12
温州市	4		353	353	5	
舟山市	1		180	180	4	2
丽水市	6		883	883	8	6

2－59　县级以上政府部门属科技信息与文献机构课题经费内部支出情况

单位：千元

	经费支出合计	R&D成果应用	科技服务
总　计	**8846**	**464**	**8382**
按隶属关系分组			
地方部门属	8846	464	8382
省级部门属	4502	464	4038
计划单列市部门属	2130		2130
地市级部门属	2214		2214
按地区分组			
杭州市	5300	464	4836
宁波市	2130		2130
温州市	353		353
舟山市	180		180
丽水市	883		883

2－60　县级以上政府部门属科技信息与文献机构课题人员情况

单位：人年

	投入人员合计		R&D成果应用		科技服务	
		科学家工程师		科学家工程师		科学家工程师
总　计	**68**	**47**	**4**	**4**	**64**	**43**
按隶属关系分组						
地方部门属	68	47	4	4	64	43
省级部门属	25	16	4	4	21	12
计划单列市部门属	13	12			13	12
地市级部门属	30	19			30	19
按地区分组						
杭州市	38	27	4	4	34	23
宁波市	13	12			13	12
温州市	5				5	
舟山市	4	2			4	2
丽水市	8	6			8	6

2－61　县级以上政府部门属科技信息与文献机构技术获取与转让情况

单位：千元

	合　计	研究、研制成果（新知识和新技术、新产品原型）
一、买入技术		
技术获取当年实际支付金额		
二、卖出技术		
技术转让当年实收金额	279	279
国内	279	279
企业	279	279
三、卖出技术按隶属关系分		
地市级部门属	279	279
四、卖出技术按地区分		
绍兴市	279	279

2－62　县级以上政府部门属科技信息与文献机构论文、著作和专利情况

	科技论文（篇）	科技著作（种）	专利申请数（件）	专利授权数（件）
总　计	**69**	**1**		
按隶属关系分组				
地方部门属	69	1		
省级部门属	32			
计划单列市部门属	2			
地市级部门属	35	1		
按地区分组				
杭州市	51	1		
宁波市	2			
温州市	10			
丽水市	6			

2－63　县级以上政府部门属科技信息与文献机构馆藏资源情况

	单位	馆藏累计	当年新增量	当年剔除量
图书、资料	册	111786	1939	3460
期刊	种	44623	3429	
其中：外文原版期刊	种	2606	159	
缩微制品	盒（张）	23064		
音像制品	盒（张）	11675	180	70
电子期刊	种	62		

2－64　县级以上政府部门属科技信息与文献机构数据库情况

		数据库（个）	数据记录量（万条）	当年更新量
引进国外数据库	书目文摘型	14	3920	310
	全文文献型	6	3060	420
引进国内数据库	书目文摘型	59	10030	1590
	全文文献型	81	14460	4810
	数值型	1	10	
自建数据库	书目文摘型	4	393	2
	全文文献型	2	262	
	数值型	2	3	1

2－65 县级以上政府部门属科技信息与文献机构基础设施情况

	单位	累计总量	当年新增量	当年报废量				数量
计算机有关设备	台	582	51	111	自建	网络数	个	21
其中：大、中型机	台				网络	网上用户	个	35980
小型机	台	1			对外	DIALOG	个	26
微机	台	468	48	110	联网	STN	个	
终端	台	31			网上	OCLC	个	
扫描设备	台	22	3	1	用户	INTERNET	个	15222
复印机	台	17	2	4	数量	其他	个	
摄、录像机	台	25	2	1				
印刷设备	台	4		3				

2－66 县级以上政府部门属科技信息与文献机构信息服务与文献工作情况

	单位	数　　量			单位	数　　量
阅览	人次	20670	文献信息加工	文摘	篇	6354
外借	人次	4840		数据库数据加工	条	23900
资料复制	千页	323	声像制作		部	216
读者咨询	人次	15129	翻译	中译外	万字	19
缩微制作	张(卷)			外译中	万字	19
课题检索	个	1908	出版印刷	图书、资料	万字	500
查新	项	6643		连续出版物	万字	808
专题咨询服务	次	1989		其中：电子版	种	3
信息分析研究	篇	917		科技报告	种	2

2－67　县级以上政府部门属科技信息与文献机构电子信息利用情况

	次　数 （次）	机　时 （小时）	信息量 （兆字节）
数据库检索	300852	42220	1100702
网络信息检索	499312	60490	229543
电子期刊利用	101080	19860	105470
从网上获取信息	886720	49250	218440
向网上发布信息	166190	58900	22210

2－68　县级以上政府部门属科技信息与文献机构对外科技服务活动情况

单位:人年

	合计	科技成果的示范性推广工作	为用户提供可行性报告、技术方案、建议及进行技术论证等技术咨询工作	为社会和公众提供的测试、标准化、计量、计算、质量控制和专利服务	科技信息文献服务	其他科技服务活动	科技培训工　作
总　计	**200**	**5**	**43**	**11**	**52**	**71**	**18**
按隶属关系分组							
地方部门属	200	5	43	11	52	71	18
省级部门属	92		24	2	13	46	7
计划单列市部门属	28	1	7	2	6	10	2
地市级部门属	80	4	12	7	33	15	9
按地区分组							
杭州市	110	2	27	2	22	48	9
宁波市	28	1	7	2	6	10	2
温州市	16		7		7	2	
湖州市	6	1		1	3	1	
绍兴市	8				3	4	1
金华市	11			6	5		
舟山市	12				4	5	3
丽水市	9	1	2		2	1	3

2－69 县级以上政府部门属科技信息与文献机构人员流动情况

单位：人

	新增人员	应届高校毕业生	招聘的其他人员	其他	减少人员	离退休	离开本单位的人员	不在岗人员
总　计	**16**	**6**	**7**	**3**	**12**	**4**	**8**	**2**
按隶属关系分组								
地方部门属	16	6	7	3	12	4	8	2
省级部门属	5	4	1		3	1	2	1
计划单列市部门属	1		1		1		1	1
地市级部门属	10	2	5	3	8	3	5	
按地区分组								
杭州市	7	5	1	1	4	2	2	1
宁波市	1		1		1		1	1
温州市	1		1		1		1	
湖州市					4	1	3	
绍兴市	3		3		2	1	1	
金华市	1			1				
舟山市	2	1	1					
丽水市	1			1				

2－70　县级以上政府部门属科技信息与文献机构招聘人员情况

单位:人

	应届高校毕业生	由外单位调入人员	学　历	来　源		年　龄	
			大学本科毕业	来自研究院所	来自企业	30～39 岁	40～49 岁岁
总　计	**6**	**7**	**2**	**3**	**4**	**6**	**1**
按隶属关系							
地方部门属	6	7	2	3	4	6	1
省级部门属	4	1	1	1		1	
计划单列市部门属		1	1	1			1
地市级部门属	2	5		1	4	5	
按地区分组							
杭州市	5	1	1	1		1	
宁波市		1	1	1			1
温州市		1		1		1	
绍兴市		3			3	3	
舟山市	1	1			1	1	

2－71　县级以上政府部门属科技信息与文献机构流出人员情况

单位:人

	流出人员	学　历	流　向			年　龄			
		大学本科毕业	流向政府部门	流向企业	流向高等学校	<30 岁	30～39 岁	40～49 岁	50～59 岁
总　计	**8**	**6**	**6**	**1**	**1**	**3**	**2**	**2**	**1**
按隶属关系分									
地方部门属	8	6	6	1	1	3	2	2	1
省级部门属	2	2	1		1	1		1	
计划单列市部门属	1		1			1			
地市级部门属	5	4	4	1		1	2	1	1
按地区分组									
杭州市	2	2	1		1	1		1	
宁波市	1		1			1			
温州市	1		1			1			
湖州市	3	3	3				2		1
绍兴市	1	1		1				1	

2－72 县属研究与开发机构概况

	机构数（个）	从业人员总数（人）	科技活动人员	科学家工程师	经费收入总额（千元）	政府资金	经费支出总额（千元）	科技经费支出
总　计	**48**	**490**	**374**	**204**	**44870**	**33932**	**41270**	**32792**
按国民经济行业分组								
农、林、牧、渔业	38	399	302	162	35906	29026	33332	26983
制造业	2	14	13	3	863	320	874	874
信息传输、计算机服务和软件业	1	8	7	5	1470	1470	1170	1170
科学研究、技术服务和地质勘查业	2	13	12	6	669	669	669	669
水利、环境和公共设施管理业	2	23	14	7	2897	525	2897	1517
卫生、社会保障和社会福利业	1	23	17	14	1631	668	1622	913
文化、体育和娱乐业	2	10	9	7	1434	1254	706	666
按机构中从事科技活动人员规模分组								
20～29 人	2	53	43	16	2975	2200	3036	2357
10～19 人	10	157	120	63	19190	11282	18060	12542
1～9 人	36	280	211	125	22705	20450	20174	17893
按地区分组								
杭州市	4	35	29	18	5598	5115	5517	4835
宁波市	4	40	35	20	6490	6298	5715	5422
温州市	2	23	21	12	1495	1480	1442	1442
嘉兴市	4	37	34	8	3036	2408	2998	2644
湖州市	2	33	17	11	2484	105	2668	992
绍兴市	8	65	59	36	5409	5217	5108	5068
金华市	10	90	70	59	5892	4448	4877	3668
衢州市	6	70	43	22	7025	4337	6808	4213
台州市	3	27	25	3	2087	1854	2076	1894
丽水市	5	70	41	15	5354	2670	4061	2614

2－73　县属研究与开发机构人员情况

单位：人

	科技活动人员					生产经营活动人员	其他人员
		科学家工程师	科技管理	课题活动	科技服务		
总　计	**374**	**204**	**71**	**234**	**69**	**58**	**58**
杭州市	29	18	6	18	5		6
宁波市	35	20	6	23	6	2	3
温州市	21	12	2	16	3		2
嘉兴市	34	8	6	21	7	2	1
湖州市	17	11	6	8	3	11	5
绍兴市	59	36	14	36	9		6
金华市	70	59	13	49	8	15	5
衢州市	43	22	10	27	6	14	13
台州市	25	3	4	18	3		2
丽水市	41	15	4	18	19	14	15

2－74　县属研究与开发机构经费收入情况

单位：千元

	科技经费筹集额（千元）					生产经营收入	其他收入
		政府资金	企业资金	事业单位资金	其他资金		
总　计	**36280**	**33932**	**146**	**736**	**1466**	**6085**	**2505**
杭州市	5177	5115		62			421
宁波市	6298	6298					192
温州市	1480	1480					15
嘉兴市	2423	2408		15		62	551
湖州市	1670	105		203	1362	270	544
绍兴市	5219	5217			2	180	10
金华市	4502	4448	14	20	20	1330	60
衢州市	4909	4337	132	378	62	1783	333
台州市	1894	1854		40			193
丽水市	2708	2670		18	20	2460	186

2－75 县属研究与开发机构经费支出与固定资产情况

单位：千元

	科技经费内部支出	人员费用	资产购建支出	购置科研仪器设备	其他日常支出	生产经营支出	年末固定资产原价	科研仪器设备
总　计	**32792**	**16559**	**2973**	**2805**	**13260**	**4702**	**53195**	**3481**
按国民经济行业分组								
农、林、牧、渔业	26983	13108	2950	2782	10925	4003	49930	2792
制造业	874	541			333		446	355
信息传输、计算机服务和软件业	1170	700			470		25	
科学研究、技术服务和地质勘查业	669	461			208		82	
水利、环境和公共设施管理业	1517	740	20	20	757		982	150
卫生、社会保障和社会福利业	913	599			314	659	1003	164
文化、体育和娱乐业	666	410	3	3	253	40	727	20
按地区分组								
杭州市	4835	1484	340	340	3011		2887	230
宁波市	5422	2585	1429	1429	1408	155	1636	815
温州市	1442	818	20	20	604		374	17
嘉兴市	2644	1234	108	23	1302	74	2105	418
湖州市	992	470			522	115	1000	
绍兴市	5068	3104	75	75	1889	40	2685	374
金华市	3668	2352	117	117	1199	903	3196	265
衢州市	4213	1856	334	251	2023	2052	22718	422
台州市	1894	1023	30	30	841	111	3904	383
丽水市	2614	1633	520	520	461	1252	12690	557

2-76 县属研究与开发机构课题情况

	课题数合计（个）	经费支出（千元）		课题投入人员（人年）		
			政府资金		其中：科学家和工程师	其中：研究人员
总 计	**126**	**16393**	**13803**	**211**	**122**	**83**
按国民经济行业分组						
农、林、牧、渔业	119	14140	12369	192	109	77
信息传输、计算机服务和软件业	1	1150	1150	7	3	1
水利、环境和公共设施管理业	2	819		8	6	1
文化、体育和娱乐业	4	284	284	4	4	4
按地区分组						
杭州市	21	1547	1465	16	10	6
宁波市	24	3909	3334	31	18	11
温州市	6	1168	1168	13	11	6
嘉兴市	5	731	731	13	3	3
湖州市	2	819		8	6	1
绍兴市	14	3238	3238	42	25	14
金华市	22	1773	1725	40	29	22
衢州市	17	1624	1347	21	15	8
台州市	7	759	270	17	3	7
丽水市	8	825	525	12	3	5

2－77　县属研究与开发机构课题经费内部支出情况

单位:千元

	课题经费内部支出合计	试验发展	R&D成果应用	科技服务	生产性活动
总　计	**16393**	**843**	**6699**	**8669**	**182**
杭州市	1547		489	1058	
宁波市	3909		1436	2391	82
温州市	1168		170	998	
嘉兴市	731	180	551		
湖州市	819	270	549		
绍兴市	3238		770	2468	
金华市	1773	318	554	901	
衢州市	1624	75	1074	375	100
台州市	759		358	401	
丽水市	825		748	77	

2－78　县属研究与开发机构课题投入人员情况

单位:人年

	试验发展	科学家工程师	R&D成果应用	科学家工程师	科技服务	科学家工程师	生产性活动	科学家工程师
总　计	**13**	**9**	**98**	**55**	**99**	**57**	**2**	**1**
杭州市			6	4	10	6		
宁波市			14	11	16	7	1	
温州市			3	2	10	9		
嘉兴市	2	1	11	3				
湖州市	3	3	5	3				
绍兴市			10	9	32	16		
金华市	6	3	17	14	17	12		
衢州市	2	2	10	5	8	7	1	1
台州市			12	2	4	1		
丽水市			10	3	2			

2－79 县属研究与开发机构论文、著作和专利情况

	科技论文（篇）	科技著作（种）	专利申请受理数（件）	专利授权数（件）	拥有发明专利总数（件）
总 计	**98**	**10**	**4**	**1**	**2**
杭州市	15	4			
宁波市	16				
温州市	5				
嘉兴市	4				
湖州市	7		3	1	2
绍兴市	11				
金华市	24	2			
衢州市	2	3	1		
台州市	1				
丽水市	13	1			

2－80 县属研究与开发机构技术推广与科技协作情况

	举办各类技术培训班		创办各类农村科技协作组织（个）
	班 次	人 次	
总 计	**517**	**38218**	**34**
杭州市	38	2270	6
宁波市	42	2700	
温州市	9	710	16
湖州市	4	300	
绍兴市	32	3700	3
金华市	124	12655	
衢州市	195	11313	6
台州市	2	120	3
丽水市	71	4450	

2－81 县属研究与开发机构 R&D 人员情况

	R&D 人员（人）	按工作量分		按学历分		R&D 人员折合全时工作量（人年）
		R&D 全时人员	R&D 非全时人员	本科毕业	其他	
总　计	**17**	**13**	**4**	**11**	**6**	**15**
按国民经济行业分组						
农、林、牧、渔业	10	7	3	6	4	8
水利、环境和公共设施管理业	3	3		3		3
文化、体育和娱乐业	4	3	1	2	2	4
按地区分组						
嘉兴市	2	2		1	1	2
湖州市	3	3		3		3
金华市	8	7	1	4	4	8
衢州市	4	1	3	3	1	2

2－82 县属研究与开发机构 R&D 经费支出情况

单位：千元

	R&D 经费内部支出	政府资金	企业资金	事业单位资金	其他资金	R&D 经费外部支出
总　计	**1212**	**892**	**25**	**270**	**25**	
按国民经济行业分组						
农、林、牧、渔业	629	579	25		25	
水利、环境和公共设施管理业	270			270		
文化、体育和娱乐业	313	313				
按地区分组						
嘉兴市	402	402				
湖州市	270			270		
金华市	465	465				
衢州市	75	25	25		25	

2－83 县属研究与开发机构 R&D 经费内部支出情况

单位：千元

	R&D 经费内部支出	经常费支出	劳务费	设　备购置费	其他日常支出
总　计	**1212**	**1212**	**643**	**17**	**552**
嘉兴市	402	402	158	4	240
湖州市	270	270	138		132
金华市	465	465	287	13	165
衢州市	75	75	60		15

2－84 转制机构概况

	机构数（个）	从业人员总数（人）	单位在职科技活动人员	科学家工程师	经费收入总额（千元）	政府资金	经费支出总额（千元）	科技经费支出
总　计	**47**	**5377**	**2555**	**1909**	**3641119**	**187062**	**3399574**	**431602**
按隶属关系分组								
地方部门属	36	3956	1719	1232	2634989	107614	2426260	294876
省级部门属	21	3244	1378	1018	2468203	98677	2277027	250887
地市级部门属	15	712	341	214	166786	8937	149233	43989
中央部门属	11	1421	836	677	1006130	79448	973314	136726
按国民经济行业分组								
农、林、牧、渔业	3	328	237	189	87319	67441	87132	73598
农业	1	203	143	121	64045	50905	64314	57929
林业	1	27	16	10	8172	3327	7930	2512
渔业	1	98	78	58	15102	13209	14888	13157
采矿业	1	116	82	73	45930	2257	28968	13242
煤炭开采和洗选业	1	116	82	73	45930	2257	28968	13242
制造业	25	3317	1238	873	2463781	80031	2288402	228344
纺织业	3	159	77	57	117989	8227	115770	10317
造纸及纸制品业	1	79	23	17	46495	5283	33044	5107
石油加工、炼焦及核燃料加工业	1	95	35	23	58327	280	47098	4077
化学原料及化学制品制造业	3	1399	392	300	1447265	17721	1418822	95561
医药制造业	2	62	51	30	8778	5806	19648	18201
非金属矿物制品业	1	51	42	31	18393	2811	18865	4333
有色金属冶炼及压延加工业	1	136	81	59	386620	6698	282255	15179
通用设备制造业	4	520	261	167	150957	12985	139907	35921
专用设备制造业	3	212	143	85	27115	10277	26946	20687
通信设备、计算机及其他电子设备制造业	3	466	121	101	174390	7287	154187	14251
仪器仪表及文化、办公用机械制造业	1	111			19268	2256	24125	1456
工艺品及其他制造业	2	27	12	3	8184	400	7735	3254
电力、燃气及水的生产和供应业	2	479	300	247	731374	3746	717853	34466
电力、热力的生产和供应业	2	479	300	247	731374	3746	717853	34466
建筑业	1	137	128	116	25204	2455	21444	10141
房屋和土木工程建筑业	1	137	128	116	25204	2455	21444	10141

	机构数（个）	从业人员总数（人）	单位在职科技活动人员	科学家工程师	经费收入总额（千元）	政府资金	经费支出总额（千元）	科技经费支出
交通运输、仓储和邮政业	1	13	12	11	3151	2546	2586	2164
城市公共交通业	1	13	12	11	3151	2546	2586	2164
信息传输、计算机服务和软件业	4	331	133	80	111921	8465	104258	26188
电信和其他信息传输服务业	2	199	59	29	43716	3099	40407	9297
计算机服务业	1	37			22032	64	21956	13
软件业	1	95	74	51	46173	5302	41895	16878
科学研究、技术服务和地质勘查业	9	494	368	288	82966	16418	74537	35777
专业技术服务业	5	261	226	181	48124	8534	42852	21744
科技交流和推广服务业	4	233	142	107	34842	7884	31685	14033
文化、体育和娱乐业	1	162	57	32	89473	3703	74394	7682
文化艺术业	1	162	57	32	89473	3703	74394	7682
按机构所属学科分组								
自然科学领域	3	139	74	49	64565	3640	64212	19808
化学	1	95	35	23	58327	280	47098	4077
地球科学	1	19	19	15	2466	2156	2148	2148
生物学	1	25	20	11	3772	1204	14966	13583
农业科学领域	3	328	237	189	87319	67441	87132	73598
农学	1	203	143	121	64045	50905	64314	57929
林学	1	27	16	10	8172	3327	7930	2512
水产学	1	98	78	58	15102	13209	14888	13157
医学科学领域	2	83	62	40	12150	10689	10539	9715
基础医学	1	46	31	21	7144	6087	5857	5097
中医学与中药学	1	37	31	19	5006	4602	4682	4618
工程科学与技术领域	37	4800	2170	1628	3468901	104892	3229956	325227
工程与技术科学基础学科	1	49	25	17	6155	1000	5066	3000
冶金工程技术	1	136	81	59	386620	6698	282255	15179
机械工程	9	1488	864	628	953804	30066	929425	99064
动力与电气工程	2	171	62	37	96328	3707	81351	7868
电子、通信与自动控制技术	5	628	182	127	227074	10771	203332	25669
计算机科学技术	4	297	141	113	79921	9266	75971	22665
化学工程	5	1486	419	317	1493913	23004	1452213	100884
纺织科学技术	3	159	77	57	117989	8227	115770	10317

	机构数（个）	从业人员总数（人）	单位在职科技活动人员	科学家工程师	经费收入总额（千元）	政府资金	经费支出总额（千元）	科技经费支出
食品科学技术	1	22	20	17	2754	2084	3473	2403
土木建筑工程	2	188	170	147	43597	5266	40309	14474
交通运输工程	1	13	12	11	3151	2546	2586	2164
环境科学技术	3	163	117	98	57595	2257	38205	21540
社会、人文科学领域	2	27	12	3	8184	400	7735	3254
艺术学	2	27	12	3	8184	400	7735	3254
按机构中从事科技活动人员规模分组								
300～499 人	1	1230	330	247	915180	10476	959003	80723
200～299 人	2	821	465	351	858489	14959	836726	62750
100～199 人	3	526	438	373	116387	59734	110268	79182
50～99 人	10	1239	646	463	815219	44969	651253	101744
30～49 人	11	830	393	292	680740	29367	593357	49630
20～29 人	9	447	200	134	182039	16804	172449	44254
10～19 人	5	91	73	44	19175	8179	17759	11058
0～9 人	6	193	10	5	53890	2574	58759	2261
按院所改革模式分组								
2006 年底前进入企业或工商管理局登记为企业法人	43	5201	2415	1804	3613256	163064	3374095	409036
进入企业或企业集团	18	2276	1108	842	1644885	55958	1492600	140595
转为中央或省直属大型科技企业	1	116	82	73	45930	2257	28968	13242
转为科技型企业	13	2281	935	709	1738790	89538	1682777	204742
转为企业型科技咨询、科技中介、技术推广等单位	11	528	290	180	183651	15311	169750	50457
2006 年底前转制到位的事业单位	4	176	140	105	27863	23998	25479	22566
转为事业型科技咨询、科技中介、技术推广等单位	1	19	19	15	2466	2156	2148	2148
并入高校	3	157	121	90	25397	21842	23331	20418
按地区分组								
杭州市	38	4927	2308	1754	3562367	169442	3323103	392086
温州市	1	30	21	15	7943	1957	6894	2687
嘉兴市	3	125	74	35	39651	854	40255	17876
湖州市	1	15	15	5	1948		1941	1260
绍兴市	1	49	25	17	6155	1000	5066	3000
金华市	2	133	34	25	7953	600	7427	1536
舟山市	1	98	78	58	15102	13209	14888	13157

2－85 转制机构人员情况

单位:人

	单位在职科技活动人员	科学家工程师	科技管理	课题活动	科技服务	生产经营活动人员	其他人员
总　计	**2555**	**1909**	**395**	**1691**	**469**	**2313**	**509**
按隶属关系分组							
地方部门属	1719	1232	282	1071	366	1872	365
省级部门属	1378	1018	222	878	278	1583	283
地市级部门属	341	214	60	193	88	289	82
中央部门属	836	677	113	620	103	441	144
按机构所属学科领域分组							
自然科学领域	74	49	14	48	12	43	22
农业科学领域	237	189	35	156	46	51	40
医学科学领域	62	40	11	36	15	8	13
工程科学与技术领域	2170	1628	332	1444	394	2206	424
社会、人文科学领域	12	3	3	7	2	5	10
按院所改革模式分组							
2006年底前进入企业或工商管理局登记为企业法人	2415	1804	371	1597	447	2293	493
进入企业或企业集团	1108	842	170	791	147	958	210
转为中央或省直属大型科技企业	82	73	14	66	2	30	4
转为科技型企业	935	709	131	579	225	1099	247
转为企业型科技咨询、科技中介、技术推广等单位	290	180	56	161	73	206	32
2006年底前转制到位的事业单位	140	105	24	94	22	20	16
转为事业型科技咨询、科技中介、技术推广等单位	19	15	5	14			
并入高校	121	90	19	80	22	20	16
按地区分组							
杭州市	2308	1754	359	1548	401	2160	459
温州市	21	15	5	12	4	8	1
嘉兴市	74	35	10	35	29	38	13
湖州市	15	5	2		13		
绍兴市	25	17	4	18	3	21	3
金华市	34	25	6	20	8	74	25
舟山市	78	58	9	58	11	12	8

2-86 转制机构科技活动人员情况

单位：人

	单位在职科技活动人员	学位		学历				职称		
		博士	硕士	研究生		大学	大专	高级	中级	初级
					博士					
总　计	**2555**	**28**	**225**	**278**	**28**	**1418**	**633**	**706**	**874**	**699**
按隶属关系分组										
地方部门属	1719	11	129	166	11	962	415	430	622	450
省级部门属	1378	8	106	139	8	786	334	362	535	355
地市级部门属	341	3	23	27	3	176	81	68	87	95
中央部门属	836	17	96	112	17	456	218	276	252	249
按院所改革模式分组										
2006年底前进入企业或工商管理局登记为企业法人	2415	25	206	257	25	1353	599	661	830	669
进入企业或企业集团	1108	3	76	105	3	607	308	325	400	299
转为中央或省直属大型科技企业	82		9	9		42	28	28	18	25
转为科技型企业	935	21	108	129	21	554	173	249	325	260
转为企业型科技咨询、科技中介、技术推广等单位	290	1	13	14	1	150	90	59	87	85
2006年底前转制到位的事业单位	140	3	19	21	3	65	34	45	44	30
转为事业型科技咨询、科技中介、技术推广等单位	19	3	5	8	3	6	4	8	6	2
并入高校	121		14	13		59	30	37	38	28
按地区分组										
杭州市	2308	28	211	264	28	1302	569	655	799	631
温州市	21					10	9	3	10	4
嘉兴市	74		2	3		30	12	12	13	20
湖州市	15					12	2	1	4	10
绍兴市	25					10	12	8	6	8
金华市	34		3	3		20	8	1	18	13
舟山市	78		9	8		34	21	26	24	13

2－87 转制机构经费收入情况

单位：千元

	科技经费筹集额						生产经营收入	其他收入
		政府资金	企业资金	金融机构贷款	国外资金	其他资金		
总　计	**437260**	**187062**	**214763**	**24500**	**4300**	**6635**	**2988667**	**99392**
按隶属关系分组								
地方部门属	286994	107614	148245	24500		6635	2159027	73168
省级部门属	243693	98677	117037	21500		6479	2038815	69895
地市级部门属	43301	8937	31208	3000		156	120212	3273
中央部门属	150266	79448	66518		4300		829640	26224
按国民经济行业分组								
农、林、牧、渔业	78700	67441	11259				1410	7209
农业	61048	50905	10143				853	2144
林业	3507	3327	180					4665
渔业	14145	13209	936				557	400
采矿业	16075	2257	13818				26926	2929
煤炭开采和洗选业	16075	2257	13818				26926	2929
制造业	185699	80031	79259	20000		6409	2111169	77413
纺织业	9073	8227	744			102	108916	
造纸及纸制品业	5283	5283					26205	7
石油加工、炼焦及核燃料加工业	1091	280	811				56629	607
化学原料及化学制品制造业	37828	17721	20107				1340136	24801
医药制造业	7925	5806	1985			134	643	210
非金属矿物制品业	5596	2811	2785				12797	
有色金属冶炼及压延加工业	34776	6698	8078	20000			294546	27298
通用设备制造业	45665	12985	32680				97534	7758
专用设备制造业	18684	10277	8407				6347	2084
通信设备、计算机及其他电子设备制造业	13834	7287	374			6173	152181	8375
仪器仪表及文化、办公用机械制造业	2256	2256					11090	5922
工艺品及其他制造业	3688	400	3288				4145	351
电力、燃气及水的生产和供应业	33296	3746	29550				690118	7960
电力、热力的生产和供应业	33296	3746	29550				690118	7960
建筑业	22708	2455	20253				2496	
房屋和土木工程建筑业	22708	2455	20253				2496	
交通运输、仓储和邮政业	2616	2546				70	423	112
城市公共交通业	2616	2546				70	423	112
信息传输、计算机服务和软件业	29716	8465	19751	1500			79574	2631
电信和其他信息传输服务业	10555	3099	5956	1500			33151	10

	科技经费筹集额（千元）						生产经营收入	其他收入
		政府资金	企业资金	金融机构贷款	国外资金	其他资金		
计算机服务业	64	64					21958	10
软件业	19097	5302	13795				24465	2611
科学研究、技术服务和地质勘查业	46150	16418	22276	3000	4300	156	35678	1138
专业技术服务业	31103	8534	18113		4300	156	16511	510
科技交流和推广服务业	15047	7884	4163	3000			19167	628
文化、体育和娱乐业	22300	3703	18597				40873	
文化艺术业	22300	3703	18597				40873	
按机构所属学科领域分组								
自然科学领域	6166	3640	2526				57272	1127
农业科学领域	78700	67441	11259				1410	7209
医学科学领域	11573	10689	750			134	577	
工程科学与技术领域	337133	104892	196940	24500	4300	6501	2925263	90705
社会、人文科学领域	3688	400	3288				4145	351
按院所改革模式分组								
2006年底前进入企业或工商管理局登记为企业法人	411776	163064	213347	24500	4300	6565	2987110	98570
进入企业或企业集团	178758	55958	92193	20000	4300	6307	1378066	58061
转为中央或省直属大型科技企业	16075	2257	13818				26926	2929
转为科技型企业	157721	89538	66581	1500		102	1489345	32224
转为企业型科技咨询、科技中介、技术推广等单位	59222	15311	40755	3000		156	92773	5356
2006年底前转制到位的事业单位	25484	23998	1416			70	1557	822
转为事业型科技咨询、科技中介、技术推广等单位	2156	2156						310
并入高校	23328	21842	1416			70	1557	512
按地区分组								
杭州市	397452	169442	192731	24500	4300	6479	2952121	96994
温州市	2215	1957	258				5728	
嘉兴市	17487	854	16633				22154	10
湖州市	1948		1792			156		
绍兴市	3000	1000	2000				2267	888
金华市	1013	600	413				5840	1100
舟山市	14145	13209	936				557	400

2－88 转制机构技术性收入情况

单位：千元

	技术性收入	来自企业	技术开发收入	技术转让收入	技术咨询服务收入	学术和科普活动收入
总　计	**214763**	**144337**	**60409**	**4443**	**146961**	**2950**
按隶属关系分组						
地方部门属	148245	90372	33971	2743	108981	2550
省级部门属	117037	75734	21597	2743	90147	2550
地市级部门属	31208	14638	12374		18834	
中央部门属	66518	53965	26438	1700	37980	400
按国民经济行业分组						
农、林、牧、渔业	11259	1116	10323		936	
农业	10143		10143			
林业	180	180	180			
渔业	936	936			936	
采矿业	13818	13818			13818	
煤炭开采和洗选业	13818	13818			13818	
制造业	79259	73198	11911	2743	64605	
纺织业	744	744			744	
石油加工、炼焦及核燃料加工业	811	811			811	
化学原料及化学制品制造业	20107	19849		2503	17604	
医药制造业	1985	270	30	240	1715	
非金属矿物制品业	2785	2785			2785	
有色金属冶炼及压延加工业	8078	8078			8078	
通用设备制造业	32680	32680	3284		29396	
专用设备制造业	8407	7927	8277		130	
通信设备、计算机及其他电子设备制造业	374	54	320		54	
工艺品及其他制造业	3288				3288	
电力、燃气及水的生产和供应业	29550	27140	12090		17460	
电力、热力的生产和供应业	29550	27140	12090		17460	
建筑业	20253				17703	2550
房屋和土木工程建筑业	20253				17703	2550

	技术性收入	来自企业	技术开发收入	技术转让收入	技术咨询服务收入	学术和科普活动收入
信息传输、计算机服务和软件业	19751	19751	336		19415	
电信和其他信息传输服务业	5956	5956			5956	
软件业	13795	13795	336		13459	
科学研究、技术服务和地质勘查业	22276	9314	7152	1700	13024	400
专业技术服务业	18113	8592	3210	1700	12803	400
科技交流和推广服务业	4163	722	3942		221	
文化、体育和娱乐业	18597		18597			
文化艺术业	18597		18597			
按机构所属学科领域分组						
自然科学领域	2526	811			2526	
农业科学领域	11259	1116	10323		936	
医学科学领域	750	270	380	240	130	
工程科学与技术领域	196940	142140	49706	4203	140081	2950
社会、人文科学领域	3288				3288	
按院所改革模式分组						
2006年底前进入企业或工商管理局登记为企业法人	213347	143401	60059	4443	145895	2950
进入企业或企业集团	92193	79684	18749	2056	70988	400
转为中央或省直属大型科技企业	13818	13818			13818	
转为科技型企业	66581	29456	20892	2387	40752	2550
转为企业型科技咨询、科技中介、技术推广等单位	40755	20443	20418		20337	
2006年底前转制到位的事业单位	1416	936	350		1066	
并入高校	1416	936	350		1066	
按地区分组						
杭州市	192731	132404	51977	4327	133477	2950
温州市	258			116	142	
嘉兴市	16633	7112	7112		9521	
湖州市	1792	1792			1792	
绍兴市	2000	2000	1000		1000	
金华市	413	93	320		93	
舟山市	936	936			936	

2-89 转制机构经费支出情况

单位:千元

	科技经费支出	人员费用	资产购建支出	购置科研仪器设备	其他日常支出	生产经营支出	其他支出
总　计	**431602**	**131477**	**111441**	**70670**	**188684**	**2860406**	**107566**
按隶属关系分组							
地方部门属	294876	88842	66565	50249	139469	2067608	63776
省级部门属	250887	75308	59940	47860	115639	1971363	54777
地市级部门属	43989	13534	6625	2389	23830	96245	8999
中央部门属	136726	42635	44876	20421	49215	792798	43790
按国民经济行业分组							
农、林、牧、渔业	73598	14817	26084	2403	32697	1324	12210
农业	57929	7474	25625	1944	24830	767	5618
林业	2512	1540	95	95	877		5418
渔业	13157	5803	364	364	6990	557	1174
采矿业	13242	5700	486	486	7056	15032	694
煤炭开采和洗选业	13242	5700	486	486	7056	15032	694
制造业	228344	61360	62981	47521	104003	2005966	54092
纺织业	10317	3384	886	886	6047	104943	510
造纸及纸制品业	5107	1298	500	500	3309	27865	72
石油加工、炼焦及核燃料加工业	4077	1636	431	431	2010	37446	5575
化学原料及化学制品制造业	95561	19670	32562	32562	43329	1315167	8094
医药制造业	18201	2200	12572	492	3429	1383	64
非金属矿物制品业	4333	1444			2889	11862	2670
有色金属冶炼及压延加工业	15179	9368	3242	3242	2569	265926	1150
通用设备制造业	35921	11333	7886	7886	16702	77331	26655
专用设备制造业	20687	6123	3551	541	11013	5471	788
通信设备、计算机及其他电子设备制造业	14251	4425	1351	981	8475	138581	1355
仪器仪表及文化、办公用机械制造业	1456				1456	15690	6979
工艺品及其他制造业	3254	479			2775	4301	180
电力、燃气及水的生产和供应业	34466	13076	17623	16849	3767	667315	16072
电力、热力的生产和供应业	34466	13076	17623	16849	3767	667315	16072
建筑业	10141	8661	82	82	1398		11303
房屋和土木工程建筑业	10141	8661	82	82	1398		11303

	科技经费支出	人员费用	资产购建支出	购置科研仪器设备	其他日常支出	生产经营支出	其他支出
交通运输、仓储和邮政业	2164	782	11	11	1371	357	65
城市公共交通业	2164	782	11	11	1371	357	65
信息传输、计算机服务和软件业	26188	7160	413	413	18615	73610	4460
电信和其他信息传输服务业	9297	3920	130	130	5247	28141	2969
计算机服务业	13				13	21892	51
软件业	16878	3240	283	283	13355	23577	1440
科学研究、技术服务和地质勘查业	35777	16843	2372	1516	16562	30511	8249
专业技术服务业	21744	10199	1233	377	10312	14607	6501
科技交流和推广服务业	14033	6644	1139	1139	6250	15904	1748
文化、体育和娱乐业	7682	3078	1389	1389	3215	66291	421
文化艺术业	7682	3078	1389	1389	3215	66291	421
按机构所属学科领域分组							
自然科学领域	19808	3288	12694	614	3826	38829	5575
农业科学领域	73598	14817	26084	2403	32697	1324	12210
医学科学领域	9715	3377	700	700	5638	577	247
工程科学与技术领域	325227	109516	71963	66953	143748	2815375	89354
社会、人文科学领域	3254	479			2775	4301	180
按院所改革模式分组							
2006年底前进入企业或工商管理局登记为企业法人	409036	122063	110675	69904	176298	2858915	106144
进入企业或企业集团	140595	53801	31963	29963	54831	1288504	63501
转为中央或省直属大型科技企业	13242	5700	486	486	7056	15032	694
转为科技型企业	204742	49645	63946	37255	91151	1440506	37529
转为企业型科技咨询、科技中介、技术推广等单位	50457	12917	14280	2200	23260	114873	4420
2006年底前转制到位的事业单位	22566	9414	766	766	12386	1491	1422
转为事业型科技咨询、科技中介、技术推广等单位	2148	896	183	183	1069		
并入高校	20418	8518	583	583	11317	1491	1422
按地区分组							
杭州市	392086	120228	106133	69598	165725	2827041	103976
温州市	2687	821	35	35	1831	4169	38
嘉兴市	17876	1749	4089	223	12038	22072	307
湖州市	1260	730			530		681
绍兴市	3000	1500	200	200	1300	1446	620
金华市	1536	646	620	250	270	5121	770
舟山市	13157	5803	364	364	6990	557	1174

2－90　转制机构资产情况

单位：千元

	资产合计	流动资产	固定资产			无形资产	对外投资
				科研房屋建筑物	科研仪器设备和图书资料		
总　计	**4229501**	**2621687**	**1105096**	**391528**	**158843**	**231393**	**271325**
按隶属关系分组							
地方部门属	2954478	1673103	865494	255900	115365	204871	211010
省级部门属	2623115	1546555	772271	220589	108079	178084	126205
地市级部门属	331363	126548	93223	35311	7286	26787	84805
中央部门属	1275023	948584	239602	135628	43478	26522	60315
按院所改革模式分组							
2006 年底前进入企业或工商管理局登记为企业法人	4166773	2582213	1083662	385415	144572	231393	269505
进入企业或企业集团	1840259	1362464	308496	115699	73406	89627	79672
转为中央或省直属大型科技企业	56531	43084	11704	9735	1969		1743
转为科技型企业	2001877	1019899	706871	225086	65850	106608	168499
转为企业型科技咨询、科技中介、技术推广等单位	268106	156766	56591	34895	3347	35158	19591
2006 年底前转制到位的事业单位	62728	39474	21434	6113	14271		1820
转为事业型科技咨询、科技中介、技术推广等单位	7679	3864	3815		3815		
并入高校	55049	35610	17619	6113	10456		1820
按地区分组							
杭州市	4089363	2544118	1072961	375875	146325	217518	254766
温州市	14276	7882	2320	1194	1126	4074	
嘉兴市	54313	19875	10354	6986	2444	9765	14319
湖州市	4080	553	3091	2804	287	36	400
绍兴市	2719	2219	500		500		
金华市	26479	20998	5081	1880	161		400
舟山市	38271	26042	10789	2789	8000		1440

2－91　转制机构课题情况(一)

	课题数合　计（个）	当年开题	当年完成	课题经费内部支出（千元）	政府资金	课　题投入人员（人年）	科学家工程师
合计	**549**	**312**	**302**	**227629**	**66062**	**1634**	**1220**
应用研究	30	10	16	4794	3851	51	48
试验发展	160	78	83	59747	26546	456	375
研究与试验发展成果应用	200	97	100	85096	24689	666	489
科技服务	147	117	97	50045	6526	349	274
生产性活动	12	10	6	27946	4450	112	34

2－92 转制机构课题情况(二)

	课题数合计(个)	R&D课题	课题经费内部支出(千元)	政府资金	R&D课题经费	课题投入人员(人年)	科学家和工程师	R&D人员
总　计	**549**	**190**	**227629**	**66062**	**64541**	**1634**	**1220**	**507**
按隶属关系分组								
地方部门属	399	114	163987	49122	45551	1132	835	317
省级部门属	337	96	137521	43558	37890	871	661	246
地市级部门属	62	18	26466	5565	7661	261	174	71
中央部门属	150	76	63642	16940	18991	502	386	190
按国民经济行业分组								
农、林、牧、渔业	86	56	17205	16157	8110	102	79	66
农业	52	41	8915	7985	3880	47	40	34
林业	10		720	602		6	1	
渔业	24	15	7570	7570	4230	50	38	32
采矿业	14	11	5964	661	1214	55	48	11
煤炭开采和洗选业	14	11	5964	661	1214	55	48	11
制造业	315	75	129002	33752	29554	911	662	211
纺织业	24		5680	3688		56	48	
造纸及纸制品业	11	8	4392	3809	2795	19	13	15
石油加工、炼焦及核燃料加工业	5		1679	280		25	13	
化学原料及化学制品制造业	68	20	51329	8400	7470	290	204	57
医药制造业	20	11	3347	2763	1266	49	23	18
非金属矿物制品业	5		3049	1000		36	24	
有色金属冶炼及压延加工业	23	14	8346	3187	5634	38	38	25
通用设备制造业	105	1	25262	1591	700	155	132	6
专用设备制造业	29	9	12664	2910	3523	132	65	41
通信设备、计算机及其他电子设备制造业	23	12	11142	5975	8166	75	69	49
工艺品及其他制造业	2		2112	150		37	32	
电力、燃气及水的生产和供应业	26	4	29284	960	4800	182	154	38
电力、热力的生产和供应业	26	4	29284	960	4800	182	154	38
建筑业	8		156	97		2	2	
房屋和土木工程建筑业	8		156	97		2	2	

	课题数合计（个）	R&D课题	课题经费内部支出（千元）	政府资金	R&D课题经费	课题投入人员（人年）	科学家和工程师	R&D人员
交通运输、仓储和邮政业	10	2	1906	1836	530	13	12	4
城市公共交通业	10	2	1906	1836	530	13	12	4
信息传输、计算机服务和软件业	20	14	19352	2770	7799	118	50	47
电信和其他信息传输服务业	14	11	7931	2470	3611	61	16	23
软件业	6	3	11421	300	4188	57	34	24
科学研究、技术服务和地质勘查业	67	28	22032	8729	12535	234	197	132
专业技术服务业	26	16	10978	3384	7813	132	106	86
科技交流和推广服务业	41	12	11054	5345	4722	102	91	46
文化、体育和娱乐业	3		2728	1100		18	17	
文化艺术业	3		2728	1100		18	17	
按课题所属学科分组								
自然科学领域	20	12	4403	2756	2414	52	35	21
信息科学与系统科学	2	2	700	511	700	5	5	5
物理学	1	1	608	608	608	2	1	2
化学	1		85	85		2	2	
地球科学	9	8	966	966	768	13	11	12
生物学	7	1	2044	586	338	31	16	3
农业科学领域	87	56	17355	16307	8110	104	81	66
农学	53	41	9065	8135	3880	48	41	34
林学	10		720	602		6	1	
水产学	24	15	7570	7570	4230	50	38	32
医学科学领域	24	12	4599	3845	1394	63	38	18
基础医学	1	1	128	128	128	1		1
临床医学	7		2130	1540		34	20	
中医学与中药学	16	11	2341	2177	1266	29	18	18
工程科学与技术领域	415	110	199076	42920	52623	1377	1033	402
工程与技术科学基础学科	2	1	436	1	435	3	3	3
材料科学	24	15	10215	4187	6134	73	61	34
机械工程	82	13	52605	6153	12082	334	256	108
动力与电气工程	13		3982			33	30	

	课题数合计（个）	R&D课题	课题经费内部支出（千元）	政府资金	R&D课题经费	课题投入人员（人年）	科学家和工程师	R&D人员
能源科学技术	3	1	5100	300	1000	39	20	8
电子、通信与自动控制技术	60	31	25110	9681	14905	203	139	110
计算机科学技术	25	11	16636	4117	7275	112	83	56
化学工程	77	26	55334	12030	9370	318	215	70
纺织科学技术	21		5114	3543		48	41	
食品科学技术	10	1	1635	755	90	19	17	
土木建筑工程	58		10270	295		79	71	
水利工程	1		760			3	3	
交通运输工程	6		1038	888		10	9	
环境科学技术	33	11	10841	971	1333	102	84	13
社会、人文科学领域	3		2196	234		39	34	
艺术学	2		2112	150		37	32	
经济学	1		84	84		2	2	
按课题技术领域分组								
非技术领域	2		145	142		2		
信息技术	40	24	27453	8083	11427	185	113	83
生物技术	65	42	10679	9444	3970	68	50	34
新材料	109	44	70458	17583	20150	408	303	128
能源技术	10		6544			59	49	
自动化技术	66	17	23746	5420	7752	253	164	99
海洋技术	25	13	11946	1217	2427	113	86	23
其他技术领域	232	50	76658	24173	18816	547	456	141
按课题来源分组								
中央政府部门下达课题	71	46	26869	14652	13197	174	136	123
自然科学基金课题	14	14	640	590	640	11	11	11
863计划课题	2	2	550	490	550	8	7	8
八五攻关计划课题	14	10	4679	3160	4116	48	37	43
国家火炬计划课题	1		4800			11	6	
国家星火计划课题	1	1	80	80	80	1	1	1
其他课题	39	19	16120	10332	7811	95	74	60

	课题数合计（个）	R&D课题	课题经费内部支出（千元）	政府资金	R&D课题经费	课题投入人员（人年）	科学家和工程师	R&D人员
地方政府部门下达课题	228	95	96398	47620	33582	692	496	244
地方自然科学基金课题	6	3	1174	1170	174	15	12	2
地方攻关计划课题	73	54	26856	16703	20975	183	143	135
地方星火计划课题	1		230	230		2	1	
其他课题	148	38	68138	29517	12433	491	340	107
企业委托课题	146	9	57234	1611	7718	397	282	57
自选课题	70	33	15884	1214	4439	180	145	53
国际合作课题	4	3	4890	50	4490	25	25	22
其他课题	30	4	26353	915	1115	166	136	7
按课题合作形式分组								
与境外机构合作	1	1	540		540	5	3	5
与国内高校合作	23	12	10391	2017	6465	77	60	42
与国内独立研究机构合作	7	3	1434	1434	405	20	16	7
与境内注册的其他企业合作	126	6	30194	6557	1560	194	170	19
独立研究	364	166	175506	52646	55099	1260	929	427
其他	28	2	9564	3408	472	78	43	8
按院所改革模式分组								
2006年底前进入企业或工商管理局登记为企业法人	498	164	214929	54022	58885	1524	1139	459
进入企业或企业集团	229	52	96196	20723	28067	708	558	225
转为中央或省直属大型科技企业	14	11	5964	661	1214	55	48	11
转为科技型企业	215	97	90481	29083	24717	593	418	194
转为企业型科技咨询、科技中介、技术推广等单位	40	4	22288	3556	4888	169	114	30
2006年底前转制到位的事业单位	51	26	12700	12040	5656	110	81	48
转为事业型科技咨询、科技中介、技术推广等单位	10	9	1094	1094	896	13	11	13
并入高校	41	17	11606	10946	4760	97	70	36
按地区分组								
杭州市	505	169	207738	57517	57372	1473	1132	450
温州市	2		375	375		9	6	
嘉兴市	11	5	9156		2239	74	25	19
绍兴市	4	1	1850		700	22	13	6
金华市	3		940	600		7	7	
舟山市	24	15	7570	7570	4230	50	38	32

2－93 转制机构课题经费内部支出情况

单位:千元

	经费内部支出合计	应用研究	试验发展	R&D成果应用	科技服务	生产性活动
总　计	**227629**	**4794**	**59747**	**85096**	**50045**	**27946**
按隶属关系分组						
地方部门属	163987	3824	41727	50995	43815	23626
省级部门属	137521	154	37736	36901	39454	23276
地市级部门属	26466	3670	3991	14094	4361	350
中央部门属	63642	970	18021	34101	6230	4320
按院所改革模式分组						
2006年底前进入企业或工商管理局登记为企业法人	214929	4644	54241	80903	47694	27446
进入企业或企业集团	96196		28067	33657	30082	4390
转为中央或省直属大型科技企业	5964		1214	10	4740	
转为科技型企业	90481	3944	20773	40948	2111	22706
转为企业型科技咨询、科技中介、技术推广等单位	22288	700	4188	6289	10761	350
2006年底前转制到位的事业单位	12700	150	5506	4193	2351	500
转为事业型科技咨询、科技中介、技术推广等单位	1094		896	198		
并入高校	11606	150	4610	3995	2351	500
按地区分组						
杭州市	207738	3944	53428	77521	45748	27096
温州市	375			375		
嘉兴市	9156		2239	5280	1637	
绍兴市	1850	700			800	350
金华市	940			940		
舟山市	7570	150	4080	980	1860	500

2－94　转制机构课题投入人员情况

单位：人年

	投入人员合　计	应用研究	试验发展	R&D成果应用	科技服务	生产性活　动
总　计	**1634**	**51**	**456**	**666**	**349**	**112**
按隶属关系分组						
地方部门属	1132	36	281	463	278	74
省级部门属	871	1	245	325	231	69
地市级部门属	261	35	36	138	47	5
中央部门属	502	15	175	203	71	38
按院所改革模式分组						
2006年底前进入企业或工商管理局登记为企业法人	1524	50	409	618	336	111
进入企业或企业集团	708		225	232	213	38
转为中央或省直属大型科技企业	55		11		44	
转为科技型企业	593	44	150	314	17	68
转为企业型科技咨询、科技中介、技术推广等单位	169	6	24	72	62	5
2006年底前转制到位的事业单位	110	1	47	47	14	1
转为事业型科技咨询、科技中介、技术推广等单位	13		13	1		
并入高校	97	1	35	47	14	1
按地区分组						
杭州市	1473	44	406	609	307	106
温州市	9			9		
嘉兴市	74		19	35	20	
绍兴市	22	6			11	5
金华市	7			7		
舟山市	50	1	31	6	11	1

2－95　转制机构课题投入科学家工程师情况

单位：人年

	科学家和工程师合计	应用研究	试验发展	R&D成果应用	科技服务	生产性活动
总　计	**1220**	**48**	**375**	**489**	**274**	**34**
按隶属关系分组						
地方部门属	835	34	225	328	213	34
省级部门属	661	1	202	238	187	32
地市级部门属	174	33	23	90	26	2
中央部门属	386	14	149	161	61	
按院所改革模式分组						
2006年底前进入企业或工商管理局登记为企业法人	1139	47	336	457	266	33
进入企业或企业集团	558		196	186	177	
转为中央或省直属大型科技企业	48		10		38	
转为科技型企业	418	43	115	220	9	31
转为企业型科技咨询、科技中介、技术推广等单位	114	4	16	51	42	2
2006年底前转制到位的事业单位	81	1	38	32	9	1
转为事业型科技咨询、科技中介、技术推广等单位	11		11			
并入高校	70	1	28	32	9	1
按地区分组						
杭州市	1132	43	345	463	250	31
温州市	6			6		
嘉兴市	25		6	9	10	
绍兴市	13	4			7	2
金华市	7			7		
舟山市	38	1	24	5	7	1

2－96　转制机构技术获取与转让情况

单位：千元

	合　计	发明使用权（专利、许可证、商标等）	研究、研制成果（新知识和新技术、新产品原型）	含新技术（新工艺）的图纸、技术手册和软件	含新技术（新工艺）的设备和仪器
一、买入技术					
技术获取当年实际支付金额					
二、卖出技术					
技术转让当年实收金额	13827	16	13767	17	27
国外及港澳台	4300		4300		
国内	9527	16	9467	17	27
企业	9447		9447		
大中型企业	6715		6715		

2－97　转制机构卖出技术情况

单位:千元

	卖出技术实收金额合　计	技术种类				买方类型			
		发明使用权(专利、许可证、商标等)	研究、研制成果(新知识和新技术、新产品原型)	含新技术(新工艺)的图纸、技术手册和软件	含新技术(新工艺)的设备和仪器	国外及港澳台	国内		
								企业	大中型企业
总　计	**13827**	**16**	**13767**	**17**	**27**	**4300**	**9527**	**9447**	**6715**
按隶属关系分组									
地方部门属	2027		2027				2027	2027	1915
省级部门属	2027		2027				2027	2027	1915
中央部门属	11800	16	11740	17	27	4300	7500	7420	4800
按国民经济行业分组									
农、林、牧、渔业	80	16	20	17	27		80		
农业	80	16	20	17	27		80		
制造业	2647		2647				2647	2647	1915
化学原料及化学制品制造业	1915		1915				1915	1915	1915
医药制造业	112		112				112	112	
专用设备制造业	620		620				620	620	
科学研究、技术服务和地质勘查业	11100		11100			4300	6800	6800	4800
专业技术服务业	11100		11100			4300	6800	6800	4800
按院所改革模式分组									
2006年底前进入企业或工商管理局登记为企业法人	13827	16	13767	17	27	4300	9527	9447	6715
进入企业或企业集团	11832		11832			4300	7532	7532	4800
转为科技型企业	1995	16	1935	17	27		1995	1915	1915
按地区分组									
杭州市	13827	16	13767	17	27	4300	9527	9447	6715

2－98 转制机构论文、著作和专利情况

	科技论文（篇）	国外发表	科技著作（种）	专利申请受理数（件）	发明专利	专利授权数（件）	发明专利	国外授权	拥有发明专利总数（件）
总　计	**431**	**24**	**14**	**71**	**45**	**35**	**21**	**6**	**97**
按隶属关系分组									
地方部门属	201	4	4	54	39	20	14	6	76
省级部门属	169	1	2	45	31	11	7		55
地市级部门属	32	3	2	9	8	9	7	6	21
中央部门属	230	20	10	17	6	15	7		21
按国民经济行业分组									
农、林、牧、渔业	127	9	9	2	2	7	5		13
采矿业	19								
制造业	127	1	2	57	38	16	14	6	79
电力、燃气及水的生产和供应业	27		2	6	3	8	2		4
建筑业	26			1					
交通运输、仓储和邮政业	1								
信息传输、计算机服务和软件业	9								
科学研究、技术服务和地质勘查业	84	14	1	3	2	2			1
文化、体育和娱乐业	11			2		2			
按机构所属学科领域分组									
自然科学领域	56	11		1	1				9
农业科学领域	127	9	9	2	2	7	5		13
医学科学领域	12		1	11	7	2			4
工程科学与技术领域	236	4	4	57	35	26	16	6	71
按院所改革模式分组									
2006年底前进入企业或工商管理局登记为企业法人	354	13	13	64	42	33	21	6	93
进入企业或企业集团	113		3	27	14	15	9	6	18
转为中央或省直属大型科技企业	19								
转为科技型企业	188	13	9	30	23	14	11		69
转为企业型科技咨询、科技中介、技术推广等单位	34		1	7	5	4	1		6
2006年底前转制到位的事业单位	77	11	1	7	3	2			4
转为事业型科技咨询、科技中介、技术推广等单位	43	11							
并入高校	34		1	7	3	2			4
按地区分组									
杭州市	394	24	13	68	42	28	14		84
温州市	5								2
绍兴市				1	1	1	1		5
金华市	2			2	2	6	6	6	6
舟山市	30		1						

2－99　转制机构 R&D 人员情况

	R&D 人员（人）	按工作量分		按学历分			
		R&D 全时人员	R&D 非全时人员	博士毕业	硕士毕业	本科毕业	其他
总　计	**788**	**437**	**351**	**22**	**137**	**475**	**154**
按隶属关系分组							
地方部门属	467	289	178	6	80	274	107
省级部门属	389	222	167	4	68	219	98
地市级部门属	78	67	11	2	12	55	9
中央部门属	321	148	173	16	57	201	47
按机构所属学科领域分组							
自然科学领域	19	6	13	3	5	6	5
农业科学领域	108	50	58	12	23	49	24
医学科学领域	24	15	9		5	17	2
工程科学与技术领域	637	366	271	7	104	403	123
按院所改模式分组							
2006 年底前进入企业或工商管理局登记为企业法人	719	404	315	19	125	436	139
进入企业或企业集团	317	188	129	3	56	203	55
转为中央或省直属大型科技企业	63	2	61		9	42	12
转为科技型企业	267	177	90	16	57	146	48
转为企业型科技咨询、科技中介、技术推广等单位	72	37	35		3	45	24
2006 年底前转制到位的事业单位	69	33	36	3	12	39	15
转为事业型科技咨询、科技中介、技术推广等单位	19	6	13	3	5	6	5
并入高校	50	27	23		7	33	10
按地区分组							
杭州市	719	389	330	22	129	432	136
嘉兴市	19	19			1	11	7
绍兴市	6	6				5	1
舟山市	44	23	21		7	27	10

2－100 转制机构 R&D 人员折合全时工作量情况

	R&D 折合全时工作量（人年）	科学家工程师	按活动类型分		按工作岗位性质分		
			应用研究人员	试验发展人员	研究人员	技术人员	其他辅助人员
总计	**565**	**479**	**53**	**512**	**239**	**244**	**82**
按隶属关系分组							
地方部门属	361	304	37	324	150	146	65
省级部门属	287	239	1	286	125	111	51
地市级部门属	74	65	36	38	25	35	14
中央部门属	204	175	16	188	89	98	17
按机构所属学科领域分组							
自然科学领域	13	11		13	6	6	1
农业科学领域	70	60	17	53	46	17	7
医学科学领域	18	16		18	4	12	2
工程科学与技术领域	464	392	36	428	183	209	72
按国民经济经济行业分组							
农、林、牧、渔业	70	60	17	53	46	17	7
农业	37	34	16	21	25	9	3
渔业	33	26	1	32	21	8	4
采矿业	11	11		11	3	6	2
煤炭开采和洗选业	11	11		11	3	6	2
制造业	245	206	6	239	83	103	59
造纸及纸制品业	16	11		16	11	4	1
化学原料及化学制品制造业	67	58		67	19	36	12
医药制造业	18	16		18	4	12	2
有色金属冶炼及压延加工业	38	33		38	11	15	12
通用设备制造业	6	5	6		3	2	1
专用设备制造业	43	28		43	17	13	13

	R&D折合全时工作量（人年）		按活动类型分		按工作岗位性质分		
		科学家工程师	应用研究人员	试验发展人员	研究人员	技术人员	其他辅助人员
通信设备、计算机及其他电子设备制造业	57	55		57	18	21	18
电力、燃气及水的生产和供应业	46	37		46	26	14	6
电力、热力的生产和供应业	46	37		46	26	14	6
交通运输、仓储和邮政业	4	4		4	2	1	1
城市公共交通业	4	4		4	2	1	1
信息传输、计算机服务和软件业	54	36		54	39	14	1
电信和其他信息传输服务业	23	16		23	19	4	
软件业	31	20		31	20	10	1
科学研究、技术服务和地质勘查业	135	125	30	105	40	89	6
专业技术服务业	86	77		86	21	62	3
科技交流和推广服务业	49	48	30	19	19	27	3
按院所改革模式分组							
2006年底前进入企业或工商管理局登记为企业法人	515	438	52	463	210	229	76
进入企业或企业集团	256	223		256	88	125	43
转为中央或省直属大型科技企业	11	11		11	3	6	2
转为科技型企业	211	179	46	165	96	86	29
转为企业型科技咨询、科技中介、技术推广等单位	37	25	6	31	23	12	2
2006年底前转制到位的事业单位	50	41	1	49	29	15	6
转为事业型科技咨询、科技中介、技术推广等单位	13	11		13	6	6	1
并入高校	37	30	1	36	23	9	5
按地区分组							
杭州市	507	436	46	461	212	228	67
嘉兴市	19	12		19	3	6	10
绍兴市	6	5	6		3	2	1
舟山市	33	26	1	32	21	8	4

2－101　转制机构R&D经费支出情况

单位：千元

	R&D经费内部支出	按活动类型分		按来源分					R&D经费外部支出
		应用研究	试验发展	政府资金	企业资金	事业单位资金	国外资金	其他资金	
总　计	**110235**	**9140**	**101095**	**40605**	**52808**	**6877**	**4700**	**5245**	**653**
按隶属关系分组									
地方部门属	67787	4126	63661	23305	43982			500	653
省级部门属	57854	36	57818	19295	38059			500	453
地市级部门属	9933	4090	5843	4010	5923				200
中央部门属	42448	5014	37434	17300	8826	6877	4700	4745	
按机构所属学科领域分组									
自然科学领域	1079		1079	1079					
农业科学领域	25221	5049	20172	16604	740	6877	1000		
医学科学领域	2317		2317	1102	1215				
工程科学与技术领域	81618	4091	77527	21820	50853		3700	5245	653
按院所改革模式分组									
2006年底前进入企业或工商管理局登记为企业法人	103351	9105	94246	33771	52808	6877	4700	5195	653
进入企业或企业集团	35542		35542	11821	20021		3700		
转为中央或省直属大型科技企业	5964		5964	661	558			4745	
转为科技型企业	54230	8405	45825	21289	24614	6877	1000	450	453
转为企业型科技咨询、科技中介、技术推广等单位	7615	700	6915		7615				200
2006年底前转制到位的事业单位	6884	35	6849	6834				50	
转为事业型科技咨询、科技中介、技术推广等单位	1079		1079	1079					
并入高校	5805	35	5770	5755				50	
按地区分组									
杭州市	100497	8405	92092	35436	48239	6877	4700	5245	453
嘉兴市	3869		3869		3869				
绍兴市	700	700			700				200
舟山市	5169	35	5134	5169					

2－102 转制机构R&D经费内部支出情况

单位:千元

	R&D经费内部支出	经常费支出	劳务费	设备购置费	其他日常支出	基本建设费	仪器设备费	土建费
总计	**110235**	**97009**	**44249**	**9899**	**42861**	**13226**	**8028**	**5198**
按隶属关系分组								
地方部门属	67787	60710	26861	5924	27925	7077	6056	1021
省级部门属	57854	52021	22514	5177	24330	5833	5833	
地市级部门属	9933	8689	4347	747	3595	1244	223	1021
中央部门属	42448	36299	17388	3975	14936	6149	1972	4177
按机构所属学科领域分组								
自然科学领域	1079	1079	819	183	77			
农业科学领域	25221	20846	5154	1253	14439	4375	972	3403
医学科学领域	2317	2317	841	239	1237			
工程科学与技术领域	81618	72767	37435	8224	27108	8851	7056	1795
按国民经济行业分组								
农、林、牧、渔业	25221	20846	5154	1253	14439	4375	972	3403
农业	20052	15677	2139	972	12566	4375	972	3403
渔业	5169	5169	3015	281	1873			
采矿业	5964	5964	4400	366	1198			
煤炭开采和洗选业	5964	5964	4400	366	1198			
制造业	47195	40206	17867	4862	17477	6989	5968	1021
造纸及纸制品业	2795	2795	1072	276	1447			
化学原料及化学制品制造业	18080	12247	4103	921	7223	5833	5833	
医药制造业	2317	2317	841	239	1237			
有色金属冶炼及压延加工业	9706	9706	6824	2362	520			
通用设备制造业	700	600	400	100	100	100	100	
专用设备制造业	5431	4375	1729	233	2413	1056	35	1021

	R&D经费内部支出	经常费支出	劳务费	设备购置费	其他日常支出	基本建设费	仪器设备费	土建费
通信设备、计算机及其他电子设备制造业	8166	8166	2898	731	4537			
电力、燃气及水的生产和供应业	6874	5100	2445	2150	505	1774	1000	774
电力、热力的生产和供应业	6874	5100	2445	2150	505	1774	1000	774
交通运输、仓储和邮政业	636	636	261	4	371			
城市公共交通业	636	636	261	4	371			
信息传输、计算机服务和软件业	10985	10985	3500	363	7122			
电信和其他信息传输服务业	4070	4070	2105	80	1885			
软件业	6915	6915	1395	283	5237			
科学研究、技术服务和地质勘查业	13360	13272	10622	901	1749	88	88	
专业技术服务业	7996	7996	7185	377	434			
科技交流和推广服务业	5364	5276	3437	524	1315	88	88	
按院所改革模式分组								
2006年底前进入企业或工商管理局登记为企业法人	103351	90125	40154	9431	40540	13226	8028	5198
进入企业或企业集团	35542	33768	20593	5786	7389	1774	1000	774
转为中央或省直属大型科技企业	5964	5964	4400	366	1198			
转为科技型企业	54230	42878	13366	2896	26616	11352	6928	4424
转为企业型科技咨询、科技中介、技术推广等单位	7615	7515	1795	383	5337	100	100	
2006年底前转制到位的事业单位	6884	6884	4095	468	2321			
转为事业型科技咨询、科技中介、技术推广等单位	1079	1079	819	183	77			
并入高校	5805	5805	3276	285	2244			
按地区分组								
杭州市	100497	88427	40324	9395	38708	12070	7893	4177
嘉兴市	3869	2813	510	123	2180	1056	35	1021
绍兴市	700	600	400	100	100	100	100	
舟山市	5169	5169	3015	281	1873			

2－103　转制机构 R&D 经常费支出情况

单位：千元

	R&D经常费支出	按活动类型分		按来源分				
		应用研究	试验发展	政府资金	企业资金	事业单位资金	国外资金	其他资金
总　计	**97009**	**7946**	**89063**	**36172**	**44015**	**6877**	**4700**	**5245**
按隶属关系分组								
地方部门属	60710	4026	56684	23247	36963			500
省级部门属	52021	36	51985	19295	32226			500
地市级部门属	8689	3990	4699	3952	4737			
中央部门属	36299	3920	32379	12925	7052	6877	4700	4745
按机构所属学科领域分组								
自然科学领域	1079		1079	1079				
农业科学领域	20846	3955	16891	12229	740	6877	1000	
医学科学领域	2317		2317	1102	1215			
工程科学与技术领域	72767	3991	68776	21762	42060		3700	5245
按院所改革模式分组								
2006年底前进入企业或工商管理局登记为企业法人	90125	7911	82214	29338	44015	6877	4700	5195
进入企业或企业集团	33768		33768	11821	18247		3700	
转为中央或省直属大型科技企业	5964		5964	661	558			4745
转为科技型企业	42878	7311	35567	16856	17695	6877	1000	450
转为企业型科技咨询、科技中介、技术推广等单位	7515	600	6915		7515			
2006年底前转制到位的事业单位	6884	35	6849	6834				50
转为事业型科技咨询、科技中介、技术推广等单位	1079		1079	1079				
并入高校	5805	35	5770	5755				50
按地区分组								
杭州市	88427	7311	81116	31003	40602	6877	4700	5245
嘉兴市	2813		2813		2813			
绍兴市	600	600			600			
舟山市	5169	35	5134	5169				

2－104　转制机构对外科技服务活动情况

单位:人年

	合计	科技成果的示范性推广工作	为用户提供可行性报告、技术方案、建议及进行技术论证等技术咨询工作	地形、地质和水文考察、天文、气象和地震的日常观察	为社会和公众提供的测试、标准化、计量、计算、质量控制和专利服务	科技信息文献服务	其他科技服务活动	科技培训工作
总　计	**588**	**54**	**212**	**8**	**97**	**9**	**162**	**46**
按隶属关系分组								
地方部门属	444	17	153	8	84	7	157	18
省级部门属	348	15	123	8	77	5	106	14
地市级部门属	96	2	30		7	2	51	4
中央部门属	144	37	59		13	2	5	28
按院所改革模式分组								
2006年底前进入企业或工商管理局登记为企业法人	535	46	186	8	90	8	154	43
进入企业或企业集团	246	24	114		42	3	31	32
转为中央或省直属大型科技企业	9	2	5		1		1	
转为科技型企业	206	19	34	8	42	5	93	5
转为企业型科技咨询、科技中介、技术推广等单位	74	1	33		5		29	6
2006年底前转制到位的事业单位	53	8	26		7	1	8	3
并入高校	53	8	26		7	1	8	3
按地区分组								
杭州市	480	49	171	8	86	9	113	44
温州市	5				3		2	
嘉兴市	20						20	
湖州市	11		9				2	
绍兴市	44		21				23	
金华市	4				2			2
舟山市	24	5	11		6		2	

2－105　转制机构合建研究机构情况

	合建机构数（个）	科技活动人员（人）	科技经费内部支出（千元）
总　计	**10**	**245**	**21955**
按隶属关系分组			
地方部门属	9	222	21894
省级部门属	8	219	21459
地市级部门属	1	3	435
中央部门属	1	23	61
按合建机构的组织类型分组			
与国内高校合办	2	18	2913
国家(重点)实验室、工程技术(研究)中心	2	99	8000
地方(重点)实验室、工程技术(研究)中心	6	128	11042
按院所改革模式分组			
2006年底前进入企业或工商管理局登记为企业法人	10	245	21955
进入企业或企业集团	3	50	8259
转为科技型企业	7	195	13696
按地区分组			
杭州市	10	245	21955

2－106　转制机构人员流动情况

单位：人

	新增人员	应届高校毕业生	由外单位调入人员	其　他	减少人员	离退休	流出人员	其　他	不在岗人员
总　计	**596**	**184**	**266**	**146**	**356**	**75**	**260**	**21**	**78**
按隶属关系分组									
地方部门属	474	134	212	128	277	35	223	19	68
省级部门属	381	90	164	127	217	31	173	13	58
地市级部门属	93	44	48	1	60	4	50	6	10
中央部门属	122	50	54	18	79	40	37	2	10
按院所改革模式分组									
2006年底前进入企业或工商管理局登记为企业法人	580	172	262	146	350	70	259	21	63
进入企业或企业集团	269	80	172	17	145	42	96	7	14
转为中央或省直属大型科技企业	20	9	11		9	5	3	1	10
转为科技型企业	238	59	50	129	138	18	111	9	29
转为企业型科技咨询、科技中介、技术推广等单位	53	24	29		58	5	49	4	10
2006年底前转制到位的事业单位	16	12	4		6	5	1		15
并入高校	16	12	4		6	5	1		15
按地区分组									
杭州市	543	162	235	146	325	71	233	21	44
温州市	6	2	4		3	1	2		9
嘉兴市	18	3	15		9		9		
湖州市	2		2		2		2		
绍兴市	2		2		12		12		10
金华市	17	10	7		1		1		
舟山市	8	7	1		4	3	1		15

2－107　转制机构招聘人员情况

单位：人

	应届高校毕业生	招聘的其他人员	学　历			来　源			年　龄			
			博士研究生	硕士研究生	大学本科毕业	来自研究院所	来自企业	来自高等院校	<30岁	30～39岁	40～49岁	50～59岁
总　计	**184**	**266**	**2**	**14**	**144**	**2**	**236**	**17**	**186**	**59**	**18**	**3**
按隶属关系分组												
地方部门属	134	212	1	9	107	1	193	7	150	44	15	3
省级部门属	90	164	1	7	87	1	153		133	26	4	1
地市级部门属	44	48		2	20		40	7	17	18	11	2
中央部门属	50	54	1	5	37	1	43	10	36	15	3	
按院所改革模式分组												
2006年底前进入企业或工商管理局登记为企业法人	172	262	2	14	141	2	232	17	184	57	18	3
进入企业或企业集团	80	172	1	10	101	1	171		131	31	10	
转为中央或省直属大型科技企业	9	11			7		10	1	7	3	1	
转为科技型企业	59	50	1	4	18	1	30	9	33	11	4	2
转为企业型科技咨询、科技中介、技术推广等单位	24	29			15		21	7	13	12	3	1
2006年底前转制到位的事业单位	12	4			3		4		2	2		
并入高校	12	4			3		4		2	2		
按地区分组												
杭州市	162	235	2	12	131	2	206	17	174	50	9	2
温州市	2	4					4		3	1		
嘉兴市	3	15			3		15		8	5	1	1
湖州市		2			2		2		1		1	
绍兴市		2			2		1			2		
金华市	10	7		2	5		7				7	
舟山市	7	1			1		1			1		

2-108 转制机构流出人员情况

单位:人

	流出人员	学历			流向				年龄			
		博士研究生	硕士研究生	大学本科毕业	流向政府部门	流向企业	出国	流向高等学校	<30岁	30~39岁	40~49岁	50~59岁
总　计	**260**	**4**	**13**	**100**	**4**	**193**	**2**	**6**	**173**	**59**	**25**	**2**
按隶属关系分组												
地方部门属	223	1	11	78	4	162		5	151	53	18	1
省级部门属	173	1	5	58	1	119		1	119	42	11	1
地市级部门属	50		6	20	3	43		4	32	11	7	
中央部门属	37	3	2	22		31	2	1	22	6	7	1
按院所改革模式分组												
2006年底前进入企业或工商管理局登记为企业法人	259	4	13	99	4	193	2	6	173	58	25	2
进入企业或企业集团	96	3	6	45	2	92		1	75	7	14	
转为中央或省直属大型科技企业	3			3		3			3			
转为科技型企业	111	1	5	32		65	2	1	64	38	7	1
转为企业型科技咨询、科技中介、技术推广等单位	49		2	19	2	33		4	31	13	4	1
2006年底前转制到位的事业单位	1			1						1		
并入高校	1			1						1		
按地区分组												
杭州市	233	4	9	95	1	173	2	3	158	51	21	2
温州市	2					2			2			
嘉兴市	9		2		1	8			4	2	3	
湖州市	2		2			2				1	1	
绍兴市	12			3	2	7		3	8	4		
金华市	1			1		1			1			
舟山市	1			1						1		

2－109　转制机构生产经营情况

单位：千元

	工业总产值	全年总收入	产品销售收入	利润总额	产品销售利润
总　计	**2076859**	**3287626**	**2917754**	**256778**	**231097**
按隶属关系分组					
地方部门属	1203698	2368477	2087602	175140	190215
省级部门属	1079298	2209164	1948081	151838	164145
地市级部门属	124400	159313	139521	23302	26070
中央部门属	873161	919149	830152	81638	40882
按院所改革模式分组					
2006年底前进入企业或工商管理局登记为企业法人	2076859	3287626	2917754	256778	231097
进入企业或企业集团	1596284	1555331	1411105	134188	153957
转为中央或省直属大型科技企业	39563	45930	12722	16384	12259
转为科技型企业	360349	1543559	1419556	100187	51433
转为企业型科技咨询、科技中介、技术推广等单位	80663	142806	74371	6019	13448
按地区分组					
杭州市	2020552	3204148	2845755	246587	218535
温州市		7943	5049	630	1570
嘉兴市	9145	29654	24902	918	493
湖州市	2792	2792		401	
绍兴市	1267	2155	1267	4	105
金华市	43103	40934	40781	8238	10394

2－110　转制机构新产品开发和产出情况

单位:千元

	新产品开发的R&D经费内部支出	新产品开发的R&D经费外部支出	新产品工程准备和试生产费用	为生产新产品和应用新工艺发生的培训费	新产品试销费用	新产品产值	新产品销售收入		新产品销售利润	
								出口		出口
总　计	**53752**	**453**	**7667**	**362**	**1344**	**167508**	**255226**	**62342**	**35393**	**4308**
按隶属关系分组										
地方部门属	50886	439	5218	362	985	149863	247910	62342	33587	4308
省级部门属	48194	439	3748	52	475	107408	210825	62342	25736	4308
地市级部门属	2692		1470	310	510	42455	37085		7851	
中央部门属	2866	14	2449		359	17645	7316		1806	
按院所改革模式分组										
2006年底前进入企业或工商管理局登记为企业法人	53752	453	7667	362	1344	167508	255226	62342	35393	4308
进入企业或企业集团	21088	14	3253	210	110	4512	3600		510	
转为中央或省直属大型科技企业	839		366		359	14045	4516		1806	
转为科技型企业	27635	439	3065	52	372	128555	227691	62342	31777	4308
转为企业型科技咨询、科技中介、技术推广等单位	4190		983	100	503	20396	19419		1300	
按地区分组										
杭州市	51062	453	6197	52	1114	156951	249808	62342	34663	4308
嘉兴市	2690					9145	4318		120	
绍兴市			300	100	120	500	300		100	
金华市			1170	210	110	912	800		510	

三、规模以上工业企业情况

3-1 历年规模以上工业企业科技活动情况

指　标	单位	2000	2001	2002	2003	2004	2005	2006
企业数	**个**	**5531**	**4612**	**5001**	**5916**	**8129**	**9690**	**11489**
#有科技活动企业数	个	4177	3925	4218	4807	6419	7434	8961
企业有科技机构	**个**	**1389**	**1314**	**1491**	**1686**	**2492**	**3171**	**4094**
从业人员年平均人数	**万人**	**197.59**	**177.82**	**183.23**	**238.15**	**293.66**	**370.05**	**412.70**
#工程技术人员	万人	12.29	11.61	12.98	13.93	20.31	28.37	36.75
生产经营用机器设备原价	**亿元**	**2416.63**	**2145.73**	**2069.98**	**2684.10**	**3560.93**	**4444.08**	**5437.93**
#微电子控制	亿元	297.41	301.91	297.15	317.27	463.02	954.81	1021.41
科技活动人员	**万人**	**8.74**	**9.43**	**10.79**	**12.80**	**14.26**	**19.15**	**23.53**
#高中级职称人员	万人	2.87	3.11	3.56	3.91	3.74	5.33	6.08
无高中级职称的大本以上人员	万人	2.07	2.36	2.91	3.63	3.92	5.94	7.09
科技活动经费筹集额	**亿元**	**78.36**	**95.38**	**116.27**	**151.70**	**202.29**	**296.96**	**376.59**
#来自政府部门的资金	亿元	2.94	2.27	2.88	3.98	6.50	8.02	10.76
企业资金	亿元	61.00	75.98	93.90	126.13	171.38	256.66	329.26
金融机构贷款	亿元	12.67	15.06	16.39	17.56	21.05	28.85	31.13
科技活动经费内部支出	**亿元**	**59.78**	**71.86**	**87.46**	**116.22**	**166.50**	**240.41**	**308.48**
#劳务费	亿元	11.72	16.30	24.54	30.48	44.03	61.68	81.65
原材料费	亿元	19.43	23.92	26.88	37.59	55.77	87.72	106.27
#新产品开发经费支出	亿元	37.38	47.55	55.70	75.90	104.04	208.12	266.97
用于科研的基建经费支出	**亿元**	**8.30**	**8.01**	**9.57**	**10.25**	**15.58**	**18.46**	**19.59**
委托外单位开发经费支出	**亿元**	**7.95**	**8.82**	**11.36**	**13.83**	**12.81**	**24.58**	**20.31**
研究与试验发展人员	**万人**	**2.58**	**3.69**	**4.54**	**5.48**	**5.84**	**7.68**	**10.50**
研究与试验发展经费支出	**亿元**	**23.89**	**29.41**	**39.87**	**55.49**	**87.25**	**127.34**	**180.08**
新产品产值	**亿元**	**891.19**	**868.60**	**1108.64**	**1365.95**	**2125.21**	**3057.73**	**4016.10**
新产品销售收入	**亿元**	**860.38**	**835.05**	**1002.01**	**1299.49**	**2052.61**	**2871.83**	**3783.92**
#出口	亿元	192.92	194.38	233.51	295.72	596.14	782.32	1120.91
专利申请数	**件**	**2997**	**3784**	**4389**	**5639**	**8275**	**10528**	**17285**
#发明专利	件	751	759	984	1239	2115	2548	3436
拥有发明专利数	**件**	**1233**	**1464**	**1557**	**1925**	**4032**	**4405**	**5876**
技术改造经费支出	**亿元**	**254.15**	**120.06**	**194.88**	**260.03**	**281.87**	**304.41**	**302.44**
技术引进经费支出	**亿元**	**31.54**	**25.30**	**40.52**	**49.63**	**20.54**	**21.11**	**22.72**
#引进设计、图纸、工艺配方、专利的支出	亿元	2.38	2.09	2.89	3.23	3.61	5.60	6.66
消化吸收经费支出	**亿元**	**1.33**	**2.12**	**3.07**	**2.51**	**4.56**	**6.13**	**10.67**
购买国内技术经费支出	亿元	**2.75**	**2.17**	**2.86**	**4.44**	**6.07**	**12.01**	**11.68**

3－2 规模以上工业企业基本情况

指标名称	单位数（个）	有科技活动单位数	年末从业人员（人）	工程技术人员	主营业务收入（万元）	生产经营用机器设备原价（万元）	微电子控制设备原价
总　　计	**11489**	**8961**	**4127026**	**367479**	**196886256**	**54379341**	**10214061**
按工业企业规模分组							
大型企业	169	142	671360	62590	48022668	11577505	2061989
中型企业	3682	1943	2443574	198061	107780944	32402571	6789541
小型企业	7638	6876	1012092	106828	41082645	10399265	1362531
按登记注册类型分组							
内资企业	8893	7282	2888484	276591	142729105	40829969	6844313
国有(单位)	137	79	116897	20582	14958280	11045863	2063024
集体(单位)	99	67	26112	2517	1707361	407058	69347
股份合作	404	375	57887	5491	2148034	456572	43813
国有联营	2	2	1247	734	421917	1783527	
集体联营	8	7	2250	240	204526	24043	957
国有与集体联营	2	2	1737	302	103733	14315	
其他联营	8	8	1655	221	70915	11132	4720
国有独资公司	20	16	29978	3480	1471318	378302	64207
其他有限责任公司	2132	1754	837191	85461	40521851	10646305	1937892
股份有限公司	219	183	254710	30692	23660082	4868966	1107883
私营独资	496	422	67818	5711	1891538	342079	24155
私营合伙	156	137	22506	2001	539971	95929	11204
私营有限责任公司	5119	4155	1425144	114699	53077672	10410972	1468643
私营股份有限公司	90	74	43299	4452	1944907	344571	48468
其他内资	1	1	53	8	7000	336	
港澳台商投资	1243	805	591434	43532	21982271	6128804	1539032
与港澳台商合资经营	811	548	358856	26304	14103529	3916475	1123438
与港澳台合作经营	31	21	9624	1116	565704	271289	18271
港、澳、台商独资经营	385	226	211519	14976	6715513	1739314	314727
港、澳、台商投资股份有限公司	16	10	11435	1136	597526	201726	82596
外商投资	1353	874	647108	47356	32174880	7420568	1830716
中外合资经营	915	644	394431	28242	20268724	4033545	1356973
中外合作经营	38	24	15140	1010	493031	175472	9955

指标名称	单位数(个)	有科技活动单位数	年末从业人员(人)	工程技术人员	主营业务收入(万元)	生产经营用机器设备原价(万元)	微电子控制设备原价
外资企业	384	192	225684	16777	10657586	2903827	338816
外商投资股份有限公司	16	14	11853	1327	755539	307724	124972
按国民经济行业大类分组							
煤炭开采和洗选业	1		5513	150	88303	101128	
黑色金属矿采选业	1	1	1365	165	114969	11289	215
有色金属矿采选业	7	3	6341	483	159767	22923	53
非金属矿采选业	18	10	3997	217	56206	21469	321
农副食品加工业	275	224	48698	3342	2426873	331958	37809
食品制造业	110	84	35518	3005	4356447	721686	23668
饮料制造业	93	76	40087	4003	3120731	1189889	537604
烟草制品业	3	2	2975	222	1777030	358568	187221
纺织业	1525	1057	597400	34853	20946553	6481855	895124
纺织服装、鞋、帽制造业	577	347	346881	13643	7071598	1421598	274227
皮革、毛皮、羽毛(绒)及其制品业	588	469	285061	16468	6430751	685228	161712
木材加工及木、竹、藤、棕、草制品业	99	81	30404	2423	1077024	124353	19306
家具制造业	133	75	85263	5573	1981469	258745	10741
造纸及纸制品业	167	116	52406	6258	2839938	1645173	939860
印刷业和记录媒介的复制	85	61	23218	2136	811232	300176	125896
文教体育用品制造业	182	135	72336	4792	1645628	239501	21815
石油加工、炼焦及核燃料加工业	10	5	10443	2521	7465460	1355636	62040
化学原料及化学制品制造业	569	490	139471	19152	12195768	3008549	546875
医药制造业	271	246	85315	13780	3820860	1148836	199357
化学纤维制造业	116	83	69009	7534	10223334	3099703	563243
橡胶制品业	99	80	47653	4027	1985514	511047	38224
塑料制品业	491	379	125796	9793	5802001	1346782	391910
非金属矿物制品业	285	211	91984	8528	4210238	2312548	294080
黑色金属冶炼及压延加工业	102	66	47656	4109	5178189	1866103	567688
有色金属冶炼及压延加工业	153	114	41651	4303	7120367	606457	90771
金属制品业	458	351	163501	12647	5464264	772121	118435
通用设备制造业	1324	1112	350283	38765	12867265	2582114	467633
专用设备制造业	562	485	120165	17594	4658956	930160	209100
交通运输设备制造业	808	690	267954	25509	12114529	1946317	433680

指标名称	单位数（个）	有科技活动单位数	年末从业人员（人）	工程技术人员	主营业务收入（万元）	生产经营用机器设备原价（万元）	微电子控制设备原价
电气机械及器材制造业	1073	896	388319	36832	15899536	2096877	355296
通信设备、计算机及其他电子设备制造业	572	467	234721	28029	14861402	2380099	483926
仪器仪表及文化、办公用机械制造业	373	315	105453	11388	3101320	515859	78700
工艺品及其他制造业	224	161	125929	6534	2508791	322077	32296
废弃资源和废旧材料回收加工业	13	8	3187	90	298117	10920	586
电力、燃气及水的生产和供应业	98	51	60397	17151	11777614	12718861	1903967
燃气生产和供应业	3	1	2310	181	156789	35392	750
水的生产和供应业	21	9	8366	1279	271427	897346	139932
按隶属关系分组							
中央	48	37	40225	10919	6145683	8504056	1620868
省	55	36	75328	10636	7352128	5233751	584670
市	182	119	116773	13876	7865297	2676435	409495
县（市、区）	256	198	120534	13217	7206900	2181392	654875
街道	271	239	91571	8851	3698873	541130	118678
镇	345	291	124735	10838	6406934	1336177	211133
乡	27	21	5404	441	331283	69895	2089
居委会	1		431	46	14356	4608	2763
村委会	56	41	16142	1378	695002	232865	60985
其他	10248	7979	3535883	297277	157169799	33599032	6548505
按地区分组							
杭州市	1478	982	627268	69267	51003627	12748788	1744076
宁波市	1952	1296	814246	65912	41442733	12359222	3175866
温州市	1145	881	491638	42921	15583577	2841519	284237
嘉兴市	2085	1860	595666	47353	19196031	8040558	1965492
湖州市	451	351	141964	14622	7807699	2299229	418295
绍兴市	1062	802	485864	43558	28777353	8005090	1127058
金华市	609	418	308387	24766	10539799	2870703	465183
衢州市	177	145	60896	8358	2781080	1432748	298646
舟山市	270	92	59786	4586	2285305	590505	74229
台州市	2109	2025	483152	39525	14969114	2557201	635186
丽水市	151	109	58159	6611	2499939	633777	25793

3－3 规模以上工业企业科技活动人员情况

单位：人

指标名称	科技活动人员合计	#全时人员	#女性	#参加科技项目人员	科技管理和服务人员	#1.高中级技术职称人员	2.无高中级职称的大本及以上人员	#研究与试验发展人员
总　计	**235295**	**103359**	**49260**	**191943**	**35594**	**60818**	**70886**	**104956**
按工业企业规模分组								
大型企业	43585	24153	11841	34471	7515	12383	14409	23127
中型企业	96015	43167	19854	76799	15346	24459	29317	43157
小型企业	95695	36039	17565	80673	12733	23976	27160	38672
按登记注册类型分组								
内资企业	185110	78486	37267	149380	29193	50137	53320	80224
国有(单位)	5287	2413	1116	4302	853	2689	1145	2442
集体(单位)	1410	342	205	1083	167	204	393	466
股份合作	4568	1212	738	3820	615	1077	1042	1744
国有联营	40	3	1	40		37	3	
集体联营	110	60	10	102	8	28	32	93
国有与集体联营	170	74	59	106	62	48	70	159
其他联营	183	68	18	143	33	60	40	107
国有独资公司	2041	872	557	1469	564	714	522	927
其他有限责任公司	56468	23993	10695	45697	9053	16047	17519	25591
股份有限公司	26543	14506	6919	19547	5646	7599	7111	12634
私营独资	4488	1704	816	3871	518	1036	1120	1662
私营合伙	1521	419	258	1355	163	360	420	586
私营有限责任公司	78463	30753	15219	65060	10928	19437	22545	32060
私营股份有限公司	3811	2062	655	2779	582	799	1353	1747
其他内资	7	5	1	6	1	2	5	6
港澳台商投资	23816	11246	6182	20353	2879	5181	8070	12132
与港澳台商合资经营	13244	5102	2864	11079	1661	2962	3927	5903
与港澳台合作经营	763	273	116	651	96	158	207	235
港、澳、台商独资经营	8965	5283	2956	7925	976	1649	3632	5497
港、澳、台商投资股份有限公司	844	588	246	698	146	412	304	497
外商投资	26369	13627	5811	22210	3522	5500	9496	12600
中外合资经营	16206	7156	3589	13281	2354	3519	4927	6413
中外合作经营	802	329	89	662	125	178	214	284

指标名称	科技活动人员合计	#全时人员	#女性	#参加科技项目人员	科技管理和服务人员	#1.高中级技术职称人员	2.无高中级职称的大本及以上人员	#研究与试验发展人员
外资企业	7656	5508	1749	6867	738	1242	4024	5064
外商投资股份有限公司	1705	634	384	1400	305	561	331	839
按国民经济行业大类分组								
黑色金属矿采选业	65	3	5	12	53	51	3	12
有色金属矿采选业	95	31	1	86	8	79	6	
非金属矿采选业	155	27	12	81	32	32	31	34
农副食品加工业	2903	873	573	2418	406	825	711	1113
食品制造业	1895	534	391	1378	463	505	550	769
饮料制造业	2334	826	435	1912	414	787	707	745
烟草制品业	173	49	27	147	26	63	76	9
纺织业	18840	7293	5756	15754	2471	3648	4740	7285
纺织服装、鞋、帽制造业	5808	3752	3272	5320	439	563	1231	2154
皮革、毛皮、羽毛(绒)及其制品业	7097	3126	2035	6558	436	754	1438	1005
木材加工及木、竹、藤、棕、草制品业	1524	388	438	1195	278	360	417	540
家具制造业	2054	793	276	1740	306	366	624	279
造纸及纸制品业	2875	786	567	1962	298	826	602	992
印刷业和记录媒介的复制	1894	856	336	1381	369	392	498	749
文教体育用品制造业	2990	1577	546	2578	389	546	852	1070
石油加工、炼焦及核燃料加工业	327	83	31	232	86	239	35	145
化学原料及化学制品制造业	14908	7421	3078	11401	2731	5032	4680	7027
医药制造业	11613	6762	3539	9229	2156	3231	3958	7182
化学纤维制造业	3825	1781	819	3129	581	1133	1360	2240
橡胶制品业	2239	1042	479	1969	196	671	692	1243
塑料制品业	6426	2047	1070	5339	995	1473	1894	2195
非金属矿物制品业	4801	1997	805	3798	854	1284	1282	1702
黑色金属冶炼及压延加工业	2183	720	215	1710	466	719	372	1157
有色金属冶炼及压延加工业	2777	1154	371	2119	468	760	759	1479
金属制品业	7346	2683	921	6271	944	1846	2101	2749
通用设备制造业	28295	10810	4393	23410	4082	8093	7414	12499
专用设备制造业	12707	5671	1598	10436	2026	3842	3861	6493
交通运输设备制造业	21182	7623	4387	16142	4364	4881	5943	8431

指标名称	科技活动人员合计	#全时人员	#女性	#参加科技项目人员	科技管理和服务人员	#1.高中级技术职称人员	2.无高中级职称的大本及以上人员	#研究与试验发展人员
电气机械及器材制造业	26033	11151	4491	20566	4088	7248	8116	10724
通信设备、计算机及其他电子设备制造业	23750	14814	5481	20392	2929	6083	10748	15734
仪器仪表及文化、办公用机械制造业	9515	4982	1378	7992	1348	2581	3424	5284
工艺品及其他制造业	4245	1065	1261	3217	630	635	1381	1266
废弃资源和废旧材料回收加工业	117	41	11	91	21	35	32	47
电力、燃气及水的生产和供应业	2065	549	228	1828	168	1112	298	549
燃气生产和供应业	14		3	14		12		
水的生产和供应业	225	49	31	136	73	111	50	54
按隶属关系分组								
中央	2729	1415	533	2334	327	1537	645	1407
省	3846	1538	578	2604	980	1803	862	1625
市	8634	4069	2010	6198	2182	3262	2277	4350
县(市、区)	9095	4401	2261	7147	1593	2556	2641	4142
街道	5993	2902	900	4861	1113	1775	1416	3006
镇	7710	3151	1553	6337	1231	1625	2647	3473
乡	423	188	72	364	59	106	187	165
村委会	805	355	120	573	116	131	209	267
其他	196060	85340	41233	161525	27993	48023	60002	86521
按地区分组								
杭州市	50749	27888	11100	39126	9343	14135	18891	24521
宁波市	38924	18568	7273	29706	7023	9883	12748	17207
温州市	22208	10132	3838	18628	3580	6509	7397	8324
嘉兴市	29320	14142	8676	25400	3244	5994	5289	12231
湖州市	10012	3449	1990	7289	2243	2746	3206	3946
绍兴市	27595	12957	6808	23193	3441	7931	7878	12377
金华市	16097	6461	3350	12950	2692	4486	5147	7828
衢州市	4846	1863	968	3412	1083	1774	1152	1784
舟山市	2485	1167	522	2083	394	678	452	1592
台州市	31190	6284	4461	28746	2217	6003	8229	14796
丽水市	1869	448	274	1410	334	679	497	350

3-4 规模以上工业企业科技活动经费筹集情况

单位:万元

	科技活动经费筹集总额	企业资金	金融机构贷款	政府资金	国外资金	其他资金
总计	**3765878**	**3292590**	**311284**	**107607**	**11065**	**43333**
按工业企业规模分组						
大型企业	1039739	979903	41266	17856	25	689
中型企业	1494354	1269146	140677	53753	5062	25718
小型企业	1231785	1043541	129341	35998	5978	16927
按登记注册类型分组						
内资企业	2906896	2500992	268808	96914	3794	36388
国有(单位)	99619	87334	1619	4147		6519
集体(单位)	18881	17733	662	301		185
股份合作	43850	36478	6371	826		176
国有联营	885	881		4		
集体联营	807	807				
国有与集体联营	2948	2948				
其他联营	1916	1819		97		
国有独资公司	34985	31940	500	1336	329	881
其他有限责任公司	856019	740223	67015	42022	248	6511
股份有限公司	607219	534222	47098	17684		8215
私营独资	47325	40901	4386	1143	3	892
私营合伙	19852	17372	1987	339		155
私营有限责任公司	1124810	947689	134432	26693	3164	12832
私营股份有限公司	47442	40307	4740	2323	50	22
其他内资	340	340				
港澳台商投资	402825	367315	21681	5068	6726	2035
与港澳台商合资经营	190529	168246	10933	3229	6694	1428
与港澳台合作经营	13114	8878	3603	628		5
港、澳、台商独资经营	172566	164170	7146	616	32	602
港、澳、台商投资股份有限公司	26616	26021		595		
外商投资	456157	424282	20794	5625	545	4911
中外合资经营	248026	229556	13182	3558	181	1549
中外合作经营	10005	6915	3000	30		60

	科技活动经费筹集总额	企业资金	金融机构贷款	政府资金	国外资金	其他资金
外资企业	176310	166444	4613	1588	365	3302
外商投资股份有限公司	21816	21367		449		
按国民经济行业大类分组						
黑色金属矿采选业	291	261		30		
有色金属矿采选业	309	291				18
非金属矿采选业	1525	1244	100	10		172
农副食品加工业	44829	36318	5061	3002		448
食品制造业	26033	22027	1590	2111		305
饮料制造业	72325	69087	1770	686		781
烟草制品业	2433	2433				
纺织业	277683	233444	31419	3001	4100	5719
纺织服装、鞋、帽制造业	66396	59544	4917	1765	5	165
皮革、毛皮、羽毛(绒)及其制品业	62904	59639	2271	420	70	505
木材加工及木、竹、藤、棕、草制品业	23646	20289	2620	447		291
家具制造业	28240	25138	3047	14		41
造纸及纸制品业	27860	24480	2796	494	39	51
印刷业和记录媒介的复制	22163	19342	1963	702		157
文教体育用品制造业	37217	33362	2470	1149		235
石油加工、炼焦及核燃料加工业	10294	10281		13		
化学原料及化学制品制造业	291409	254112	26864	7824	229	2380
医药制造业	189687	156111	24902	7495		1179
化学纤维制造业	83413	74926	5903	2254		330
橡胶制品业	55164	52856	1528	716		64
塑料制品业	88889	79746	6395	807	31	1909
非金属矿物制品业	80398	67682	9048	1124	2305	239
黑色金属冶炼及压延加工业	63146	58125	4683	318		20
有色金属冶炼及压延加工业	66807	61442	4210	906		249
金属制品业	99620	86509	10960	1157	186	807
通用设备制造业	405353	355139	30085	9805	2305	8019
专用设备制造业	194627	166453	20193	5620	202	2159
交通运输设备制造业	399486	346930	29246	13942	561	8808

单位:万元

	科技活动经费筹集总额	企业资金	金融机构贷款	政府资金	国外资金	其他资金
电气机械及器材制造业	414873	372851	31935	4462	348	5276
通信设备、计算机及其他电子设备制造业	424293	374005	17620	30920	85	1664
仪器仪表及文化、办公用机械制造业	115975	97688	11487	5415	599	785
工艺品及其他制造业	52576	40174	11592	517		294
废弃资源和废旧材料回收加工业	2043	1901	60	32		50
电力、燃气及水的生产和供应业	31782	26579	4549	439		215
燃气生产和供应业	41	41				
水的生产和供应业	2151	2141		10		
按隶属关系分组						
中央	39797	29193	2119	2794		5691
省	48581	46251	900	1151		280
市	139468	128987	4196	4879	329	1077
县(市、区)	171435	152964	13216	3432	200	1623
街道	105165	75023	7724	21319	18	1080
镇	124459	113376	7638	2857		589
乡	4794	4304	320	105		65
村委会	10802	10364	92	88		258
其他	3121377	2732127	275079	70983	10518	32670
按地区分组						
杭州市	1051501	968164	53114	25798	214	4211
宁波市	614741	530019	51656	15078	2628	15362
温州市	317408	274096	31935	8727	242	2408
嘉兴市	351539	295668	25187	26590	868	3227
湖州市	162602	137635	19644	3486	15	1822
绍兴市	575289	481932	71366	8720	6390	6881
金华市	218806	188707	19156	7262	45	3636
衢州市	55514	48513	3944	2207	139	712
舟山市	41613	31463	7112	1779	329	931
台州市	349945	316282	22741	6975	158	3789
丽水市	26920	20113	5429	985	38	356

3-5 规模以上工业企业科技活动经费支出情况

单位:万元

	科技活动经费支出总额	内部支出合计				
			劳务费	原材料费	非基建项目购买和自制设备支出	其他
总计	**3287864**	**3084775**	**816501**	**1062672**	**729092**	**476510**
按工业企业规模分组						
大型企业	916205	843963	258729	281156	148007	156071
中型企业	1306015	1234190	310961	430994	314210	178025
小型企业	1065645	1006622	246811	350522	266875	142414
按登记注册类型分组						
内资企业	2516516	2344958	587002	847236	573799	336922
国有(单位)	97622	85547	19092	46301	13576	6578
集体(单位)	16581	15250	3931	6174	2471	2675
股份合作	40242	38204	8324	15489	8751	5640
国有联营	885	885	155	16	85	631
集体联营	735	676	238	226	186	27
国有与集体联营	2601	2601	437	574	1087	503
其他联营	1849	1725	438	408	415	465
国有独资公司	35975	29784	6413	8745	8901	5725
其他有限责任公司	737238	686186	170436	251967	167729	96053
股份有限公司	525365	477801	125629	154340	115450	82381
私营独资	41465	39852	10586	13672	10572	5022
私营合伙	17968	16552	3491	6994	3979	2088
私营有限责任公司	958474	911718	225904	331085	229980	124749
私营股份有限公司	39175	37946	11897	11146	10518	4385
其他内资	340	230	30	100	100	
港澳台商投资	362655	347504	112975	99623	71053	63854
与港澳台商合资经营	169454	163749	43978	60459	36405	22907
与港澳台合作经营	12008	9531	2393	3429	1533	2177
港、澳、台商独资经营	160609	155465	62935	30550	25454	36526
港、澳、台商投资股份有限公司	20585	18759	3669	5185	7661	2244
外商投资	408694	392313	116524	115814	84240	75735
中外合资经营	219536	206019	47630	78096	50790	29503
中外合作经营	9562	9456	1903	3489	2885	1179

	科技活动经费支出总额	内部支出合计	劳务费	原材料费	非基建项目购买和自制设备支出	其他
外资企业	158803	156511	60137	26264	26022	44088
外商投资股份有限公司	20792	20327	6854	7965	4544	964
按国民经济行业大类分组						
黑色金属矿采选业	499	451	155		244	53
有色金属矿采选业	594	506	183	110	102	111
非金属矿采选业	1499	1384	251	490	422	221
农副食品加工业	42476	40063	7016	14482	11349	7217
食品制造业	25203	23248	3783	9232	7164	3068
饮料制造业	61668	60014	10054	30322	9733	9904
烟草制品业	2402	2353	1022	1035	137	160
纺织业	218885	207497	54691	82655	44897	25254
纺织服装、鞋、帽制造业	61889	59759	17172	16949	18155	7483
皮革、毛皮、羽毛(绒)及其制品业	56965	55619	17505	27144	6758	4212
木材加工及木、竹、藤、棕、草制品业	20745	19906	3440	7096	5699	3672
家具制造业	21702	21459	5222	8000	7255	981
造纸及纸制品业	26669	25754	5719	8580	8757	2699
印刷业和记录媒介的复制	18189	17510	4543	5976	4704	2287
文教体育用品制造业	33079	32449	7937	10263	8564	5686
石油加工、炼焦及核燃料加工业	6073	3146	1752	124	274	996
化学原料及化学制品制造业	258320	242826	52944	98213	51610	40060
医药制造业	168319	135224	30784	47163	39547	17731
化学纤维制造业	81281	80006	20903	29859	19066	10178
橡胶制品业	51648	49583	9003	25666	11430	3485
塑料制品业	78992	75918	18114	26971	21703	9130
非金属矿物制品业	59446	54661	11521	17239	16081	9819
黑色金属冶炼及压延加工业	52550	50256	6563	27211	11204	5278
有色金属冶炼及压延加工业	50955	48839	9191	20875	13954	4819
金属制品业	88201	83809	21459	32263	19881	10206
通用设备制造业	349884	334460	87976	124144	79178	43162
专用设备制造业	173473	162234	38369	58250	42364	23251
交通运输设备制造业	326953	295593	77113	80359	85372	52749

	科技活动经费支出总额	内部支出合计	劳务费	原材料费	非基建项目购买和自制设备支出	其他
电气机械及器材制造业	369941	350465	86265	114333	89373	60495
通信设备、计算机及其他电子设备制造业	398351	382528	150415	88271	58181	85661
仪器仪表及文化、办公用机械制造业	101620	95212	37336	23181	18666	16029
工艺品及其他制造业	45821	44770	11241	20695	8632	4203
废弃资源和废旧材料回收加工业	2023	2001	279	723	838	161
电力、燃气及水的生产和供应业	30290	24097	6163	4708	7437	5789
燃气生产和供应业	41	25	24			
水的生产和供应业	1222	1152	394	92	364	302
按隶属关系分组						
中央	39748	36155	11963	11926	3840	8426
省	48385	44823	10171	21072	8826	4754
市	133101	120111	31235	54259	24512	10105
县(市、区)	154088	133885	32069	50576	28469	22771
街道	76812	71179	14546	26424	17790	12419
镇	112540	106759	18806	43569	33800	10584
乡	4750	4417	952	1908	1047	511
村委会	7789	7411	1852	2077	1633	1848
其他	2710653	2560036	694908	850862	609175	405091
按地区分组						
杭州市	924168	861554	273923	266159	158707	162765
宁波市	561514	536958	119468	194356	133897	89236
温州市	266899	252068	65757	88840	69473	27998
嘉兴市	314803	304712	78844	115884	69999	39985
湖州市	141802	132386	26054	44373	40660	21299
绍兴市	465078	433839	117352	162514	93915	60059
金华市	199504	187621	42030	55338	61597	28656
衢州市	41744	38155	10368	13735	8735	5317
舟山市	39988	38259	8120	12571	12786	4781
台州市	308453	276168	69069	103220	71027	32852
丽水市	23912	23055	5516	5682	8295	3562

指标名称	内部支出中R&D经费支出	内部支出中新产品开发经费支出	外部支出	对研究所及高等院校的支出	对其他企业支出	用于科研的基建经费支出	土建工程
总　计	**1800759**	**2669681**	**203090**	**109127**	**68869**	**195889**	**112775**
按工业企业规模分组							
大型企业	578357	746043	72242	32676	26449	27341	12571
中型企业	680191	1059808	71825	43386	23334	92388	55862
小型企业	542211	863830	59023	33065	19086	76159	44343
按登记注册类型分组							
内资企业	1320597	2028209	171557	95843	54983	161271	93254
国有(单位)	55306	61413	12075	5508	5354	1540	463
集体(单位)	8225	14561	1331	361	957	545	323
股份合作	21368	33519	2038	920	1001	2328	870
国有联营		885					
集体联营	482	655	59	17	13	8	8
国有与集体联营	2601	2601					
其他联营	1458	1643	123	50	73	294	87
国有独资公司	18283	27727	6192	1976	4183	1966	1140
其他有限责任公司	388464	585204	51052	33886	15155	55370	33064
股份有限公司	291616	412466	47564	24874	11024	25673	14525
私营独资	17918	35585	1613	821	323	5077	2513
私营合伙	7851	13559	1415	936	470	284	29
私营有限责任公司	480068	805780	46756	26033	16159	64611	36941
私营股份有限公司	26728	32383	1228	461	272	3575	3291
其他内资	230	230	110				
港澳台商投资	232472	315487	15151	6357	6718	16981	8048
与港澳台商合资经营	89543	142068	5705	3015	1789	9300	4963
与港澳台合作经营	5288	7993	2477	1167	310	951	70
港、澳、台商独资经营	123708	146849	5144	747	4222	6407	2941
港、澳、台商投资股份有限公司	13933	18577	1825	1429	397	323	74
外商投资	247690	325985	16381	6927	7169	17637	11473
中外合资经营	101634	164888	13517	5586	5721	11771	7817
中外合作经营	6557	8605	107	107		285	27

单位:万元

指标名称	内部支出中R&D经费支出	内部支出中新产品开发经费支出	外部支出	对研究所及高等院校的支出	对其他企业支出	用于科研的基建经费支出	土建工程
外资企业	127764	137160	2293	771	1447	2454	949
外商投资股份有限公司	11736	15333	465	464	1	3128	2680
按国民经济行业大类分组							
黑色金属矿采选业	407		48		48		
有色金属矿采选业		496	88	88			
非金属矿采选业	310	947	115	92	19	190	89
农副食品加工业	18085	35047	2413	1874	530	2956	939
食品制造业	11650	17923	1955	1453	386	2275	961
饮料制造业	27195	53397	1655	786	867	5312	2064
烟草制品业	55	2055	49	49			
纺织业	101282	182872	11388	6516	1840	16391	9494
纺织服装、鞋、帽制造业	36362	47263	2130	1416	586	6242	5117
皮革、毛皮、羽毛(绒)及其制品业	15209	50776	1346	740	606	1534	1019
木材加工及木、竹、藤、棕、草制品业	12278	14522	839	711	75	2703	1232
家具制造业	3424	20291	243	35	118	452	49
造纸及纸制品业	15349	17009	915	325	563	1741	688
印刷业和记录媒介的复制	11031	14859	679	603	76	850	80
文教体育用品制造业	13616	27058	630	493	106	3208	2049
石油加工、炼焦及核燃料加工业	998	543	2927	479	2448		
化学原料及化学制品制造业	133687	198505	15494	9274	3399	13877	6840
医药制造业	100716	119413	33095	23700	8237	10710	6782
化学纤维制造业	57631	74626	1274	883	370	4004	2341
橡胶制品业	32305	44051	2065	1142	51	3275	1656
塑料制品业	35541	63314	3075	1034	1246	9237	4064
非金属矿物制品业	31604	36397	4785	2727	848	3010	1643
黑色金属冶炼及压延加工业	35769	36266	2294	977	1318	1004	673
有色金属冶炼及压延加工业	30495	40721	2116	1120	752	1181	648
金属制品业	44617	72308	4392	2227	2023	2885	1899
通用设备制造业	185696	292712	15424	8966	5761	15892	8389
专用设备制造业	100364	145826	11240	7586	2924	16837	10839
交通运输设备制造业	164909	254280	31360	9463	10494	13770	7631

单位:万元

指标名称	内部支出中R&D经费支出	内部支出中新产品开发经费支出	外部支出			用于科研的基建经费支出	
				对研究所及高等院校的支出	对其他企业支出		土建工程
电气机械及器材制造业	181031	312576	19477	11779	6768	22134	13276
通信设备、计算机及其他电子设备制造业	304339	355307	15824	5447	10256	16325	9147
仪器仪表及文化、办公用机械制造业	67882	89768	6408	3443	2879	8523	5928
工艺品及其他制造业	14844	37686	1050	372	679	6016	5009
废弃资源和废旧材料回收加工业	1766	1908	22	16		26	
电力、燃气及水的生产和供应业	9686	8952	6193	3258	2570	3331	2231
燃气生产和供应业			16	16			
水的生产和供应业	629	12	70	40	30		
按隶属关系分组							
中央	23660	23290	3593	1845	1423	771	450
省	26938	29897	3562	1857	1406	1125	189
市	83432	107408	12990	7533	4129	8011	4392
县(市、区)	71870	122745	20203	11263	8938	11588	5649
街道	45604	63847	5633	3487	2031	6765	4533
镇	59551	88998	5781	3487	2073	7200	5087
乡	2494	4096	334	328	6	211	24
村委会	4818	7177	378	215	163	181	109
其他	1482393	2222223	150617	79113	48700	160038	92343
按地区分组							
杭州市	577668	768247	62615	22519	23474	33507	14836
宁波市	302975	470794	24556	12530	11641	30986	20079
温州市	119037	224281	14831	9843	4346	16976	10348
嘉兴市	179401	254022	10091	5173	4303	23545	11270
湖州市	70821	104066	9415	7308	936	15206	9130
绍兴市	241170	373266	31239	21892	5001	30002	21467
金华市	113822	152103	11883	9637	1155	18991	11113
衢州市	17164	28820	3589	2099	1305	4037	2271
舟山市	26153	34692	1729	1186	507	2469	1193
台州市	145548	242337	32285	16254	16030	16322	9979
丽水市	7000	17054	857	686	171	3849	1089

3-6 规模以上工业企业科技成果情况

指标名称	新产品产值（万元）	新产品销售收入（万元）		专利申请数（件）		拥有发明专利数（件）
			出口		发明专利	
总计	**40161025**	**37839157**	**11209146**	**17285**	**3436**	**5876**
按工业企业规模分组						
大型企业	11780140	11021425	3051472	2112	650	628
中型企业	19447395	18446919	5989678	6640	1111	2404
小型企业	8933490	8370813	2167995	8533	1675	2844
按登记注册类型分组						
内资企业	31106567	28984592	7562375	13907	2528	4460
国有(单位)	906627	742910	73202	142	30	36
集体(单位)	460947	452133	45186	71	16	71
股份合作	393971	363130	58828	324	79	167
国有联营	5					
集体联营	1363	1201	208	2	1	1
国有与集体联营	42582	41084		10	1	
其他联营	11371	10715	801	1	1	4
国有独资公司	608592	564642	253731	70	14	12
其他有限责任公司	10358073	9891320	2287798	3230	700	1161
股份有限公司	6149319	5689461	1350784	1031	337	496
私营独资	369654	364407	99021	346	79	96
私营合伙	117922	114478	38758	66	14	27
私营有限责任公司	11244735	10342358	3225056	8294	1130	2313
私营股份有限公司	441186	406546	128793	320	126	76
其他内资	220	210	210			
港澳台商投资	4209461	4036050	1421772	1914	587	709
与港澳台商合资经营	2757870	2634719	938198	1065	247	547
与港澳台合作经营	74542	67149	15981	86	6	1
港、澳、台商独资经营	1025289	988676	362202	747	324	156
港、澳、台商投资股份有限公司	351760	345506	105392	16	10	5
外商投资	4844997	4818514	2224998	1464	321	707
中外合资经营	2958439	2980042	1157003	879	206	482
中外合作经营	126284	124170	57013	36	35	26

3－6 续表1

指标名称	新产品产值（万元）	新产品销售收入（万元）		专利申请数（件）		拥有发明专利数（件）
			出口		发明专利	
外资企业	1548585	1510169	973392	523	72	183
外商投资股份有限公司	211688	204133	37591	26	8	16
按国民经济行业大类分组						
非金属矿采选业	4549	4263	2184			
农副食品加工业	307696	278234	72601	154	39	47
食品制造业	188352	182219	67091	108	23	17
饮料制造业	714509	747282	22403	120	16	135
烟草制品业	6550	6559		8		
纺织业	4158552	3649177	1115800	1663	208	307
纺织服装、鞋、帽制造业	909745	858636	492546	47	8	5
皮革、毛皮、羽毛(绒)及其制品业	1194781	1193137	693853	128	18	52
木材加工及木、竹、藤、棕、草制品业	278680	265968	70561	101	36	155
家具制造业	344281	316520	212262	230	72	128
造纸及纸制品业	467653	441864	55177	78	12	32
印刷业和记录媒介的复制	234070	232027	37527	155	12	16
文教体育用品制造业	265191	254466	178596	945	143	245
石油加工、炼焦及核燃料加工业	24108	24036	243	9	8	5
化学原料及化学制品制造业	2742564	2651819	546031	411	235	342
医药制造业	1520872	1275754	441282	329	209	223
化学纤维制造业	2317761	2293440	171510	159	16	11
橡胶制品业	575972	545173	89379	57	16	39
塑料制品业	1287464	1283345	237216	457	128	202
非金属矿物制品业	883953	572156	142759	469	81	312
黑色金属冶炼及压延加工业	813818	792825	178896	50	16	15
有色金属冶炼及压延加工业	1078692	994793	169593	76	30	36
金属制品业	1161429	1056029	379376	1385	219	370
通用设备制造业	3171748	3158424	963760	1893	378	579
专用设备制造业	1841205	1761178	416368	1025	229	451
交通运输设备制造业	3738069	3516763	1040598	1187	178	320

指标名称	新产品产值（万元）	新产品销售收入（万元）	出口	专利申请数（件）	发明专利	拥有发明专利数（件）
电气机械及器材制造业	5211853	4958419	1654187	3467	417	802
通信设备、计算机及其他电子设备制造业	2890337	2794349	1209768	1361	465	400
仪器仪表及文化、办公用机械制造业	1126978	1038209	296976	668	151	353
工艺品及其他制造业	621312	614421	236659	520	58	267
废弃资源和废旧材料回收加工业	16848	16808	4542	4	3	
电力、燃气及水的生产和供应业	61436	60863	9404	21	12	10
按隶属关系分组						
中央	122523	116635	57752	102	22	21
省	353745	346525	36094	30	18	39
市	1834727	1625148	323048	208	58	71
县(市、区)	2023543	1965497	295800	834	86	190
街道	1050162	983427	393125	357	113	248
镇	1392159	1373026	477436	508	162	214
乡	74001	73422	11573	12		
村委会	221401	216960	22188	66	4	5
其他	33088764	31138518	9592130	15168	2973	5088
按地区分组						
杭州市	8490957	8016218	1196819	2811	896	1325
宁波市	6905792	6587034	2709326	3376	605	942
温州市	3559287	3469785	712267	1866	289	873
嘉兴市	4605222	4559454	2147967	1542	263	363
湖州市	1794942	1783263	459235	652	138	306
绍兴市	8400545	7330257	1417415	2846	461	839
金华市	1881926	1819286	711440	2140	273	304
衢州市	325294	311571	58239	147	40	65
舟山市	452492	364465	256542	51	24	48
台州市	3607061	3474315	1517508	1557	374	753
丽水市	137508	123509	22389	297	73	58

3－7　规模以上工业企业科技项目情况

指标名称	科技项目数（项）	新产品开发项目数	R&D项目数	科技项目参加人员合计（人）	高中级技术职称人员	无高中级职称的大本及以上学历人员	参加项目人员实际工作时间（人年）	科技项目经费内部支出合计（万元）	R&D项目支出
总　　计	**20674**	**17011**	**9875**	**180155**	**51496**	**59928**	**120168**	**2984851**	**1763803**
按工业企业规模分组									
大型企业	1750	1423	962	30868	9753	12386	24015	805416	564618
中型企业	6433	5276	3430	71698	20376	24294	47818	1201309	665274
小型企业	12491	10312	5483	77589	21367	23248	48335	978126	533911
按登记注册类型分组									
内资企业	16721	13809	8009	139443	41897	44173	91413	2259004	1287551
国有(单位)	515	308	265	4082	2301	939	2536	80788	51016
集体(单位)	115	93	42	1042	170	250	598	14908	8099
股份合作	670	539	266	3645	954	877	1980	37207	21240
国有联营	9	9		40	37	3	11	885	
集体联营	9	9	8	99	24	30	68	655	482
国有与集体联营	20	20	20	103	26	31	69	2501	2501
其他联营	27	19	20	142	48	40	90	1725	1458
国有独资公司	186	152	114	1406	575	480	812	29218	18095
其他有限责任公司	5102	4316	2707	42886	13041	13948	27977	664386	381332
股份有限公司	1151	962	659	16628	6009	5812	12832	447822	284098
私营独资	600	484	205	3687	872	977	2297	38988	17612
私营合伙	253	210	82	1330	340	362	757	16318	7778
私营有限责任公司	7861	6531	3499	61658	16807	19314	39313	886053	467118
私营股份有限公司	202	156	121	2689	691	1106	2071	37318	26492
其他内资	1	1	1	6	2	4	5	230	230
港澳台商投资	1812	1501	836	19324	4723	7369	13478	338857	230309
与港澳台商合资经营	1258	1034	578	10517	2626	3551	6858	158858	87940
与港澳台合作经营	49	39	19	635	151	174	437	9332	5288
港、澳、台商独资经营	465	389	215	7493	1568	3389	5676	152616	123218
港、澳、台商投资股份有限公司	40	39	24	679	378	255	507	18051	13862
外商投资	2141	1701	1030	21388	4876	8386	15277	386991	245943
中外合资经营	1584	1254	747	12693	3036	4155	8528	201719	100278
中外合作经营	41	30	15	653	142	181	329	9427	6557
外资企业	430	351	213	6732	1176	3838	5700	155754	127499

指标名称	科技项目数（项）	新产品开发项目数	R&D项目数	科技项目参加人员合计（人）	高中级技术职称人员	无高中级职称的大本及以上学历人员	参加项目人员实际工作时间（人年）	科技项目经费内部支出合计（万元）	R&D项目支出
外商投资股份有限公司	86	66	55	1310	522	212	8640	20090	11610
按国民经济行业大类分组									
黑色金属矿采选业	1		1	12	7	3	5	407	407
有色金属矿采选业	9	1		70	68	2	39	506	
非金属矿采选业	14	8	3	81	28	23	35	1384	310
农副食品加工业	388	305	171	2353	766	659	1346	38910	17958
食品制造业	162	124	79	1281	416	403	731	22408	11214
饮料制造业	243	195	105	1875	733	640	1047	59655	27054
烟草制品业	21	15	4	141	61	64	62	2353	55
纺织业	1530	1142	564	14557	3075	4082	9724	200100	98212
纺织服装、鞋、帽制造业	430	311	111	5254	441	1076	4329	57257	36209
皮革、毛皮、羽毛(绒)及其制品业	917	766	96	6362	717	1323	4123	55279	15107
木材加工及木、竹、藤、棕、草制品业	140	111	61	1132	244	303	613	17983	10651
家具制造业	144	124	28	1722	347	599	1142	21299	3424
造纸及纸制品业	194	133	83	1915	759	539	1183	24852	15344
印刷业和记录媒介的复制	90	57	33	1352	346	422	916	17252	10942
文教体育用品制造业	266	244	89	2388	512	786	1805	31652	13558
石油加工、炼焦及核燃料加工业	59	14	25	216	80	33	61	3141	998
化学原料及化学制品制造业	1376	1083	786	10271	4035	3553	7159	234274	130930
医药制造业	957	832	631	8710	2723	3346	6661	129403	98149
化学纤维制造业	164	131	103	2978	950	1134	2014	79781	57518
橡胶制品业	149	133	75	1922	589	634	1388	49400	32293
塑料制品业	683	546	265	5163	1353	1697	2974	74139	35270
非金属矿物制品业	361	253	159	3371	1072	1030	2193	52609	31147
黑色金属冶炼及压延加工业	200	125	116	1520	661	273	818	44961	30944
有色金属冶炼及压延加工业	215	165	102	2062	634	672	1447	48405	30490
金属制品业	785	635	280	5870	1562	1883	3819	78958	40738
通用设备制造业	3057	2627	1596	21484	6585	6192	13630	328389	184200
专用设备制造业	1192	1020	696	10075	3373	3315	6599	155996	99555
交通运输设备制造业	1634	1381	758	15364	4304	5204	9858	277406	159250
电气机械及器材制造业	2356	2040	1129	18931	5816	6489	12088	337286	178150
通信设备、计算机及其他电子设备制造业	1273	1150	836	19216	5384	9241	14610	376075	301193

指标名称	科技项目数（项）	新产品开发项目数	R&D项目数	科技项目参加人员合计（人）	高中级技术职称人员	无高中级职称的大本及以上学历人员	参加项目人员实际工作时间（人年）	科技项目经费内部支出合计（万元）	R&D项目支出
仪器仪表及文化、办公用机械制造业	1133	1029	761	7493	2221	2915	5160	92924	66472
工艺品及其他制造业	275	218	75	3061	539	1064	1562	43336	13998
废弃资源和废旧材料回收加工业	10	6	7	69	27	25	58	2001	1766
电力、燃气及水的生产和供应业	219	85	42	1748	979	276	882	23897	9671
燃气生产和供应业	5			14	12		4	25	
水的生产和供应业	22	2	5	122	77	28	86	1152	629
按隶属关系分组									
中央	232	131	95	2256	1312	598	1622	35559	23490
省	329	219	181	2281	1240	384	1259	38316	21802
市	722	604	453	5306	2256	1736	3565	114268	78996
县（市、区）	743	637	411	6724	2182	2237	4636	132265	71395
街道	584	487	319	4476	1566	1286	3077	69762	44898
镇	590	485	287	6099	1361	2074	3730	103198	59252
乡	35	29	16	305	81	103	225	4381	2465
村委会	71	56	32	560	112	176	393	7293	4744
其他	17368	14363	8081	152148	41386	51334	101661	2479807	1456762
按项目来源分组									
国家科技项目	572	484	387	9327	3374	3059	6512	183924	130725
地方科技项目	2588	2223	1586	27752	9673	9575	19173	516427	353964
其他企业委托科技项目	564	494	291	3410	1012	1014	1786	46575	29253
本企业自选科技项目	16199	13266	7298	132215	35479	43611	87861	2113772	1177258
来自国外的科技项目	230	195	101	1917	536	629	1181	34738	14964
其他科技项目	521	349	212	5534	1422	2040	3655	89416	57638
按项目合作形式分组									
与境外机构合作	218	190	126	2816	701	1150	1764	75636	51297
与国内高校合作	1500	1208	935	14634	5529	5176	9949	258399	178029
与国内独立研究院所合作	626	502	320	6274	2392	2049	3999	99325	52932
与境内注册的外商独资企业合作	179	92	50	1379	361	340	812	20279	9683

3－7 续表3

指标名称	科技项目数（项）	新产品开发项目数	R&D项目数	科技项目参加人员合计（人）	高中级技术职称人员	无高中级职称的大本及以上学历人员	参加项目人员实际工作时间（人年）	科技项目经费内部支出合计（万元）	R&D项目支出
与境内注册的其他企业合作	513	316	200	3812	1369	1173	2273	56955	29734
以本企业所办科技机构为主完成	7905	6944	4440	81778	23963	29137	57858	1530967	964971
由本企业有关部门组成联合攻关小组协作完成	8721	7032	3464	62166	15615	18643	38825	842144	432665
其他	1012	727	340	7296	1566	2260	4689	101146	44491
按项目活动类型分组									
应用研究	12	2	12	397	333	10	377	6323	6323
试验发展	9863	8642	9863	96383	29195	34532	66715	1757480	1757480
研究与试验发展成果应用	10797	8366		83359	21965	25378	53068	1220988	
按项目技术经济目标分组									
开发全新产品	11392	11392	6099	98805	28704	32122	66691	1637432	1023900
增加已有产品的功能	1864	1864	875	18439	4722	7857	12791	328894	207856
提高产品性能	3755	3755	1670	32217	9148	10886	21479	554565	312557
提高劳动生产率	1484		428	11998	3131	3401	7380	178354	83665
减少能源消耗	467		192	4033	1322	1347	2395	60679	29261
节约原材料	356		130	3086	1053	824	1946	52052	28686
减少环境污染	427		175	4066	1184	1223	2333	61156	32249
其他	929		306	7511	2232	2268	5153	111719	45630
按地区分组									
杭州市	3360	2815	1748	35324	11593	15991	26211	834576	565339
宁波市	3273	2720	1680	28580	8577	11191	19445	521893	299390
温州市	1831	1549	872	17792	5750	6095	11662	246997	117660
嘉兴市	2831	2171	1136	24482	5408	4792	16952	299242	177936
湖州市	783	625	393	6509	2054	2221	3980	121746	66727
绍兴市	1414	1107	692	20619	6170	6396	14692	419498	234900
金华市	974	821	515	12253	3808	3978	7985	173616	108734
衢州市	372	277	191	3118	1383	682	1904	36912	17109
舟山市	172	141	107	1739	514	422	1261	38011	26047
台州市	5432	4613	2484	28379	5608	7734	15415	272026	143810
丽水市	232	172	57	1360	631	426	662	20334	6152

3-8 规模以上工业企业技术改造、技术获取及减免税情况

单位:万元

指标名称	技术改造经费支出	技术引进经费支出	引进设计、图纸、工艺配方、专利的支出	消化吸收经费支出	购买国内技术经费支出	享受各级政府对技术开发减免税
总　　计	**3024406**	**227198**	**66638**	**106736**	**116767**	**40741**
按工业企业规模分组						
大型企业	1205156	86634	22852	28721	42673	6721
中型企业	1330140	88547	29232	47797	43679	22102
小型企业	489109	52017	14554	30219	30415	11919
按登记注册类型分组						
内资企业	2536959	159289	36345	87085	99769	34386
国有(单位)	206338	2074	186	827	16472	1028
集体(单位)	5900	320	319	145	596	1319
股份合作	13913	951	343	1560	1877	892
集体联营	80					
国有与集体联营	738					
其他联营	373				36	25
国有独资公司	36568	4954	3949	1982	699	380
其他有限责任公司	842858	52023	16796	25266	26805	9775
股份有限公司	660858	62048	4039	30103	12960	7568
私营独资	27197	763	334	1135	915	238
私营合伙	7242	1118	281	366	610	104
私营有限责任公司	671953	34197	9835	24109	36022	13014
私营股份有限公司	62941	842	264	1592	2777	45
港澳台商投资	209001	18052	6126	6090	6082	3090
与港澳台商合资经营	113667	9493	5000	4207	4506	1212
与港澳台合作经营	1852	450	437	288	262	
港、澳、台商独资经营	66876	7548	335	1223	504	337
港、澳、台商投资股份有限公司	26606	561	354	372	811	1541
外商投资	278445	49857	24166	13561	10917	3265
中外合资经营	234139	22744	9363	9687	9954	2697
中外合作经营	1604	319	158	115	88	

指标名称	技术改造经费支出	技术引进经费支出	引进设计、图纸、工艺配方、专利的支出	消化吸收经费支出	购买国内技术经费支出	享受各级政府对技术开发减免税
外资企业	29004	26727	14643	2870	828	568
外商投资股份有限公司	13699	66	2	890	46	
按国民经济行业大类分组						
煤炭开采和洗选业						
黑色金属矿采选业	325			46		
有色金属矿采选业	1000					
非金属矿采选业	328	29	29	140	29	
农副食品加工业	27245	489	324	452	987	395
食品制造业	24559	1226	227	1435	1193	184
饮料制造业	105922	9926	52	1040	179	230
烟草制品业	30774					
纺织业	169011	20371	3259	11137	6120	803
纺织服装、鞋、帽制造业	87388	7171	958	3850	1763	5
皮革、毛皮、羽毛(绒)及其制品业	32937	2574	521	2583	1762	509
木材加工及木、竹、藤、棕、草制品业	9540	445	325	650	741	179
家具制造业	19447	596	270	596	7791	320
造纸及纸制品业	44659	3480	478	1334	401	6
印刷业和记录媒介的复制	11631	1835	375	521	923	
文教体育用品制造业	14471	2270	245	923	1027	72
石油加工、炼焦及核燃料加工业	146002				320	2000
化学原料及化学制品制造业	215958	11052	6552	10955	3515	5351
医药制造业	120845	7953	3242	7389	11656	1860
化学纤维制造业	193213	14906	1791	4783	2659	1116
橡胶制品业	77992	4603	3717	1554	558	1461
塑料制品业	59109	2338	955	1455	1737	777
非金属矿物制品业	191748	6032	1113	2194	4103	1341
黑色金属冶炼及压延加工业	77779	2494	1003	2892	16333	500
有色金属冶炼及压延加工业	101350	3998	2858	3314	3686	1037
金属制品业	53949	3178	1109	1602	1482	224
通用设备制造业	268919	19083	9682	8295	9265	4996
专用设备制造业	120859	10069	3989	6453	3976	6679

指标名称	技术改造经费支出	技术引进经费支出	引进设计、图纸、工艺配方、专利的支出	消化吸收经费支出	购买国内技术经费支出	享受各级政府对技术开发减免税
交通运输设备制造业	226552	42601	6485	12692	10922	2758
电气机械及器材制造业	309771	24109	9197	7843	7592	3102
通信设备、计算机及其他电子设备制造业	125472	13969	4685	6097	4924	2525
仪器仪表及文化、办公用机械制造业	53272	6549	1832	2614	7698	1891
工艺品及其他制造业	18255	2222	876	1256	2262	131
废弃资源和废旧材料回收加工业						
电力、燃气及水的生产和供应业	82325	1082	313	468	1162	290
燃气生产和供应业					2	
水的生产和供应业	1800	550	175	174		
按隶属关系分组						
中央	68418	179	145	86	20	35
省	171728	3772	907	481	15836	738
市	153710	7473	2005	3998	3062	1690
县(市、区)	193721	13018	6158	5049	6393	2851
街道	62247	4533	1700	5012	1907	506
镇	93726	10247	2299	1985	2884	1519
乡	7923					
村委会	6728	212	212	1077		500
其他	2266205	187763	53212	89048	86666	32902
按地区分组						
杭州市	675500	64001	10533	23037	24180	8128
宁波市	590510	34333	9284	19160	32299	7587
温州市	140691	13794	3024	7192	7259	2801
嘉兴市	375625	45429	15674	15631	7738	3582
湖州市	151861	4636	2874	2919	2146	3201
绍兴市	488028	24870	10420	17855	16024	3777
金华市	164094	11319	3611	7039	9062	7394
衢州市	126970	9961	687	4457	1192	1763
舟山市	38415	4188	2319	2542	2206	232
台州市	252349	14528	8079	6821	14529	1887
丽水市	20365	138	131	83	132	390

3－9 规模以上工业企业办科技机构情况

指标名称	机构数（个）	科技活动人员（人）	博士毕业	硕士毕业	科技经费内部支出（万元）	年末固定资产原价（万元）	仪器设备
总　计	**4094**	**118274**	**1753**	**5685**	**1777088**	**3005742**	**1320729**
按工业企业规模分组							
大型企业	199	22345	289	1483	507480	774660	330347
中型企业	1404	55890	628	2330	822179	1532344	653307
小型企业	2491	40039	836	1872	447429	698738	337075
按登记注册类型分组							
内资企业	3283	93859	1489	4541	1375767	2464568	1038787
国有(单位)	41	2300	22	160	47104	47323	21952
集体(单位)	32	376	15	14	5690	9153	3947
股份合作	96	1716	5	35	15069	38442	18706
国有联营	1	30		7	861	4464	775
集体联营	2	17			71	153	89
国有与集体联营	2	170		4	2601	3489	1069
其他联营	4	146	3	3	1137	2056	1381
国有独资公司	13	883	6	16	20603	36641	11081
其他有限责任公司	926	31928	479	1471	443011	821815	359424
股份有限公司	200	12890	269	1224	295215	594482	262062
私营独资	126	1687	32	53	16160	32998	11922
私营合伙	35	539	1	7	6201	8130	2549
私营有限责任公司	1761	39128	632	1413	493217	834954	332654
私营股份有限公司	44	2049	25	134	28826	30471	11176
港澳台商投资	402	10849	102	327	146402	242931	120094
与港澳台商合资经营	278	6572	62	231	82778	155294	80702
与港澳台合作经营	12	321	5	21	4401	15619	3716
港、澳、台商独资经营	104	3270	18	54	42298	51072	22676
港、澳、台商投资股份有限公司	8	686	17	21	16925	20946	13000
外商投资	409	13566	162	817	254919	298243	161848
中外合资经营	296	6961	120	294	122759	182072	90249
中外合作经营	14	611	5	5	8535	15099	3998
外资企业	87	5265	34	498	111707	85110	57569

指标名称	机构数（个）	科技活动人员（人）	博士毕业	硕士毕业	科技经费内部支出（万元）	年末固定资产原价（万元）	仪器设备
外商投资股份有限公司	12	729	3	20	11918	15962	10032
按国民经济行业大类分组							
有色金属矿采选业	1	8			216	350	300
非金属矿采选业	4	47			602	836	466
农副食品加工业	99	1246	45	71	20922	34555	12127
食品制造业	50	1075	47	68	12211	19640	12438
饮料制造业	42	966	19	68	45635	27698	16656
烟草制品业	2	74	1	12	844	4042	3768
纺织业	329	8618	84	215	110520	202024	83171
纺织服装、鞋、帽制造业	65	1476	30	67	13469	36319	9204
皮革、毛皮、羽毛(绒)及其制品业	98	3116	12	35	33266	51342	18859
木材加工及木、竹、藤、棕、草制品业	37	576	12	30	8486	28953	9033
家具制造业	30	978	1	10	10870	14792	4358
造纸及纸制品业	42	1070	14	103	16697	117485	41133
印刷业和记录媒介的复制	30	849	13	50	9491	32706	12102
文教体育用品制造业	68	1664	14	60	16931	23727	10668
石油加工、炼焦及核燃料加工业	3	111	2	7	438	7731	5889
化学原料及化学制品制造业	307	7847	166	403	167844	273930	154475
医药制造业	196	6279	192	527	100590	160870	87646
化学纤维制造业	43	1666	23	57	43071	160756	48902
橡胶制品业	42	1571	11	38	42507	30062	17864
塑料制品业	148	2621	118	107	39012	95848	33715
非金属矿物制品业	100	2056	47	76	26746	48291	20614
黑色金属冶炼及压延加工业	31	892	3	19	14874	48913	15428
有色金属冶炼及压延加工业	50	1434	21	45	28782	81947	27368
金属制品业	147	3911	36	155	47500	74512	28556
通用设备制造业	534	14297	135	387	191931	300120	135977
专用设备制造业	271	7192	76	253	110216	126457	61121

指标名称	机构数（个）	科技活动人员（人）	博士毕业	硕士毕业	科技经费内部支出（万元）	年末固定资产原价（万元）	仪器设备
交通运输设备制造业	291	9412	127	298	136007	285617	119852
电气机械及器材制造业	476	14984	210	633	217704	318436	133182
通信设备、计算机及其他电子设备制造业	291	13649	141	1427	217346	240755	135537
仪器仪表及文化、办公用机械制造业	184	5708	111	315	58470	88471	37360
工艺品及其他制造业	64	2154	27	40	24534	31475	10294
废弃资源和废旧材料回收加工业	3	36	1	1	717	871	719
电力、燃气及水的生产和供应业	11	626	13	101	7851	35224	11478
水的生产和供应业	5	65	1	7	788	989	471
按隶属关系分组							
中央	25	1427	18	179	17269	32619	16945
省	29	1097	11	66	15693	27723	11194
市	95	4284	40	244	82777	54008	34198
县（市、区）	120	5158	91	310	98459	147861	80826
街道	131	3772	45	152	49086	95971	43169
镇	133	4214	67	156	58268	108318	39908
乡	13	292	4	7	3929	5684	1301
村委会	19	385	4	9	4231	6437	2892
其他	3529	97645	1473	4562	1447376	2527123	1090296
按地区分组							
杭州市	679	24472	491	1984	438155	558824	278101
宁波市	753	20301	175	939	320181	412300	206931
温州市	499	14164	152	401	169528	202680	110179
嘉兴市	504	13866	141	447	168619	315771	137618
湖州市	204	5156	157	281	81365	117553	56541
绍兴市	483	15113	241	687	286803	751238	246640
金华市	274	8228	177	416	104468	187918	92435
衢州市	67	1568	29	50	16614	29651	15615
舟山市	46	1323	9	60	29191	31225	21354
台州市	561	13772	172	401	157640	385463	151078
丽水市	24	311	9	19	4526	13121	4237

四、大中型工业企业情况

4－1　历年大中型工业企业科技活动情况

指　标	单位	2000	2001	2002	2003	2004	2005	2006
企业数	**个**	**1250**	**1149**	**1005**	**1939**	**3043**	**3220**	**3851**
＃有科技活动企业数	个	661	643	601	1192	1349	1734	2085
企业有科技机构	**个**	**442**	**436**	**397**	**660**	**947**	**1261**	**1603**
从业人员年平均人数	**万人**	**107.82**	**100.02**	**90.50**	**178.24**	**224.66**	**270.26**	**311.49**
＃工程技术人员	万人	7.39	7.15	7.08	9.87	14.36	20.35	26.07
生产经营用机器设备原价	**亿元**	**1922.90**	**1706.22**	**1554.12**	**1999.44**	**3102.89**	**3545.14**	**4398.01**
＃微电子控制	亿元	217.01	228.30	225.46	274.14	381.54	825.54	885.15
科技活动人员	**万人**	**3.57**	**4.19**	**4.51**	**7.82**	**7.95**	**11.35**	**13.96**
＃高中级职称人员	万人	1.31	1.50	1.53	2.32	2.13	3.22	3.68
无高中级职称的大本以上人员	万人	0.79	1.07	1.13	2.23	2.39	3.79	4.37
科技活动经费筹集额	**亿元**	**33.68**	**43.85**	**48.52**	**99.45**	**123.92**	**197.76**	**253.41**
＃来自政府部门的资金	亿元	1.34	1.00	0.81	1.92	3.84	4.79	7.16
企业资金	亿元	27.56	35.70	41.89	83.89	108.36	174.13	224.90
金融机构贷款	亿元	4.29	6.56	5.02	11.40	10.67	17.34	18.19
科技活动经费内部支出	**亿元**	**27.03**	**33.60**	**37.17**	**74.97**	**106.17**	**161.24**	**207.82**
＃劳务费	亿元	5.72	7.86	10.84	19.64	28.67	42.69	56.97
原材料费	亿元	8.21	10.64	11.38	23.57	35.64	58.97	71.22
＃新产品开发经费支出	亿元	16.80	20.86	24.27	48.79	65.20	140.90	180.59
用于科研的基建经费支出	**亿元**	**2.69**	**2.60**	**2.56**	**6.30**	**8.81**	**11.05**	**11.97**
委托外单位开发经费支出	**亿元**	**4.50**	**5.86**	**6.06**	**10.20**	**9.51**	**18.75**	**14.41**
研究与试验发展人员	**万人**	**1.19**	**1.64**	**1.90**	**3.45**	**3.66**	**4.88**	**6.63**
研究与试验发展经费支出	**亿元**	**13.36**	**15.04**	**18.34**	**36.93**	**61.72**	**91.74**	**125.85**
新产品产值	**亿元**	**532.90**	**518.23**	**591.59**	**1076.92**	**1580.12**	**2277.59**	**3122.75**
新产品销售收入	**亿元**	**511.05**	**512.05**	**527.79**	**1014.60**	**1529.78**	**2149.78**	**2946.83**
＃出口	亿元	96.63	106.61	110.09	232.12	456.12	598.19	904.12
专利申请数	**件**	**698**	**650**	**809**	**3201**	**4078**	**5479**	**8752**
＃发明专利	件	100	144	185	600	1049	1206	1761
拥有发明专利数	**件**	**232**	**324**	**259**	**753**	**1953**	**1967**	**3032**
技术改造经费支出	**亿元**	**93.57**	**87.16**	**134.90**	**221.45**	**232.82**	**245.47**	**253.53**
技术引进经费支出	**亿元**	**19.15**	**13.50**	**23.04**	**41.00**	**15.17**	**16.00**	**17.52**
＃引进设计、图纸、工艺配方、专利的支出	亿元	1.08	0.88	1.55	2.72	3.12	4.76	5.21
消化吸收经费支出	**亿元**	**0.68**	**1.66**	**2.38**	**1.97**	**3.51**	**4.60**	**7.65**
购买国内技术经费支出	**亿元**	**1.19**	**0.90**	**1.10**	**3.52**	**4.07**	**9.52**	**8.64**

4－2 大中型工业企业基本情况

指标名称	单位数（个）	有科技活动单位数	年末从业人员（人）	工程技术人员	主营业务收入（万元）	生产经营用机器设备原价（万元）	微电子控制设备原价
总　　计	**3851**	**2085**	**3114934**	**260651**	**155803611**	**43980076**	**8851530**
按工业企业规模分组							
大型企业	169	142	671360	62590	48022668	11577505	2061989
中型企业	3682	1943	2443574	198061	107780944	32402571	6789541
按登记注册类型分组							
内资企业	2546	1539	2095392	189377	113515165	32714191	5900125
国有(单位)	91	43	106386	16701	14595624	8142469	2058181
集体(单位)	27	8	19087	1745	1415762	343841	57866
股份合作	42	26	22256	1560	1107752	317248	12852
国有联营	1	1	1182	728	421009	1783523	
集体联营	2	2	1752	128	184199	18228	
国有与集体联营	2	2	1737	302	103733	14315	
其他联营	2	2	940	100	32795	5213	3674
国有独资公司	17	13	29212	3402	1444855	367729	63692
其他有限责任公司	763	492	655520	63417	33332953	9183254	1618694
股份有限公司	160	128	224426	27791	22265399	4475806	947445
私营独资	33	17	19771	1295	715993	178388	4354
私营合伙	16	7	9649	648	228274	44263	2753
私营有限责任公司	1360	775	967789	68241	36047588	7580420	1095295
私营股份有限公司	30	23	35685	3319	1619229	259494	35321
港澳台商投资	638	269	492777	34752	17600865	4923265	1330826
与港澳台商合资经营	408	182	291886	20117	11116433	3188621	976286
与港澳台合作经营	8	5	6364	939	164751	71462	5833
港、澳、台商独资经营	212	76	183990	12634	5759781	1485017	270097
港、澳、台商投资股份有限公司	10	6	10537	1062	559900	178166	78610
外商投资	667	277	526765	36522	24687582	6342619	1620579
中外合资经营	401	183	299191	19993	13837684	3241510	1170695
中外合作经营	16	6	12380	544	425817	150960	2782
外资企业	239	79	204230	14765	9685261	2645772	322401
外商投资股份有限公司	11	9	10964	1220	738820	304378	124702

指标名称	单位数（个）	有科技活动单位数	年末从业人员（人）	工程技术人员	主营业务收入（万元）	生产经营用机器设备原价（万元）	微电子控制设备原价
按国民经济行业大类分组							
煤炭开采和洗选业	1		5513	150	88303	101128	
黑色金属矿采选业	1	1	1365	165	114969	11289	215
有色金属矿采选业	6	2	5924	459	156928	19036	23
非金属矿采选业	5		3234	120	29823	12888	
农副食品加工业	44	24	30163	1486	1238335	178946	17793
食品制造业	39	18	28389	2059	882273	332518	21015
饮料制造业	32	19	34583	3359	2889487	1128875	529841
烟草制品业	2	1	2818	179	1766364	354795	187045
纺织业	652	289	479957	26930	16832221	5459060	707197
纺织服装、鞋、帽制造业	278	100	263179	9573	5983046	1122815	141758
皮革、毛皮、羽毛（绒）及其制品业	186	78	207918	11250	5179662	569146	134913
木材加工及木、竹、藤、棕、草制品业	28	13	21198	1617	643077	76188	16145
家具制造业	76	26	70485	4794	1639339	223755	9427
造纸及纸制品业	68	30	41408	5011	2321462	1510974	917685
印刷业和记录媒介的复制	26	13	16659	1335	561983	163536	67906
文教体育用品制造业	67	28	56273	3601	1307922	193920	18272
石油加工、炼焦及核燃料加工业	2	2	9893	2490	7286228	1322815	61915
化学原料及化学制品制造业	118	82	97051	12832	9216098	2425771	488472
医药制造业	62	51	59722	9044	2740133	879753	176380
化学纤维制造业	67	38	62538	6622	9649028	2937237	530914
橡胶制品业	32	18	38080	3145	1722648	458406	30727
塑料制品业	147	71	87684	6228	4162224	949055	277466
非金属矿物制品业	102	44	72162	6084	3480676	2009459	257917
黑色金属冶炼及压延加工业	47	22	40732	3391	4557202	1783447	564282
有色金属冶炼及压延加工业	50	25	31012	3136	5615274	443211	76029
金属制品业	155	83	120863	9008	4375284	613852	97109
通用设备制造业	349	231	234990	26054	9552980	1972418	370460
专用设备制造业	113	85	69476	10294	3238605	592620	163284
交通运输设备制造业	234	156	192212	17175	9984322	1619702	382670
电气机械及器材制造业	387	262	300818	25164	12397539	1631642	287318
通信设备、计算机及其他电子设备制造业	179	120	186663	21899	10078276	1912005	341445

指标名称	单位数（个）	有科技活动单位数	年末从业人员（人）	工程技术人员	主营业务收入（万元）	生产经营用机器设备原价（万元）	微电子控制设备原价
仪器仪表及文化、办公用机械制造业	97	65	73197	5822	2250137	376913	54206
工艺品及其他制造业	110	55	105164	5313	2104980	273981	28446
废弃资源和废旧材料回收加工业	5		2588	10	261297	767	43
电力、燃气及水的生产和供应业	69	30	51184	13498	11110513	9442361	1753810
燃气生产和供应业	3	1	2310	181	156789	35392	750
水的生产和供应业	12	2	7529	1173	228187	840400	138657
按隶属关系分组							
中央	30	21	33502	7768	5817745	5442336	1480331
省	47	28	74003	10352	7283396	5219037	579541
市	93	51	103317	11490	7334160	2536627	386411
县（市、区）	112	69	100412	10524	6498157	1992830	631709
街道	81	56	64231	5733	2735604	387712	86270
镇	113	72	97168	7715	5308133	1135646	166572
乡	5	2	3088	119	117531	41740	299
居委会	1		431	46	14356	4608	2763
村委会	11	5	10783	653	534468	185969	45876
其他	3358	1781	2627999	206251	120160062	27033571	5471759
按地区分组							
杭州市	646	252	535789	52878	39286445	9730292	1610773
宁波市	873	406	635722	48173	35209540	10696002	2788586
温州市	499	272	390360	30179	12817664	2387690	227050
嘉兴市	402	298	356513	28105	12916233	6807604	1732294
湖州市	140	74	108319	10088	5973492	1257565	235607
绍兴市	494	291	417346	36586	25238259	7073516	1034203
金华市	313	161	262278	19433	8822036	2509202	389449
衢州市	53	32	49179	6474	2347188	1326005	280341
舟山市	41	19	39919	3354	1661681	478717	59241
台州市	331	255	275121	20676	9486027	1421010	477551
丽水市	59	25	44388	4705	2045046	292474	16437

4－3 大中型工业企业科技活动人员情况

单位：人

指标名称	科技活动人员合计	＃全时人员	＃女性	＃参加科技项目人员	科技管理和服务人员	＃1.高中级技术职称人员	2.无高中级职称的大本及以上人员	＃研究与试验发展人员
总　　计	**139600**	**67320**	**31695**	**111270**	**22861**	**36842**	**43726**	**66284**
按工业企业规模分组								
大型企业	43585	24153	11841	34471	7515	12383	14409	23127
中型企业	96015	43167	19854	76799	15346	24459	29317	43157
按登记注册类型分组								
内资企业	107811	50409	23773	84084	18960	30404	31715	49155
国有(单位)	4381	2060	954	3482	778	2181	883	2058
集体(单位)	620	97	120	559	47	49	204	231
股份合作	811	261	150	598	213	244	227	393
国有联营	30			30		30		
集体联营	62	47	3	62		17	27	59
国有与集体联营	170	74	59	106	62	48	70	159
其他联营	99	35	8	74	25	29	17	58
国有独资公司	2003	847	555	1437	558	696	514	927
其他有限责任公司	36217	17266	7651	28528	6443	10638	11364	16625
股份有限公司	24048	13087	6383	17723	4993	6735	6241	11285
私营独资	732	431	157	649	76	255	200	314
私营合伙	241	113	58	199	42	66	109	129
私营有限责任公司	35689	14472	7195	28662	5351	8876	10870	15720
私营股份有限公司	2708	1619	480	1975	372	540	989	1197
港澳台商投资	15478	7921	4300	13301	1815	3190	5640	8606
与港澳台商合资经营	7506	2908	1673	6224	978	1536	2262	3317
与港澳台合作经营	437	176	52	383	38	69	76	115
港、澳、台商独资经营	6844	4357	2368	6131	671	1245	3052	4781
港、澳、台商投资股份有限公司	691	480	207	563	128	340	250	393
外商投资	16311	8990	3622	13885	2086	3248	6371	8523
中外合资经营	8260	3710	1914	6754	1217	1759	2564	3277
中外合作经营	539	210	35	449	78	111	122	222
外资企业	5976	4531	1335	5412	525	870	3423	4283
外商投资股份有限公司	1536	539	338	1270	266	508	262	741

指标名称	科技活动人员合计	#全时人员	#女性	#参加科技项目人员	科技管理和服务人员	#1.高中级技术职称人员	2.无高中级职称的大本及以上人员	#研究与试验发展人员
按国民经济行业大类分组								
黑色金属矿采选业	65	3	5	12	53	51	3	12
有色金属矿采选业	85	26	1	79	5	72	3	
非金属矿采选业								
农副食品加工业	753	253	202	566	128	187	200	381
食品制造业	1022	251	168	745	277	246	268	437
饮料制造业	1802	711	363	1454	340	601	537	630
烟草制品业	138	31	15	117	21	55	75	
纺织业	11277	4355	3432	9139	1611	2340	2859	4682
纺织服装、鞋、帽制造业	3092	2032	1834	2819	227	246	764	1319
皮革、毛皮、羽毛(绒)及其制品业	3308	2144	1101	3028	278	411	810	641
木材加工及木、竹、藤、棕、草制品业	573	182	175	424	149	144	184	224
家具制造业	1421	518	199	1176	241	270	397	174
造纸及纸制品业	1903	425	408	1156	163	614	388	619
印刷业和记录媒介的复制	1108	446	210	784	194	145	283	393
文教体育用品制造业	1740	1058	292	1497	243	310	569	740
石油加工、炼焦及核燃料加工业	316	82	30	221	86	235	31	140
化学原料及化学制品制造业	8899	4728	1960	6538	1824	3100	2725	4128
医药制造业	7349	4806	2380	5768	1455	1818	2420	5129
化学纤维制造业	3142	1582	675	2595	464	927	1143	1920
橡胶制品业	1426	845	368	1264	105	491	484	880
塑料制品业	2942	990	507	2479	425	709	974	1009
非金属矿物制品业	2510	1234	519	1908	542	641	628	904
黑色金属冶炼及压延加工业	1549	477	149	1195	351	604	184	880
有色金属冶炼及压延加工业	1637	815	230	1234	305	442	459	1069
金属制品业	4039	1538	485	3446	501	1089	1177	1713
通用设备制造业	15839	6651	2875	12699	2628	4988	4282	6774
专用设备制造业	5373	2668	695	4322	867	1557	1649	2770
交通运输设备制造业	14336	5623	3550	10175	3632	3170	3974	6101
电气机械及器材制造业	15528	7351	2930	11931	2591	4591	5019	6163

单位:人

指标名称	科技活动人员合计	#全时人员	#女性	#参加科技项目人员	科技管理和服务人员	#1.高中级技术职称人员	2.无高中级职称的大本及以上人员	#研究与试验发展人员
通信设备、计算机及其他电子设备制造业	16885	11641	4121	14810	1830	4308	8170	12465
仪器仪表及文化、办公用机械制造业	4772	2653	616	4035	643	1202	1812	2613
工艺品及其他制造业	3122	749	1012	2293	479	382	1043	980
电力、燃气及水的生产和供应业	1485	425	158	1283	133	817	179	360
燃气生产和供应业	14		3	14		12		
水的生产和供应业	150	27	27	64	70	67	33	34
按隶属关系分组								
中央	2270	1298	472	1900	303	1222	559	1209
省	3478	1283	554	2310	928	1652	705	1433
市	6985	3336	1721	4930	1859	2625	1727	3655
县(市、区)	6724	3451	1908	5308	1248	1831	1987	3148
街道	3300	2025	516	2592	699	1128	690	1693
镇	4672	2173	1028	3895	727	1022	1733	2435
乡	91	90	25	77	14	18	53	25
村委会	158	92	44	142	2	35	63	89
其他	111922	53572	25427	90116	17081	27309	36209	52597
按地区分组								
杭州市	33425	19221	7734	25602	6310	8912	12552	16859
宁波市	22853	10976	4460	17216	4017	5624	7244	10565
温州市	12723	6323	2605	10697	2026	3583	4526	4375
嘉兴市	14522	7336	4245	12002	2010	3683	2707	7479
湖州市	5536	2013	1204	3958	1253	1525	1748	2036
绍兴市	20283	10176	5340	17208	2526	5833	5803	9264
金华市	10741	4748	2320	8542	1831	2794	3601	5641
衢州市	3252	1233	723	2115	804	1202	739	1108
舟山市	1674	824	405	1339	332	454	257	1096
台州市	13817	4288	2550	12120	1559	3016	4389	7794
丽水市	774	182	109	471	193	216	160	67

4-4 大中型工业企业科技活动经费筹集情况

单位:万元

	科技活动经费筹集总额	企业资金	金融机构贷款	政府资金	国外资金	其他资金
总计	**2534093**	**2249049**	**181943**	**71609**	**5087**	**26407**
按工业企业规模分组						
大型企业	1039739	979903	41266	17856	25	689
中型企业	1494354	1269146	140677	53753	5062	25718
按登记注册类型分组						
内资企业	1921124	1671005	159311	67783	1068	21958
国有(单位)	88858	77974	1619	3464		5801
集体(单位)	8265	8253	12			
股份合作	10665	7484	2987	195		
国有联营	861	861				
集体联营	149	149				
国有与集体联营	2948	2948				
其他联营	552	485		67		
国有独资公司	34804	31758	500	1336	329	881
其他有限责任公司	590789	515686	38667	33013	218	3205
股份有限公司	551528	486431	41609	16277		7210
私营独资	9590	8531	732	297		30
私营合伙	4437	3837	600			
私营有限责任公司	587584	498861	72086	11286	521	4831
私营股份有限公司	30096	27748	500	1848		
港澳台商投资	290878	272762	11454	1666	3910	1087
与港澳台商合资经营	115156	101952	7374	1130	3910	791
与港澳台合作经营	3660	3645		10		5
港、澳、台商独资经营	147203	142582	4080	251		290
港、澳、台商投资股份有限公司	24859	24584		275		
外商投资	322091	305281	11178	2160	110	3362
中外合资经营	144566	137300	5337	1432	25	472
中外合作经营	8304	5404	2900			
外资企业	148270	141975	2941	379	85	2891
外商投资股份有限公司	20951	20602		349		

	科技活动经费筹集总额	企业资金	金融机构贷款	政府资金	国外资金	其他资金
按国民经济行业大类分组						
黑色金属矿采选业	291	261		30		
有色金属矿采选业	280	263				18
农副食品加工业	10771	8119	960	1692		
食品制造业	12535	11741		795		
饮料制造业	64849	64121	400	279		50
烟草制品业	1733	1733				
纺织业	188592	159523	20083	1550	3895	3541
纺织服装、鞋、帽制造业	34526	33624	150	653		100
皮革、毛皮、羽毛(绒)及其制品业	40248	39323	200	384		342
木材加工及木、竹、藤、棕、草制品业	8758	6923	1470	158		207
家具制造业	18523	15692	2797	3		31
造纸及纸制品业	15960	13428	2200	326		6
印刷业和记录媒介的复制	11823	9920	1500	403		
文教体育用品制造业	22736	20590	1100	1046		
石油加工、炼焦及核燃料加工业	10080	10080				
化学原料及化学制品制造业	191737	171845	15770	3523		599
医药制造业	129508	109350	15490	4338		330
化学纤维制造业	64314	58038	3951	2096		230
橡胶制品业	46847	45899	718	230		
塑料制品业	46696	41335	3428	274	28	1631
非金属矿物制品业	45231	40105	4514	612		
黑色金属冶炼及压延加工业	46883	45167	1500	196		20
有色金属冶炼及压延加工业	36542	34809	1264	469		
金属制品业	63545	55230	7559	627		130
通用设备制造业	253990	224516	16084	6967	30	6393
专用设备制造业	109077	92189	12921	2667	200	1100
交通运输设备制造业	317584	282810	15460	11674	473	7167
电气机械及器材制造业	267080	242301	18814	2072		3892

	科技活动经费筹集总额	企业资金	金融机构贷款	政府资金	国外资金	其他资金
通信设备、计算机及其他电子设备制造业	342857	306519	10293	25820		225
仪器仪表及文化、办公用机械制造业	66465	55909	7583	2446	461	68
工艺品及其他制造业	42882	31178	11315	240		149
电力、燃气及水的生产和供应业	20993	16354	4419	40		180
燃气生产和供应业	41	41				
水的生产和供应业	117	117				
按隶属关系分组						
中央	32622	22279	2119	2633		5591
省	43929	42780	400	469		280
市	120432	112109	2935	4042	329	1018
县(市、区)	140150	126737	9405	2570	200	1238
街道	71714	48744	2396	20387	18	170
镇	80983	75528	2990	2344		120
乡	1420	1360		60		
村委会	3011	2788	12	63		148
其他	2039833	1816724	161686	39041	4540	17842
按地区分组						
杭州市	786508	741172	30274	14597		466
宁波市	392038	346183	23636	8733		13486
温州市	193156	172819	15936	3846		554
嘉兴市	193150	157706	9845	24498	461	640
湖州市	94617	81509	11650	1272		186
绍兴市	446799	371386	59581	6211	4080	5542
金华市	150355	131158	11609	5234	45	2308
衢州市	36024	32920	1474	1248		382
舟山市	26279	18467	5330	1290	329	864
台州市	207701	188874	12169	4577	143	1939
丽水市	7466	6854	439	103	30	40

4-5 大中型工业企业科技活动经费支出情况

单位:万元

	科技活动经费支出总额	内部支出合计	劳务费	原材料费	非基建项目购买和自制设备支出	其他
总计	**2222219**	**2078153**	**569690**	**712150**	**462216**	**334096**
按工业企业规模分组						
大型企业	916205	843963	258729	281156	148007	156071
中型企业	1306015	1234190	310961	430994	314210	178025
按登记注册类型分组						
内资企业	1671052	1545552	391755	569634	358716	225446
国有(单位)	86252	76037	15799	44078	11266	4894
集体(单位)	6411	5638	1645	3195	312	486
股份合作	10327	9922	1559	3531	3198	1634
国有联营	861	861	143	8	80	631
集体联营	245	191	110	51	28	3
国有与集体联营	2601	2601	437	574	1087	503
其他联营	495	489	157	92	230	11
国有独资公司	35794	29641	6368	8692	8861	5719
其他有限责任公司	512225	474199	116019	178512	114876	64793
股份有限公司	474016	429007	116078	143164	93948	75817
私营独资	8770	8623	1871	2566	3289	897
私营合伙	4007	3256	487	1618	748	404
私营有限责任公司	501776	478799	121505	176193	114319	66783
私营股份有限公司	27272	26289	9577	7363	6476	2873
港澳台商投资	261693	252083	88699	65945	48560	48879
与港澳台商合资经营	101642	98626	27378	37666	20465	13118
与港澳台合作经营	3000	2938	841	932	632	533
港、澳、台商独资经营	138236	133514	57658	22598	20204	33054
港、澳、台商投资股份有限公司	18815	17006	2823	4750	7259	2174
外商投资	289474	280518	89236	76570	54940	59771
中外合资经营	129152	121974	27221	49301	28947	16505
中外合作经营	7880	7808	1436	3017	2350	1005
外资企业	132306	131014	53979	16456	19245	41334
外商投资股份有限公司	20136	19722	6600	7796	4398	927

	科技活动经费支出总额	内部支出合计	劳务费	原材料费	非基建项目购买和自制设备支出	其他
按国民经济行业大类分组						
黑色金属矿采选业	499	451	155		244	53
有色金属矿采选业	565	496	173	110	102	111
农副食品加工业	10508	10156	1914	3159	2570	2513
食品制造业	12074	10953	2108	4492	3146	1207
饮料制造业	54810	53398	9040	28550	7414	8394
烟草制品业	1733	1687	687	1000		
纺织业	138996	131714	34345	53589	29025	14756
纺织服装、鞋、帽制造业	30609	30457	9880	10297	6291	3989
皮革、毛皮、羽毛(绒)及其制品业	36152	35326	11336	16530	4558	2902
木材加工及木、竹、藤、棕、草制品业	7922	7784	1514	3021	2025	1224
家具制造业	15075	14915	3917	5365	5089	545
造纸及纸制品业	15925	15367	3687	3835	5933	1912
印刷业和记录媒介的复制	8846	8760	2865	2254	2261	1380
文教体育用品制造业	21447	21021	5048	5957	5521	4496
石油加工、炼焦及核燃料加工业	5859	2933	1706	81	248	898
化学原料及化学制品制造业	170789	162876	35328	68321	31264	27962
医药制造业	118569	90181	20126	32916	27777	9361
化学纤维制造业	62384	61311	18781	24537	11265	6728
橡胶制品业	44842	42929	7528	23585	8983	2832
塑料制品业	39823	38563	10078	13857	10292	4337
非金属矿物制品业	35277	32519	5828	10421	10298	5972
黑色金属冶炼及压延加工业	41611	39618	5082	22952	7947	3638
有色金属冶炼及压延加工业	34014	32242	5239	13848	10272	2883
金属制品业	57051	53715	13478	22343	11926	5968
通用设备制造业	220539	210320	57407	78328	47983	26603
专用设备制造业	98653	90695	20010	33033	26530	11122
交通运输设备制造业	256857	229518	61066	58594	65654	44204
电气机械及器材制造业	239908	226737	56002	69386	57279	44071
通信设备、计算机及其他电子设备制造业	328123	315663	129154	69995	39742	76772

单位:万元

	科技活动经费支出总额	内部支出合计	劳务费	原材料费	非基建项目购买和自制设备支出	其他
仪器仪表及文化、办公用机械制造业	57179	54665	23389	11875	9153	10247
工艺品及其他制造业	36138	35377	8943	17102	6344	2988
电力、燃气及水的生产和供应业	19284	15666	3791	2816	5051	4008
燃气生产和供应业	41	25	24			
水的生产和供应业	117	117	65		31	21
按隶属关系分组						
中央	31321	30638	9971	11100	2299	7269
省	43903	40455	9033	19352	7991	4079
市	116292	103932	26386	49518	20609	7419
县(市、区)	128326	109222	25320	42784	22464	18655
街道	47676	43968	8362	16776	9855	8975
镇	74700	71122	12185	28391	24536	6011
乡	1420	1155	235	200	520	200
村委会	2106	1900	584	711	302	303
其他	1776475	1675761	477615	543319	373641	281186
按地区分组						
杭州市	697678	651196	219260	193059	108220	130658
宁波市	361360	347064	78098	129947	80549	58470
温州市	164180	154892	42524	55722	40194	16452
嘉兴市	173981	168195	44287	61585	39287	23036
湖州市	82354	77463	15033	26833	23738	11860
绍兴市	366883	341120	91158	134836	68985	46140
金华市	137194	128596	29274	37258	42412	19652
衢州市	23546	21163	6477	7105	4314	3268
舟山市	25035	23769	5297	8032	7890	2550
台州市	182150	157107	36136	55694	44667	20611
丽水市	7859	7587	2148	2079	1962	1398

单位:万元

指标名称	内部支出中R&D经费支出	内部支出中新产品开发经费支出	外部支出	对研究所及高等院校的支出	对其他企业支出	用于科研的基建经费支出	土建工程
总计	**1258548**	**1805851**	**144067**	**76062**	**49784**	**119730**	**68433**
按工业企业规模分组							
大型企业	578357	746043	72242	32676	26449	27341	12571
中型企业	680191	1059808	71825	43386	23334	92388	55862
按登记注册类型分组							
内资企业	896528	1340678	125500	68863	39505	96126	55011
国有(单位)	51038	55167	10215	5039	3980	1240	422
集体(单位)	2158	5638	774	110	663		
股份合作	6945	8032	406	285	121	771	31
国有联营		861					
集体联营	191	191	54	11	13		
国有与集体联营	2601	2601					
其他联营	402	489	6		6	294	87
国有独资公司	18283	27727	6154	1938	4183	1966	1140
其他有限责任公司	276714	407521	38026	24958	11384	38303	23859
股份有限公司	253808	371336	45009	22807	10562	19508	10146
私营独资	4670	8133	148	9	10	1067	564
私营合伙	1435	3028	751	496	254		
私营有限责任公司	259604	427420	22977	12929	8112	30454	16290
私营股份有限公司	18681	22535	983	282	216	2524	2471
港澳台商投资	177643	234140	9610	3360	5231	12361	6074
与港澳台商合资经营	50380	87420	3016	1375	775	5762	3421
与港澳台合作经营	1324	2438	63	48	15	680	
港、澳、台商独资经营	113676	127449	4722	524	4044	5623	2580
港、澳、台商投资股份有限公司	12263	16833	1809	1413	397	297	74
外商投资	184377	231033	8957	3840	5048	11243	7348
中外合资经营	56984	92914	7178	3081	4078	6293	3901
中外合作经营	5780	7194	72	72			
外资企业	110353	116072	1293	272	970	1908	848
外商投资股份有限公司	11259	14852	414	414		3042	2600

单位:万元

指标名称	内部支出中R&D经费支出	内部支出中新产品开发经费支出	外部支出			用于科研的基建经费支出	
				对研究所及高等院校的支出	对其他企业支出		土建工程
按国民经济行业大类分组							
黑色金属矿采选业	407		48		48		
有色金属矿采选业		496	70	70			
农副食品加工业	6656	8640	352	341	11	978	77
食品制造业	7086	7851	1121	936	185	1278	753
饮料制造业	25179	48220	1413	639	773	3659	1141
烟草制品业		1687	46	46			
纺织业	60924	116397	7281	4210	1098	12368	7155
纺织服装、鞋、帽制造业	17758	23294	153	35	118	2310	1910
皮革、毛皮、羽毛(绒)及其制品业	11953	33183	826	613	214	490	249
木材加工及木、竹、藤、棕、草制品业	5067	5942	138	51	35	588	440
家具制造业	2552	14110	160	35	35	452	49
造纸及纸制品业	10416	8061	558	160	385	1018	192
印刷业和记录媒介的复制	5767	7563	86	36	50	780	50
文教体育用品制造业	10332	16215	426	372	54	1265	289
石油加工、炼焦及核燃料加工业	932	330	2927	479	2448		
化学原料及化学制品制造业	87051	132914	7914	5294	2377	7221	3233
医药制造业	73510	79655	28389	20153	7108	5232	3294
化学纤维制造业	47250	57490	1073	845	212	3638	1975
橡胶制品业	28713	37696	1914	1039	4	2797	1354
塑料制品业	16364	32065	1260	411	849	4047	1243
非金属矿物制品业	20898	19443	2759	1576	325	1243	536
黑色金属冶炼及压延加工业	30462	28313	1993	704	1289	397	242
有色金属冶炼及压延加工业	20913	28205	1772	894	658	893	478
金属制品业	32376	46943	3336	1589	1612	1285	818
通用设备制造业	116883	182758	10219	6482	3244	10046	5415
专用设备制造业	55346	83182	7958	5960	1687	10379	7542
交通运输设备制造业	135455	197176	27339	7731	8773	7631	4385
电气机械及器材制造业	109920	198986	13171	7683	4921	12478	7901
通信设备、计算机及其他电子设备制造业	259144	298704	12459	4095	8311	12328	6471

4－5 续表 5

单位:万元

指标名称	内部支出中R&D经费支出	内部支出中新产品开发经费支出	外部支出	对研究所及高等院校的支出	对其他企业支出	用于科研的基建经费支出	土建工程
仪器仪表及文化、办公用机械制造业	39228	53280	2515	1350	1165	6569	4360
工艺品及其他制造业	12061	30233	761	205	556	5055	4655
电力、燃气及水的生产和供应业	7916	6811	3618	2013	1239	3306	2226
燃气生产和供应业			16	16			
水的生产和供应业	29	12					
按隶属关系分组							
中央	22337	20005	683	307	52	750	450
省	24515	26077	3448	1745	1404	1081	189
市	75830	92224	12360	7154	3896	6954	3422
县(市、区)	59319	102204	19103	10413	8690	8543	4750
街道	30231	39051	3709	2496	1213	4794	3627
镇	43251	60778	3578	2368	1106	4459	2980
乡	1070	1070	265	265			
村委会	1032	1900	207	109	98	47	35
其他	1000965	1462542	100714	51206	33326	93101	52981
按地区分组							
杭州市	443694	584659	46481	14784	18790	15410	4114
宁波市	193212	298960	14296	6678	7491	19027	12228
温州市	69535	136054	9288	6478	2426	10360	6722
嘉兴市	117416	138646	5786	3069	2499	15753	6179
湖州市	37977	64107	4891	3953	624	7386	4579
绍兴市	190096	296847	25762	18852	3588	23924	17914
金华市	84286	104725	8598	6820	863	11291	7001
衢州市	10142	14563	2383	1371	1012	2429	1131
舟山市	17125	21325	1266	742	492	1717	873
台州市	93626	141402	25043	13112	11931	11790	7589
丽水市	1441	4564	272	203	69	644	102

4－6 大中型工业企业科技成果情况

指标名称	新产品产值（万元）	新产品销售收入（万元）		专利申请数（件）		拥有发明专利数（件）
			出口		发明专利	
总计	**31227535**	**29468344**	**9041151**	**8752**	**1761**	**3032**
按工业企业规模分组						
大型企业	11780140	11021425	3051472	2112	650	628
中型企业	19447395	18446919	5989678	6640	1111	2404
按登记注册类型分组						
内资企业	24271100	22598828	6094508	6552	1126	2181
国有（单位）	877376	714193	68574	86	23	10
集体（单位）	363941	360920	44050	27		40
股份合作	206090	185574	42326	92	32	48
集体联营	451	371		1		
国有与集体联营	42582	41084		10	1	
其他联营	5474	5396	501			
国有独资公司	608592	564642	253731	70	14	12
其他有限责任公司	8351160	8055053	1959419	2000	346	547
股份有限公司	5693561	5246527	1184955	918	295	444
私营独资	110831	115270	31826	23	4	13
私营合伙	57455	59031	21907	8	1	1
私营有限责任公司	7600992	6927178	2375351	3209	378	1030
私营股份有限公司	352597	323592	111870	108	32	36
港澳台商投资	3186728	3064863	1125426	1262	490	441
与港澳台商合资经营	1964546	1879148	699324	587	176	327
与港澳台合作经营	51010	44318	8262	62	1	1
港、澳、台商独资经营	829104	805519	315471	603	305	112
港、澳、台商投资股份有限公司	342068	335877	102369	10	8	1
外商投资	3769707	3804653	1821217	938	145	410
中外合资经营	2121285	2195465	846008	531	88	250
中外合作经营	102240	100419	46282	7	6	10
外资企业	1337349	1307169	892123	386	48	136
外商投资股份有限公司	208833	201601	36804	14	3	14

4－6 续表1

指标名称	新产品产值（万元）	新产品销售收入（万元）		专利申请数（件）		拥有发明专利数（件）
			出口		发明专利	
按国民经济行业大类分组						
农副食品加工业	79687	66650	25095	20	9	13
食品制造业	135523	130858	50955	67	12	10
饮料制造业	683696	717343	12417	76	10	59
烟草制品业				8		
纺织业	3059355	2661626	839992	761	175	239
纺织服装、鞋、帽制造业	625928	592393	331301	23	1	
皮革、毛皮、羽毛(绒)及其制品业	916285	917000	519317	69	17	47
木材加工及木、竹、藤、棕、草制品业	113870	105919	34508	37	6	119
家具制造业	283606	256096	169038	143	17	61
造纸及纸制品业	348191	323393	53428	25	8	7
印刷业和记录媒介的复制	184545	179897	27204	28	7	15
文教体育用品制造业	191738	182621	131286	447	24	159
石油加工、炼焦及核燃料加工业	82	82		9	8	5
化学原料及化学制品制造业	1964917	1909170	321248	165	118	170
医药制造业	1178024	943826	356269	169	124	126
化学纤维制造业	2198402	2180478	160648	149	9	8
橡胶制品业	523332	494722	79276	18	6	9
塑料制品业	923785	931821	179666	201	28	76
非金属矿物制品业	717019	414581	130639	197	18	247
黑色金属冶炼及压延加工业	653640	642966	168482	28	7	10
有色金属冶炼及压延加工业	746362	728864	118773	42	24	18
金属制品业	928773	833435	294180	617	79	123
通用设备制造业	2297996	2310554	784552	816	166	299
专用设备制造业	1288341	1240532	348612	346	56	125
交通运输设备制造业	3311767	3134962	968243	840	99	169
电气机械及器材制造业	3971266	3825615	1382537	1901	217	392
通信设备、计算机及其他电子设备制造业	2458306	2385322	1127702	848	390	225

指标名称	新产品产值（万元）	新产品销售收入（万元）	出口	专利申请数（件）	发明专利	拥有发明专利数（件）
仪器仪表及文化、办公用机械制造业	855480	770762	227600	326	74	206
工艺品及其他制造业	537283	536589	188778	355	40	85
电力、燃气及水的生产和供应业	50336	50266	9404	21	12	10
按隶属关系分组						
中央	116815	111002	57752	71	20	9
省	331272	324945	22111	28	18	33
市	1711171	1506999	307659	140	39	25
县（市、区）	1810169	1765307	269218	597	60	129
街道	796741	746917	334287	226	43	132
镇	1114172	1103540	411102	289	80	72
乡	14610	14300	3190			
村委会	179842	178288	19547	53		1
其他	25152741	23717046	7616287	7348	1501	2631
按地区分组						
杭州市	6893334	6505622	958165	1519	523	690
宁波市	5139772	4918314	2160539	1944	272	432
温州市	2665899	2622138	576355	892	132	489
嘉兴市	3191577	3187635	1693349	452	58	133
湖州市	1276007	1268385	338344	178	62	198
绍兴市	7361339	6489108	1284625	1376	341	527
金华市	1481266	1461880	615263	1327	179	200
衢州市	229986	219622	44321	79	23	39
舟山市	363395	282782	233819	18	4	14
台州市	2550154	2441010	1125108	952	162	276
丽水市	74808	71847	11264	15	5	34

4－7 大中型工业企业科技项目情况

指标名称	科技项目数(项)	新产品开发项目数	R&D项目数	科技项目参加人员合计(人)	高中级技术职称人员	无高中级职称的大本及以上学历人员	参加项目人员实际工作时间(人年)	科技项目经费内部支出合计(万元)	R&D项目支出
总计	**8183**	**6699**	**4392**	**102566**	**30129**	**36680**	**71834**	**2006725**	**1229892**
按工业企业规模分组									
大型企业	1750	1423	962	30868	9753	12386	24015	805416	564618
中型企业	6433	5276	3430	71698	20376	24294	47818	1201309	665274
按登记注册类型分组									
内资企业	6385	5253	3521	76466	24325	25647	52733	1483023	870980
国有(单位)	387	222	199	3307	1864	710	1996	71423	46748
集体(单位)	26	25	3	559	39	82	322	5638	2158
股份合作	66	50	34	572	179	128	349	9464	6903
国有联营	8	8		30	30		8	861	
集体联营	4	4	4	59	16	25	48	191	191
国有与集体联营	20	20	20	103	26	31	69	2501	2501
其他联营	9	9	7	73	21	17	39	489	402
国有独资公司	181	152	114	1374	557	475	782	29075	18095
其他有限责任公司	2459	2084	1423	26434	8346	8769	18209	458063	271267
股份有限公司	975	810	545	14995	5316	5238	11607	402153	247176
私营独资	29	24	17	541	137	132	367	8560	4631
私营合伙	18	16	8	186	50	71	121	3126	1407
私营有限责任公司	2112	1756	1089	26260	7290	9112	17173	465238	250822
私营股份有限公司	91	73	58	1973	454	857	1646	26241	18681
港澳台商投资	834	703	385	12616	2915	5200	9206	245822	175783
与港澳台商合资经营	577	477	255	5843	1356	2058	3858	95406	48947
与港澳台合作经营	8	7	2	383	66	76	295	2938	1324
港、澳、台商独资经营	217	187	110	5835	1187	2860	4615	131180	113320
港、澳、台商投资股份有限公司	32	32	18	555	306	206	438	16298	12192
外商投资	964	743	486	13484	2889	5833	9895	277880	183129
中外合资经营	658	494	316	6496	1508	2262	4383	119956	55968
中外合作经营	11	7	5	449	79	100	197	7780	5780

指标名称	科技项目数(项)	新产品开发项目数	R&D项目数	科技项目参加人员合计(人)	高中级技术职称人员	无高中级职称的大本及以上学历人员	参加项目人员实际工作时间(人年)	科技项目经费内部支出合计(万元)	R&D项目支出
外资企业	223	188	122	5339	823	3309	4679	130622	110222
外商投资股份有限公司	72	54	43	1200	479	162	637	19522	11159
按国民经济行业大类分组									
黑色金属矿采选业	1		1	12	7	3	5	407	407
有色金属矿采选业	8	1		63	61	2	34	496	
农副食品加工业	75	56	52	555	173	179	324	9869	6596
食品制造业	60	39	33	670	185	173	378	10624	6994
饮料制造业	164	140	83	1419	553	500	832	53108	25039
烟草制品业	6	6		116	53	63	47	1687	
纺织业	586	476	242	8162	1852	2459	5679	126433	58675
纺织服装、鞋、帽制造业	126	81	39	2817	235	720	2356	29986	17719
皮革、毛皮、羽毛(绒)及其制品业	205	177	42	2942	382	751	2398	35268	11953
木材加工及木、竹、藤、棕、草制品业	29	21	17	401	69	102	235	7514	5042
家具制造业	56	52	12	1158	255	385	768	14781	2552
造纸及纸制品业	82	55	40	1138	568	357	743	14785	10411
印刷业和记录媒介的复制	28	17	14	755	136	237	502	8621	5679
文教体育用品制造业	109	96	47	1365	303	555	1093	20409	10287
石油加工、炼焦及核燃料加工业	56	12	23	205	76	29	54	2927	932
化学原料及化学制品制造业	574	432	339	5651	2397	1895	4175	157329	84863
医药制造业	415	361	333	5513	1486	2159	4435	86690	71696
化学纤维制造业	99	83	63	2461	784	976	1727	61188	47137
橡胶制品业	45	39	29	1233	428	451	1000	42815	28711
塑料制品业	223	166	101	2346	607	848	1390	37611	16171
非金属矿物制品业	123	77	56	1508	463	465	1068	31419	20735
黑色金属冶炼及压延加工业	135	87	87	1019	564	140	534	34958	26121
有色金属冶炼及压延加工业	88	73	59	1187	378	406	852	32143	20913
金属制品业	319	279	127	3074	869	1060	2055	49376	28579
通用设备制造业	1178	979	646	11133	3723	3429	7227	206917	115899
专用设备制造业	378	315	249	4208	1410	1360	2907	86255	55081
交通运输设备制造业	638	572	340	9565	2689	3444	6637	212959	129944

指标名称	科技项目数(项)	新产品开发项目数	R&D项目数	科技项目参加人员合计(人)	高中级技术职称人员	无高中级职称的大本及以上学历人员	参加项目人员实际工作时间(人年)	科技项目经费内部支出合计(万元)	R&D项目支出
电气机械及器材制造业	1039	885	511	10699	3492	3915	6947	216219	107773
通信设备、计算机及其他电子设备制造业	567	523	393	13987	3864	7099	11090	310425	256540
仪器仪表及文化、办公用机械制造业	477	447	337	3772	1026	1528	2672	53564	38288
工艺品及其他制造业	125	95	40	2154	309	815	1075	34255	11224
电力、燃气及水的生产和供应业	151	55	33	1214	687	164	563	15546	7901
燃气生产和供应业	5			14	12		4	25	
水的生产和供应业	13	2	4	50	33	11	29	117	29
按隶属关系分组									
中央	176	92	82	1828	1007	520	1343	30213	22166
省	280	179	144	1989	1111	277	1071	34024	19430
市	540	432	355	4167	1787	1328	2782	98758	71483
县(市、区)	483	433	287	4972	1550	1653	3488	108069	58997
街道	241	205	136	2316	966	646	1765	42957	29721
镇	216	188	142	3760	815	1268	2362	68443	43060
乡	6	3	3	47	11	16	47	1154	1070
村委会	7	6	2	142	35	63	103	1900	1032
其他	6234	5161	3241	83345	22847	30909	58873	1621207	982934
按项目来源分组									
国家科技项目	280	235	203	6144	2243	1889	4467	126938	94408
地方科技项目	1186	1006	768	17274	5812	5882	12463	353264	252503
其他企业委托科技项目	228	197	130	1694	505	577	841	26357	16332
本企业自选科技项目	6243	5078	3181	73579	20690	26793	51597	1436148	830473
来自国外的科技项目	103	86	43	881	234	256	495	19951	5485
其他科技项目	143	97	67	2994	645	1283	1970	44067	30692
按项目合作形式分组									
与境外机构合作	131	112	63	2088	434	873	1251	55171	33732
与国内高校合作	595	453	395	7936	2832	2778	5682	163373	116235
与国内独立研究院所合作	315	245	174	3975	1477	1287	2608	63030	34198
与境内注册的外商独资企业合作	56	49	29	563	226	216	307	13863	8668
与境内注册的其他企业合作	238	117	98	2126	852	597	1150	32378	15483

指标名称	科技项目数(项)	新产品开发项目数	R&D项目数	科技项目参加人员合计(人)	高中级技术职称人员	无高中级职称的大本及以上学历人员	参加项目人员实际工作时间(人年)	科技项目经费内部支出合计(万元)	R&D项目支出
以本企业所办科技机构为主完成	4133	3647	2350	55183	16207	20717	40211	1163510	750636
由本企业有关部门组成联合攻关小组协作完成	2495	1934	1202	27874	7491	9311	18616	473001	252007
其他	220	142	81	2821	610	901	2010	42399	18934
按项目活动类型分组									
应用研究	12	2	12	397	333	10	377	6323	6323
试验发展	4380	3759	4380	59567	17699	22600	43146	1223569	1223569
研究与试验发展成果应用	3791	2938		42602	12097	14070	28311	776833	
按项目技术经济目标分组									
开发全新产品	4422	4422	2633	55201	16506	18828	39440	1099482	707723
增加已有产品的功能	818	818	408	11556	2765	5619	8351	234032	157939
提高产品性能	1459	1459	720	19233	5671	6999	13416	392774	228200
提高劳动生产率	546		197	6156	1827	2040	3985	110878	48555
减少能源消耗	220		108	2428	836	780	1512	38235	20418
节约原材料	144		59	1552	545	416	1002	29318	15639
减少环境污染	170		75	2272	639	724	1180	35278	21170
其他	404		192	4168	1340	1274	2949	66729	30247
按地区分组									
杭州市	1580	1287	810	22907	7252	11008	17838	628560	432819
宁波市	1431	1119	806	16687	4770	6576	11345	338154	191098
温州市	798	668	360	10152	3095	3545	6900	151729	68787
嘉兴市	780	612	430	11311	3226	2384	7879	165523	116838
湖州市	261	222	120	3357	1007	1143	2157	70665	36063
绍兴市	758	593	377	14886	4453	4574	10941	328511	184059
金华市	492	422	282	8055	2273	2697	5440	119149	80103
衢州市	190	117	100	1872	852	331	1088	20360	10142
舟山市	66	54	44	1008	300	232	737	23681	17097
台州市	1736	1541	1046	11890	2723	4074	7278	154224	92220
丽水市	91	64	17	441	178	116	232	6169	667

4－8 大中型工业企业技术改造、技术获取及减免税情况

单位:万元

指标名称	技术改造经费支出	技术引进经费支出	引进设计、图纸、工艺配方、专利的支出	消化吸收经费支出	购买国内技术经费支出	享受各级政府对技术开发减免税
总　计	**2535296**	**175181**	**52084**	**76518**	**86352**	**28822**
按工业企业规模分组						
大型企业	1205156	86634	22852	28721	42673	6721
中型企业	1330140	88547	29232	47797	43679	22102
按登记注册类型分组						
内资企业	2137043	115724	27310	61972	73156	24587
国有(单位)	204645	1837	186	825	16214	486
集体(单位)	2555	135	135	98	173	805
股份合作	3865	295	71	331	494	
国有与集体联营	738					
其他联营	294				24	25
国有独资公司	36568	4954	3949	1982	699	380
其他有限责任公司	733516	37782	13555	18432	17027	6641
股份有限公司	605781	48394	3284	23975	11807	6864
私营独资	10514	334	93	132	30	174
私营合伙	1097	821	250	52	255	
私营有限责任公司	481867	20387	5560	14602	23681	9213
私营股份有限公司	55603	786	228	1543	2751	
港澳台商投资	151786	13408	3121	3748	4537	2436
与港澳台商合资经营	67065	5740	2729	2724	3287	784
与港澳台合作经营	216			29	30	
港、澳、台商独资经营	57987	7122	53	649	413	111
港、澳、台商投资股份有限公司	26519	546	339	347	808	1541
外商投资	246467	46049	21653	10798	8660	1800
中外合资经营	206341	20015	7001	7062	7832	1627
中外合作经营	358	260	120	100	78	
外资企业	26750	25775	14533	2746	749	173

指标名称	技术改造经费支出	技术引进经费支出	引进设计、图纸、工艺配方、专利的支出	消化吸收经费支出	购买国内技术经费支出	享受各级政府对技术开发减免税
外商投资股份有限公司	13019			890		
按国民经济行业大类分组						
黑色金属矿采选业	325			46		
有色金属矿采选业	1000					
农副食品加工业	17908	15	7	86		4
食品制造业	21866	1068	90	1266	1084	184
饮料制造业	102685	9559	12	975	4	
烟草制品业	30212					
纺织业	130915	13390	2507	5727	4836	61
纺织服装、鞋、帽制造业	43492	1103	318	944	1126	
皮革、毛皮、羽毛(绒)及其制品业	26036	2478	456	2262	1085	398
木材加工及木、竹、藤、棕、草制品业	2618	250	250	120	270	84
家具制造业	16833	584	260	584	7762	320
造纸及纸制品业	32269	165	95	863	122	
印刷业和记录媒介的复制	10050	1796	375	447	696	
文教体育用品制造业	12555	2140	130	896	980	52
石油加工、炼焦及核燃料加工业	145777				320	2000
化学原料及化学制品制造业	188141	9249	5648	9232	1812	4843
医药制造业	96286	6151	3059	5734	8804	1169
化学纤维制造业	177119	13736	621	4711	2251	944
橡胶制品业	74667	4493	3688	1541	380	1408
塑料制品业	38235	1764	736	897	631	528
非金属矿物制品业	180767	5190	558	2076	3263	1292
黑色金属冶炼及压延加工业	70959	2478	987	2806	16228	500
有色金属冶炼及压延加工业	90857	3209	2254	2238	2773	347
金属制品业	33900	1660	874	1225	650	154
通用设备制造业	209941	13601	6468	5661	6809	4140
专用设备制造业	94441	5513	2281	3541	1486	4803
交通运输设备制造业	194593	40267	5906	10836	7540	2128
电气机械及器材制造业	264695	18703	8428	5952	5993	1696

指标名称	技术改造经费支出	技术引进经费支出	引进设计、图纸、工艺配方、专利的支出	消化吸收经费支出	购买国内技术经费支出	享受各级政府对技术开发减免税
通信设备、计算机及其他电子设备制造业	93729	11366	4304	3630	4286	1163
仪器仪表及文化、办公用机械制造业	40285	3076	835	777	1766	493
工艺品及其他制造业	12821	1555	625	1153	2236	113
电力、燃气及水的生产和供应业	79320	625	313	292	1161	
燃气生产和供应业					2	
按隶属关系分组						
中央	67208	179	145	86	20	
省	169846	3772	907	479	15827	640
市	147070	5469	1884	3650	2878	1378
县(市、区)	185001	12506	5836	3667	5978	1713
街道	47456	4277	1640	4386	1255	353
镇	78901	9642	1904	1403	2455	1227
乡	4962					
村委会	3617	22	22	9		
其他	1831235	139314	39746	62838	57939	23512
按地区分组						
杭州市	613766	53298	8867	18485	21573	5331
宁波市	470584	21366	5909	11933	23344	4475
温州市	109347	8296	1966	3452	4287	1708
嘉兴市	320777	37982	14964	10319	5788	2605
湖州市	119691	2032	1140	1886	671	2477
绍兴市	439720	18561	6736	13860	12433	2599
金华市	124832	9073	3098	5236	6056	6289
衢州市	106846	9311	196	3514	432	1489
舟山市	35974	4185	2316	2534	1972	120
台州市	177025	11076	6893	5280	9734	1398
丽水市	16734			20	63	331

4－9　大中型工业企业办科技机构情况

指标名称	机构数（个）	科技活动人员（人）	博士毕业	硕士毕业	科技经费内部支出（万元）	年末固定资产原价（万元）	仪器设备
总　计	**1603**	**78235**	**917**	**3813**	**1329659**	**2307004**	**983654**
按工业企业规模分组							
大型企业	199	22345	289	1483	507480	774660	330347
中型企业	1404	55890	628	2330	822179	1532344	653307
按登记注册类型分组							
内资企业	1246	61702	818	3041	1022428	1899059	780187
国有(单位)	26	2045	16	146	43672	44735	20327
集体(单位)	7	89	11	8	1387	3561	1627
股份合作	17	354		8	4756	12932	5583
国有联营	1	30		7	861	4464	775
国有与集体联营	2	170		4	2601	3489	1069
其他联营	2	99	2	2	489	815	455
国有独资公司	13	883	6	16	20603	36641	11081
其他有限责任公司	414	22877	337	1026	341206	635535	268247
股份有限公司	166	11695	237	1101	279916	568475	250906
私营独资	16	509	3	13	6270	15057	4645
私营合伙	5	163			1332	1941	915
私营有限责任公司	562	21262	194	606	296844	554914	208191
私营股份有限公司	15	1526	12	104	22492	16501	6366
港澳台商投资	174	7151	49	194	102323	180221	88137
与港澳台商合资经营	118	3996	22	147	51737	109434	58426
与港澳台合作经营	2	108		3	2260	13643	2690
港、澳、台商独资经营	49	2387	10	25	31571	36923	14707
港、澳、台商投资股份有限公司	5	660	17	19	16755	20220	12314
外商投资	183	9382	50	578	204908	227725	115331
中外合资经营	124	3699	30	149	82654	123215	49727
中外合作经营	4	488	3		7594	12956	2698
外资企业	46	4533	15	415	103199	76114	53169
外商投资股份有限公司	9	662	2	14	11461	15440	9737

4－9 续表1

指标名称	机构数（个）	科技活动人员（人）	博士毕业	硕士毕业	科技经费内部支出（万元）	年末固定资产原价（万元）	仪器设备
按国民经济行业大类分组							
有色金属矿采选业	1	8			216	350	300
农副食品加工业	22	428	10	25	7812	10775	4211
食品制造业	17	669	17	23	6433	11001	7190
饮料制造业	13	741	14	53	42440	24519	15007
烟草制品业	1	56	1	12	633	3680	3680
纺织业	179	6411	56	148	87020	160879	60964
纺织服装、鞋、帽制造业	39	1072	11	31	10247	27387	6600
皮革、毛皮、羽毛(绒)及其制品业	53	2353	7	28	29224	45751	16561
木材加工及木、竹、藤、棕、草制品业	8	241	4	6	2766	9457	2904
家具制造业	15	769	1	7	9177	12918	3758
造纸及纸制品业	16	737	10	94	12466	106450	33391
印刷业和记录媒介的复制	12	537	5	16	6760	25182	8909
文教体育用品制造业	25	1106	9	44	12776	19179	8573
石油加工、炼焦及核燃料加工业	2	105		6	290	7672	5880
化学原料及化学制品制造业	87	4824	91	217	125505	204505	121097
医药制造业	76	4041	119	325	73459	121387	68113
化学纤维制造业	25	1359	20	48	33003	155055	46137
橡胶制品业	12	1154	9	30	39209	23429	14201
塑料制品业	50	1385	19	59	24317	62969	22028
非金属矿物制品业	35	1130	23	40	20517	25745	11450
黑色金属冶炼及压延加工业	15	636	3	16	9399	43790	12849
有色金属冶炼及压延加工业	19	1057	15	36	21698	70719	24109
金属制品业	56	2592	19	98	35382	47884	18830
通用设备制造业	195	8764	66	237	130570	222306	93856
专用设备制造业	78	3510	28	114	73983	81407	41511
交通运输设备制造业	127	6804	72	201	107790	243495	98837
电气机械及器材制造业	208	9922	122	370	157884	234514	93949
通信设备、计算机及其他电子设备制造业	106	10243	81	1252	186567	190143	103134

4－9　续表2

指标名称	机构数（个）	科技活动人员（人）			科技经费内部支出（万元）	年末固定资产原价（万元）	
			博士毕业	硕士毕业			仪器设备
仪器仪表及文化、办公用机械制造业	66	3231	54	135	33119	53325	16802
工艺品及其他制造业	35	1731	22	36	21172	27995	8564
电力、燃气及水的生产和供应业	9	592	8	101	7825	32854	10176
水的生产和供应业	1	27	1	5	3	284	85
按隶属关系分组							
中央	19	1318	12	166	15945	30970	16015
省	26	964	10	38	13215	24926	8916
市	59	3632	31	214	76460	41205	26828
县（市、区）	67	4021	73	243	87331	125155	70261
街道	50	2458	35	111	34154	63721	29210
镇	56	3039	58	117	44908	88234	29968
乡	1	25		1	1085	650	230
村委会	4	110	1	6	1544	1443	921
其他	1321	62668	697	2917	1055017	1930701	801305
按地区分组							
杭州市	239	15900	167	1265	332389	397371	192140
宁波市	307	12562	82	687	228330	289849	141149
温州市	188	9056	84	215	115892	140853	74786
嘉兴市	167	9142	73	353	123075	235621	104083
湖州市	71	3391	81	149	56955	81365	36176
绍兴市	239	11552	163	489	241291	680447	220476
金华市	128	5733	112	280	76764	132217	62521
衢州市	33	1117	15	26	12466	23412	12226
舟山市	18	929	6	34	20664	22965	15505
台州市	204	8717	130	302	118956	293241	121292
丽水市	9	136	4	13	2877	9664	3301

五、高等院校

5－1　高等院校基本情况(1978—2006)

年份	学校数（所）	招生数（人）		在校学生数（人）		毕业生数（人）		教职员工数（人）	
		本专科	研究生	本专科	研究生	本专科	研究生		＃专任教师
1978	20	14241		24223		3743		11961	5389
1979	20	9498		32227		1013		13889	6275
1980	22	9387		37815		3710		15619	6886
1981	22	9208		41020		5852		16365	6933
1982	22	10162		36088		14968		18181	7701
1983	24	12750		39008		10411		19274	8219
1984	27	15030		44883		9002		20431	8690
1985	35	19026		52688		11044		22497	9908
1986	37	17877		57352		13027		24723	10804
1987	37	18190		60072		15017		25620	11223
1988	37	19364		60419		18712		26472	11578
1989	37	18270		61045		17323		26772	11574
1990	37	18264		60327		18417		26787	11578
1991	36	18651		59822		18175		27004	11208
1992	35	21217		62226		18267		27821	11105
1993	36	27716		73586		15971		27898	11148
1994	37	30482		87428		17895		28212	11345
1995	37	28094		92857		22443		28194	11491
1996	36	30541		96480		27133		28107	11530
1997	35	33145		102302		26386		28123	11595
1998	32	36668	2155	113543	5991	24296		28327	11816
1999	36	59300	3216	151318	7460	30561	1578	30532	13140
2000	35	93516	4130	212375	9895	32477	1600	40037	18981
2001	38	120195	5577	293078	13237	37230	1882	44347	22168
2002	60	152470	6111	393145	16297	48431	2645	48481	25993
2003	64	173519	6863	484639	19269	78685	3514	48691	29945
2004	68	195617	8029	572759	22062	103123	4858	60833	35766
2005	67	215362	9577	651307	25637	133051	5558	58924	38402
2006	68	237157	10996	719869	27125	162531	8731	69730	42143

5－2　高等院校分类情况(2006年)

分　　类	学校数(所)	本、专科学生(人)			教　职员工数(人)	
		毕业生数	招生数	在　校学生数		#专任教师
总计	**68**	**162531**	**237157**	**719869**	**76486**	**46329**
一、普通高校	68	157252	235001	704532	69730	42143
大学	10	33714	36624	132709	21209	10838
学院	17	38619	53726	178756	18055	10679
高等专科学校	5	5996	7929	21809	2092	1332
高等职业学院	36	52894	86682	211156	16815	11168
独立学院	20	22395	43989	144400	8374	6530
分校大专班	11	3634	6051	15702	3185	1596
二、成人高校举办普专班		5279	2156	15337	6756	4186

5－3　高等院校自然科学领域教学与科研人员情况(一)

单位:人

	合　计	其中:女性	教　　师					
			小计	教授	副教授	讲师	助教	其他
合　　计	**29704**	**14929**	**12928**	**2339**	**3951**	**4043**	**2100**	**495**
自然科学	4045	1341	3142	676	1098	840	381	147
工程与技术	8534	2784	5658	888	1679	2024	890	177
医药科学	13687	9156	2947	551	788	853	622	133
农业科学	1028	347	597	187	203	135	59	13
其　他	2410	1301	584	37	183	191	148	25
博士研究生	3881	774	3120	1154	1227	631	30	78
硕士研究生	6795	2676	4268	507	1088	1575	769	329
大学本科	11033	5303	4780	652	1557	1542	941	88
大学专科	4708	3585	570	21	68	211	270	
中　专	2302	1997	172	5	11	74	82	
高中及以下	985	594	18			10	8	
30岁及以下	10031	6543	3358	4	104	1034	1777	439
31－35岁	5515	2670	2501	32	590	1608	220	51
36－40岁	4326	1998	2031	247	994	753	33	4
41－45岁	4719	1751	2720	910	1376	398	36	
46－55岁	3951	1774	1694	753	704	207	29	1
56－60岁	792	134	377	175	159	38	5	
61岁及以上	370	59	247	218	24	5		

5-4 高等院校自然科学领域教学与科研人员情况(二)

单位:人

	其他技术职务系列人员					辅助人员
	小计	高级	中级	初级	其他	
合　计	**16776**	**3106**	**5184**	**6409**	**912**	**1165**
自然科学	903	333	295	161	74	40
工程与技术	2876	696	1094	689	184	213
医药科学	10740	1647	3082	4956	503	552
农业科学	431	146	133	68	43	41
其　他	1826	284	580	535	108	319
博士研究生	761	435	192	42	92	
硕士研究生	2527	666	866	663	332	
大学本科	6253	1633	2110	2024	486	
大学专科	4138	274	1318	2144	2	400
中　专	2130	80	555	1308		187
高中及以下	967	18	143	228		578
30岁及以下	6673	23	638	4852	817	343
31-35岁	3014	253	1759	839	52	111
36-40岁	2295	759	1157	249	18	112
41-45岁	1999	987	691	160	10	151
46-55岁	2257	748	836	264	12	397
56-60岁	415	222	100	43	3	47
61岁及以上	123	114	3	2		4

5－5　高等院校自然科学领域教学与科研人员情况(三)

单位:人

	总　计	科学家和工程师				技术员	辅助人员
		小计	高级	中级	初级		
合　　计	**29704**	**27627**	**9396**	**9227**	**9004**	**912**	**1165**
自然科学	4045	3931	2107	1135	689	74	40
工程与技术	8534	8137	3263	3118	1756	184	213
医药科学	13687	12632	2986	3935	5711	503	552
农业科学	1028	944	536	268	140	43	41
其　他	2410	1983	504	771	708	108	319
博士研究生	3881	3789	2816	823	150	92	
硕士研究生	6795	6463	2261	2441	1761	332	
大学本科	11033	10547	3842	3652	3053	486	
大学专科	4708	4306	363	1529	2414	2	400
中　专	2302	2115	96	629	1390		187
高中及以下	985	407	18	153	236		578
30 岁及以下	10031	8871	131	1672	7068	817	343
31～35 岁	5515	5352	875	3367	1110	52	111
36～40 岁	4326	4196	2000	1910	286	18	112
41～45 岁	4719	4558	3273	1089	196	10	151
46～55 岁	3951	3542	2205	1043	294	12	397
56～60 岁	792	742	556	138	48	3	47
61 岁及以上	370	366	356	8	2		4

5-6　高等院校自然科学领域科技活动经费情况

单位：千元

经费名称	经费数	经费名称	经费数
一、上年结转经费	1802336	三、当年经费支出合计	2242192
二、当年拨入经费合计	2862579	其中：R&D经费支出合计	1336367
其中：R&D经费拨入合计	2223056	转拨给外单位经费	81385
科研事业费	119580	内部支出经费合计	2160807
其中：科研人员工资1	5480	人员劳务费	385880
科研人员工资2	99448	业务费	1003062
主管部门专项费	348237	固定资产购置费	585886
其中：平台建设经费	191630	其中：　仪器设备费	493414
人才队伍建设经费	66436	上缴税金	35007
其他学科建设经费	78927	管理费	79575
国家发改委、科技部专项费	186601	其　他	71397
国家自然科学基金项目费	162955	四、当年结余经费合计	2422723
国务院其他部门专项费	74538	银行存款	2248192
省、市、自治区专项费	668686	暂付款	172375
企、事业单位委托经费	1040875	其　他	2156
其中：进入学校财务	929434	附：当年科研基建投入(千元)	19350
当年学校科技活动经费	254340	当年科研基建支出(千元)	16930
其中：为国家科技计划项目配套	34812	在岗人员人均年工资(千元)	620
金融机构贷款			
国外资金	5726		
其他资金	1041		

5－7　高等院校自然科学领域科技活动机构情况(一)

	机构数（个）	从业人员（人）	科技活动人员（人年）	其中：高级职称	其中：中级职称	研究生（人）
合计	**125**	**3561**	**2258.7**	**1170.4**	**551.6**	**6719**
R&D机构	108	3117	2030.4	1068.5	479.3	6559
其他机构	17	444	228.3	101.9	72.3	160
国家级机构	20	896	581.3	338.4	110.1	2615
省部级机构	65	2004	1312.4	668.0	317.9	3860
其他主管部门机构	40	661	365.0	164.0	123.6	244
本校独办	107	3149	2058.7	1054.3	504.6	6231
校际联合	5	92	73.0	52.0	12.0	273
与国内企业合办	11	284	101.0	47.1	31.0	193
与国外企业合办	2	36	26.0	17.0	4.0	22

5－8　高等院校自然科学领域科技活动机构情况(二)

	内部支出（千元）	其中：R&D支出	承担课题数（项）	固定资产原值（千元）	其中:仪器设备（千元）
合　计	**488391**	**337352**	**4353**	**1330806**	**948013**
R&D机构	461273	323736	4132	1269572	917063
其他机构	27118	13616	221	61234	30950
国家级机构	228715	156418	1260	328334	244027
省部级机构	189393	144015	2385	880173	615305
其他主管部门机构	70283	36919	708	122299	88681
本校独办	435082	291118	3848	1147394	840446
校际联合	16242	11977	219	73820	61405
与国内企业合办	36167	33517	239	105192	42262
与国外企业合办	900	740	47	4400	3900

5－9 高等院校自然科学领域科技项目情况(一)

研究类别	课题数(项)	当年投入经费(千元)	当年支出经费(千元)	当年投入人员(人年)	其中:女	高级职务	中级职务	初级职务	其 他	参与项目的研究生人数(人)
合 计	**19896**	**1930306**	**1267627**	**8843.9**	**2254.3**	**4131.4**	**2951.2**	**1396.8**	**364.5**	**21740**
按研究类型分										
基础研究	4781	302564	182857	2311.9	639.9	1033.9	771.1	377.2	129.7	6636
应用研究	7181	806209	502419	3841.9	973.7	1644.1	1338.9	715.3	143.6	4787
试验与发展	2906	305171	217511	1195.4	287.2	702.7	351.5	97.1	44.1	4684
R&D成果应用	2646	306805	211074	790.8	180.1	431.5	243.6	84.3	31.4	3333
其他科技服务	2382	209557	153766	703.9	173.4	319.2	246.1	122.9	15.7	2300
按学科分										
自然科学	2833	221342	123190	1368.9	289.8	698.2	460.0	166.2	44.5	3204
工程与技术	10721	1276085	839741	4616.1	1094.5	2259.0	1592.2	598.1	166.8	12680
医药科学	4720	286420	225098	2235.0	736.1	834.4	704.9	563.5	132.2	3537
农业科学	1622	146459	79598	623.9	133.9	339.8	194.1	69.0	21.0	2319

5－10 高等院校自然科学领域科技项目情况(二)

研究类别	课题数(项)	当年投入经费(千元)	当年支出经费(千元)	当年投入人员(人年)	其中:女	高级职务	中级职务	初级职务	其 他	参与项目的研究生人数(人)
合 计	**19896**	**1930306**	**1267627**	**8843.9**	**2254.3**	**4131.4**	**2951.2**	**1396.8**	**364.5**	**21740**
“973”计划	105	27596	21890	91.9	24.9	57.6	23.4	8.2	2.7	393
国家科技攻关计划	45	26069	9039	41.6	14	16.2	14	9.9	1.5	97
“863 ”计划	157	110819	9458	88	21.4	41.6	27.9	12.4	6.1	135
国家自然科学基金项目	1379	182975	107033	769.9	209.6	402.8	246.9	84.2	36.0	3076
主管部门科技项目	1149	27545	14546	330.7	64.2	134.5	136.5	52.1	7.6	1208
国家部委其他科技项目	508	60753	36066	262.1	60.5	136.3	80.0	34.7	11.1	683
省、市、自治区科技项目	5698	406344	263264	3206.9	851.2	1414.6	1085.0	538.0	169.3	4689
企事业单位委托科技项目	8650	1008569	756758	3198.6	773.3	1588.4	1003.3	512.1	94.8	10546
国际合作项目	168	48145	28166	121.9	29.5	78.9	33.4	5.2	4.4	569
自选课题	2030	31019	21221	728.8	205.6	258	299.9	139.9	31.0	338
其他课题	7	472	186	3.5	0.1	2.5	0.9	0.1		6

5－11 高等院校自然科学领域科技交流情况

形　式	合　计	国(境)内	国(境)外
合作研究 |派　遣|(人次)	1239	675	564
合作研究 |接　受|(人)	1448	996	452
国际学术会议 |出席人员|(人次)	8211	5757	2454
国际学术会议 |交流论文|(篇)	3953	2611	1342
国际学术会议 |特邀报告|(篇)	351	203	148
国际学术会议 |主　办|(次)	95	89	6

5－12 高等院校自然科学领域技术转让与知识产权情况(一)

受让方类型	合同数(项)	合同金额(千元)	当年实际收入(千元)
合　计	**502**	**107867**	**62196**
其中:专利出售	87	24329	16409
其他知识产权出售	199	64780	34634
国有企业	62	14167	10941
外资企业	49	6865	5255
民营企业	369	75959	42018
其　他	22	10876	3982

5-13 高等院校自然科学领域技术转让与知识产权情况(二)

知识产权类别	申请数（项）	授权数（项）	专利拥有数（项）
合　计	**2122**	**1164**	**2782**
其中:国外		1	2
发明专利	1681	525	1122
实用新型	391	358	895
外观设计	50	27	170
其他知识产权		254	595

5-14 高等院校自然科学领域科技成果情况

学科门类	发表学术论文(篇)		三大检索收录论文数		
	合计	国外学术刊物发表	SCIE 科学	EI 工程	ISTP 国际会议论文集
合　计	**26993**	**6278**	**4358**	**3764**	**1826**
自然科学	5317	1782	1476	507	138
工程与技术	11406	2799	1794	2884	1468
医药科学	7475	803	575	122	142
农业科学	2795	894	513	251	78

5-14　续表1

	科技专著				大专院校教科书		编著	
			国(境)外出版					
	部	千字	部	千字	部	千字	部	千字
合　计	**76**	**14802**	**6**	**105**	**230**	**38345**	**195**	**23128**
自然科学	9	1575	2	25	19	4075	24	3059
工程与技术	31	5046	4	80	143	28972	101	13059
医药科学	25	7297			62	4876	53	6191
农业科学	11	884			6	422	17	819

5－14　续表 2

国家级项目验收(项)						
合　计		项目来源				
	其中:与其他单位合作	"973"计划	国家科技攻关计划	"863"计划	国家自然科学基金重点项目	军工项目
118	**56**	**32**	**10**	**23**	**38**	**15**

5－14　续表 3

鉴定成果(项)					
合　计		鉴定结论			
	其中:与其他单位合作	国际水平	国内首创	国内先进	其　　他
380	**59**	**126**	**118**	**109**	**27**

六、高技术产业

6-1　高技术产业从业人员及工程技术人员情况

单位:人

指标名称	从业人员年平均人数	工程技术人员
总　计	**545166**	**59702**
按高技术行业分组		
核燃料加工		
信息化学品制造业	5646	1343
医药制造业	102141	13780
#化学药品制造业	70975	10281
中成药制造业	9927	2110
生物、生化制品的制造业	10506	811
航空航天器制造业	324	43
飞机制造及修理业	182	14
其他飞行器制造业	142	29
电子及通信设备制造业	267867	23206
通信设备制造业	41153	6390
#通信传输设备制造业	6353	2044
通信交换设备制造业	3137	334
通信终端设备制造业	3711	1050
移动通信及终端设备制造业	23938	2802
雷达及配套设备制造业	200	
广播电视设备制造业	14566	995
电子器件制造业	32459	3614
电子真空器件制造业	1701	121
半导体分立器件制造业	8415	679
集成电路制造业	9516	1746
光电子器件及其他电子器件制造业	12827	1068
电子元件制造业	151021	9706
家用视听设备制造业	19991	1392

单位:人

指标名称	从业人员年平均人数	工程技术人员
其他电子设备制造业	8477	1109
电子计算机及办公设备制造业	34687	5206
电子计算机整机制造业	4132	976
计算机网络设备制造业	7437	2739
电子计算机外部设备制造业	19997	1108
办公设备制造业	3121	383
医疗设备及仪器仪表制造业	112779	10500
医疗设备及器械制造业	15781	1445
仪器仪表制造业	96998	9055
公共软件服务业	21722	5624
按企业登记注册类型分组		
国有	8155	1781
集体	6147	490
股份	48414	7916
私营	150847	14610
三资	192456	19601
按地区分组		
杭州市	122495	21679
宁波市	122994	8470
温州市	54015	4389
嘉兴市	63737	5886
湖州市	15573	1103
绍兴市	35523	4438
金华市	56098	5584
衢州市	4503	550
舟山市	1159	97
台州市	66089	7127
丽水市	2980	379

6-2 高技术产业生产经营情况(一)

单位:万元

指标名称	企业数(个)	总产值(当年价格)	增加值
总　计	**2888**	**24737619**	**4690190**
按高技术行业分组			
核燃料加工			
信息化学品制造业	35	387263	118204
医药制造业	434	4854222	1311636
#化学药品制造业	227	3411422	899155
中成药制造业	43	416993	146415
生物、生化制品的制造业	58	685836	193336
航空航天器制造业	5	6208	1479
飞机制造及修理业	3	2302	580
其他飞行器制造业	2	3906	899
电子及通信设备制造业	1227	12829683	1846475
通信设备制造业	170	7537124	626512
#通信传输设备制造业	39	604658	112631
通信交换设备制造业	29	87489	21386
通信终端设备制造业	20	82305	17881
移动通信及终端设备制造业	38	6666250	447172
雷达及配套设备制造业	1	3180	711
广播电视设备制造业	85	371699	83216
电子器件制造业	165	963475	211120
电子真空器件制造业	15	26685	7264
半导体分立器件制造业	43	316612	67529
集成电路制造业	38	329063	76986
光电子器件及其他电子器件制造业	69	291115	59341
电子元件制造业	656	3159051	791801
家用视听设备制造业	87	542078	79657

单位:万元

指标名称	企业数（个）	总产值（当年价格）	增加值
其他电子设备制造业	63	253077	53458
电子计算机及办公设备制造业	105	3064681	451373
电子计算机整机制造业	7	1126221	63135
计算机网络设备制造业	20	559107	236041
电子计算机外部设备制造业	49	1317547	134702
办公设备制造业	29	61808	17495
医疗设备及仪器仪表制造业	652	3595562	961023
医疗设备及器械制造业	81	392670	124207
仪器仪表制造业	571	3202892	836816
公共软件服务业	430		
按企业登记注册类型分组			
国有	33	402590	102513
集体	31	119964	29850
股份	57	2619935	695315
私营	1412	3771765	882340
三资	650	13319560	1822582
按地区分组			
杭州市	768	11736348	1731814
宁波市	758	4160931	733288
温州市	339	1153455	311336
嘉兴市	245	1338280	351306
湖州市	85	948458	264492
绍兴市	160	1330427	284579
金华市	167	1409484	386949
衢州市	36	143179	47769
舟山市	19	33222	8460
台州市	287	2419615	550348
丽水市	24	64221	19849

6-3 高技术产业生产经营情况(二)

单位:万元

指标名称	主营业务收入	利润总额	利税	出口交货值
总计	**24460511**	**1233953**	**1832190**	**12659533**
按高技术行业分组				
核燃料加工				
信息化学品制造业	394085	48345	58773	125445
医药制造业	4622284	382079	612936	1654529
#化学药品制造业	3201817	252251	412620	1243878
中成药制造业	422001	56791	95498	64753
生物、生化制品的制造业	700499	55951	76898	276137
航空航天器制造业	5665	670	998	780
飞机制造及修理业	2263	100	211	
其他飞行器制造业	3401	570	788	780
电子及通信设备制造业	12931341	387640	569470	7492553
通信设备制造业	7758119	99265	147697	5496846
#通信传输设备制造业	845620	-865	8338	240040
通信交换设备制造业	83689	5532	8758	1659
通信终端设备制造业	79883	4512	6477	22572
移动通信及终端设备制造业	6656813	87113	116653	5218139
雷达及配套设备制造业	3180	56	56	3180
广播电视设备制造业	367860	15071	22342	162396
电子器件制造业	937626	55485	74859	362191
电子真空器件制造业	25495	1592	2691	5590
半导体分立器件制造业	316682	27729	32896	117531
集成电路制造业	313252	4820	11601	116834
光电子器件及其他电子器件制造业	282197	21345	27671	122236
电子元件制造业	3086452	191722	283325	1051894
家用视听设备制造业	540606	15213	22352	294270

单位:万元

指标名称	主营业务收入	利润总额	利税	出口交货值
其他电子设备制造业	237498	10828	18839	121776
电子计算机及办公设备制造业	3063443	186096	242328	2210315
电子计算机整机制造业	1118886	21851	26674	1046351
计算机网络设备制造业	622065	126956	167718	112684
电子计算机外部设备制造业	1265988	33055	41096	1033900
办公设备制造业	56504	4235	6841	17380
医疗设备及仪器仪表制造业	3443693	227755	346316	1175912
医疗设备及器械制造业	364621	39772	53059	148858
仪器仪表制造业	3079072	187983	293257	1027054
公共软件服务业		1368	1368	
按企业登记注册类型分组				
国有	430205	30705	58336	61921
集体	113580	8023	14048	26182
股份	2552620	152558	233418	940951
私营	3635748	202594	336775	1022786
三资	13383569	553336	732781	9354926
按地区分组				
杭州市	11966080	480517	703403	7138567
宁波市	4005400	169006	237474	2096345
温州市	1100610	71389	120787	235016
嘉兴市	1307900	80526	109222	788100
湖州市	962982	64020	92154	253043
绍兴市	1231007	80000	130494	448466
金华市	1393096	117063	174250	410654
衢州市	145886	9588	15958	30589
舟山市	21944	-519	154	2813
台州市	2266237	158655	241502	1250277
丽水市	59369	3708	6792	5665

6－4 高技术产业技术装备及科技机构情况

单位:万元

指标名称	年末固定资产原价	微电子控制设备原价	科技机构数（个）	科技机构人员（人）	科技机构经费内部支出
总　计	**7322559**	**821329**	**687**	**26062**	**382487**
按高技术行业分组					
核燃料加工					
信息化学品制造业	273106	36711	14	366	4061
医药制造业	2365494	199357	196	6279	100590
#化学药品制造业	1762496	147909	118	4595	82823
中成药制造业	219985	42063	28	715	8861
生物、生化制品的制造业	242593	5547	25	600	6194
航空航天器制造业	2944	160			
飞机制造及修理业	1085	40			
其他飞行器制造业	1859	120			
电子及通信设备制造业	3189198	393765	271	13102	210838
通信设备制造业	782952	65203	44	5662	129704
#通信传输设备制造业	272851	10439	10	2278	63280
通信交换设备制造业	20787	2410	5	204	1036
通信终端设备制造业	23618	2450	5	1010	10109
移动通信及终端设备制造业	418614	49566	19	2045	54422
雷达及配套设备制造业	480				
广播电视设备制造业	89428	4632	20	762	6473
电子器件制造业	706328	167093	52	1733	20354
电子真空器件制造业	13955	2073	4	57	739
半导体分立器件制造业	227026	79035	16	384	8002
集成电路制造业	337117	72498	13	732	7033
光电子器件及其他电子器件制造业	128230	13488	19	560	4581!
电子元件制造业	1272635	135866	121	3707	40992

单位:万元

指标名称	年末固定资产原价	微电子控制设备原价	科技机构数(个)	科技机构人员(人)	科技机构经费内部支出
家用视听设备制造业	280429	16441	14	621	9210
其他电子设备制造业	56945	4531	20	617	4105
电子计算机及办公设备制造业	518087	91504	33	812	9860
电子计算机整机制造业	56723	25540	5	72	245
计算机网络设备制造业	90640	47695	5	76	1294
电子计算机外部设备制造业	341511	16926	10	399	4970
办公设备制造业	29214	1344	13	265	3351
医疗设备及仪器仪表制造业	973731	99832	173	5503	57138
医疗设备及器械制造业	196117	30200	22	532	6712
仪器仪表制造业	777614	69632	151	4971	50426
公共软件服务业					
按企业登记注册类型分组					
国有	207788	9525	12	471	6848
集体	33560	1926	5	82	759
股份	1047246	154504	61	4327	99923
私营	1177934	83786	251	5945	61427
三资	2845700	312112	153	7592	130366
按地区分组					
杭州市	2052007	229863	175	8514	143875
宁波市	1475636	167507	104	3790	70812
温州市	347948	27181	67	1632	19304
嘉兴市	638204	47906	80	3482	32548
湖州市	356988	14976	26	524	7279
绍兴市	741561	112634	46	1785	34939
金华市	725344	53590	55	2024	23677
衢州市	54865	16942	6	221	2977
舟山市	5405	188	3	20	168
台州市	886800	149973	124	4066	46771
丽水市	37802	569	1	4	136

6-5 高技术产业科技活动人员情况

单位:人

指标名称	科技活动人员	科学家和工程师	R&D活动人员折合全时当量(人年)	科学家和工程师
总　计	**53569**	**37158**	**26075**	**20248**
按高技术行业分组				
核燃料加工				
信息化学品制造业	891	572	384	366
医药制造业	11613	7189	6216	4296
＃化学药品制造业	8186	5082	4720	3153
中成药制造业	1734	980	704	530
生物、生化制品的制造业	1150	786	613	472
航空航天器制造业	44	28	4	1
飞机制造及修理业	16	5	4	1
其他飞行器制造业	28	23		
电子及通信设备制造业	20126	13787	10150	7996
通信设备制造业	6241	5344	4363	4168
＃通信传输设备制造业	2398	2352	2171	2163
通信交换设备制造业	285	167	149	98
通信终端设备制造业	1140	627	684	576
移动通信及终端设备制造业	2184	2007	1280	1265
广播电视设备制造业	1133	757	466	398
电子器件制造业	3566	2381	1750	1354
电子真空器件制造业	72	54	27	21
半导体分立器件制造业	908	624	522	454
集成电路制造业	1487	1051	745	608
光电子器件及其他电子器件制造业	1099	652	456	271
电子元件制造业	7227	4143	2676	1523

指标名称	科技活动人员	科学家和工程师	R&D活动人员折合全时当量（人年）	科学家和工程师
家用视听设备制造业	839	593	386	329
其他电子设备制造业	1120	569	509	224
电子计算机及办公设备制造业	4014	3249	3287	2812
电子计算机整机制造业	125	98	40	38
计算机网络设备制造业	2678	2350	2581	2275
电子计算机外部设备制造业	821	596	471	377
办公设备制造业	390	205	195	122
医疗设备及仪器仪表制造业	8900	5729	4155	3062
医疗设备及器械制造业	720	438	378	271
仪器仪表制造业	8180	5291	3777	2791
公共软件服务业	7981	6604	1879	1715
按企业登记注册类型分组				
国有	984	678	579	496
集体	362	263	103	49
股份	8013	5248	4879	3515
私营	14130	9150	4789	3536
三资	15086	11548	9541	8146
按地区分组				
杭州市	22049	18419	11739	10811
宁波市	7519	5055	2554	2108
温州市	2739	1699	1181	807
嘉兴市	4950	2630	2347	1602
湖州市	1135	690	479	312
绍兴市	4274	2145	2717	1344
金华市	4149	2633	1498	965
衢州市	566	325	155	114
舟山市	36	18	14	5
台州市	6012	3444	3376	2169
丽水市	140	100	15	11

6－6　高技术产业科技活动经费筹集情况

单位:万元

指标名称	科技活动经费筹集总额	政府资金	企业资金	金融机构贷款
总　计	**844330**	**51786**	**724889**	**62554**
按高技术行业分组				
核燃料加工				
信息化学品制造业	15579	619	12739	2210
医药制造业	189687	7495	156111	24902
＃化学药品制造业	142167	5262	119579	16765
中成药制造业	21863	724	19026	1763
生物、生化制品的制造业	20692	1040	13321	6217
航空航天器制造业	580	20	560	
飞机制造及修理业	80		80	
其他飞行器制造业	500	20	480	
电子及通信设备制造业	314144	29751	267477	15186
通信设备制造业	157131	21077	133642	2066
＃通信传输设备制造业	65091	123	64196	426
通信交换设备制造业	2015	171	1324	520
通信终端设备制造业	22070	19989	1881	200
移动通信及终端设备制造业	65781	770	64212	800
广播电视设备制造业	13089	766	10795	1010
电子器件制造业	43229	3748	36421	2823
电子真空器件制造业	1164	10	1127	
半导体分立器件制造业	13655	428	12460	728
集成电路制造业	16011	2087	13194	710
光电子器件及其他电子器件制造业	12399	1223	9641	1385
电子元件制造业	78617	2495	67427	8237
家用视听设备制造业	12342	933	11130	160

单位:万元

指标名称	科技活动经费筹集总额	政府资金	企业资金	金融机构贷款
其他电子设备制造业	9736	733	8063	890
电子计算机及办公设备制造业	116703	1307	112658	2680
电子计算机整机制造业	3999	32	3967	
计算机网络设备制造业	88726	40	88184	503
电子计算机外部设备制造业	17424	1098	14377	1932
办公设备制造业	6555	137	6131	246
医疗设备及仪器仪表制造业	113808	5299	98262	8912
医疗设备及器械制造业	19011	377	18306	300
仪器仪表制造业	94797	4922	79956	8612
公共软件服务业	93828	7297	77080	8665
按企业登记注册类型分组				
国有	16611	1215	15286	
集体	1753	46	1707	
股份	156365	6421	133129	16635
私营	156589	8011	124848	20973
三资	298137	6130	276032	14919
按地区分组				
杭州市	402234	16361	363271	21314
宁波市	113770	3263	98812	10952
温州市	32268	1451	27739	2820
嘉兴市	61770	21025	37726	1926
湖州市	14433	511	10323	3295
绍兴市	59457	2924	43398	12703
金华市	57494	2222	50865	3775
衢州市	5803	611	4549	577
舟山市	518	52	446	
台州市	94709	3270	86369	4805
丽水市	1876	96	1392	388

6-7 高技术产业科技活动经费支出情况

单位:万元

指标名称	科技活动经费内部支出	劳务费	仪器设备费	R&D经费内部支出
总　计	**730374**	**258597**	**147104**	**520017**
按高技术行业分组				
核燃料加工				
信息化学品制造业	12927	2317	4815	7171
医药制造业	145934	30784	43475	101288
#化学药品制造业	111236	22007	35663	78956
中成药制造业	18357	4727	3304	12155
生物、生化制品的制造业	11301	3081	2814	8102
航空航天器制造业	583	76	261	30
飞机制造及修理业	77	30	21	30
其他飞行器制造业	506	46	240	
电子及通信设备制造业	293993	101731	49721	206010
通信设备制造业	144650	59613	8915	112123
#通信传输设备制造业	64802	37233	1189	63369
通信交换设备制造业	1798	1202	109	857
通信终端设备制造业	11642	1313	602	10847
移动通信及终端设备制造业	64480	19269	6540	35823
广播电视设备制造业	11776	4858	1848	7780
电子器件制造业	42063	12229	12591	25610
电子真空器件制造业	813	289	276	266
半导体分立器件制造业	17271	3117	6762	9623
集成电路制造业	14742	6137	2760	11936
光电子器件及其他电子器件制造业	9237	2686	2793	3786
电子元件制造业	75406	18219	22486	48497
家用视听设备制造业	11793	4132	2049	7881

单位:万元

指标名称	科技活动经费内部支出	劳 务 费	仪器设备费	R&D经费内部支出
其他电子设备制造业	8304	2680	1832	4120
电子计算机及办公设备制造业	109974	50162	16862	102261
电子计算机整机制造业	1368	767	60	843
计算机网络设备制造业	86612	42487	9795	83615
电子计算机外部设备制造业	16879	5431	5784	14938
办公设备制造业	5114	1477	1223	2865
医疗设备及仪器仪表制造业	95483	35233	19875	67703
医疗设备及器械制造业	8175	1878	1993	5958
仪器仪表制造业	87308	33355	17882	61745
公共软件服务业*	71479	38295	12096	35553
按企业登记注册类型分组				
国有	11248	3678	2004	8769
集体	1531	591	406	1268
股份	142485	45890	25205	94654
私营	129323	38028	31933	73927
三资	281237	120306	45110	239721
按地区分组				
杭州市	358468	172935	46295	288368
宁波市	105714	25878	20489	49294
温州市	28692	7677	9423	19114
嘉兴市	50858	11869	12028	37328
湖州市	13534	3032	4725	9726
绍兴市	48406	10495	12073	39627
金华市	50380	9264	20588	26554
衢州市	5096	1312	1388	2071
舟山市	575	130	115	324
台州市	67218	15632	19554	47293
丽水市	1435	375	427	318

6-8 高技术产业新产品及专利情况(一)

单位:万元

指标名称	科技项目数(项)	新产品开发项目数(项)	新产品开发经费支出	新产品产值
总　计	**3410**	**3053**	**574943**	**5660911**
按高技术行业分组				
核燃料加工				
信息化学品制造业	57	44	10209	137868
医药制造业	957	832	119413	1520872
#化学药品制造业	657	563	91300	1330314
中成药制造业	116	102	14851	81081
生物、生化制品的制造业	113	105	10016	93540
航空航天器制造业	7	5	177	166
飞机制造及修理业	5	5	77	10
其他飞行器制造业	2		100	156
电子及通信设备制造业	1167	1052	261519	2371112
通信设备制造业	184	178	137558	1010788
#通信传输设备制造业	37	37	64555	24301
通信交换设备制造业	20	20	1752	16303
通信终端设备制造业	33	31	11427	86166
移动通信及终端设备制造业	77	73	57924	877726
广播电视设备制造业	74	69	11490	99631
电子器件制造业	220	197	33790	217618
电子真空器件制造业	13	12	803	14430
半导体分立器件制造业	71	56	10043	53857
集成电路制造业	58	55	14607	68640
光电子器件及其他电子器件制造业	78	74	8337	80691
电子元件制造业	448	402	61621	783411

指标名称	科技项目数（项）	新产品开发项目数（项）	新产品开发经费支出	新产品产值
家用视听设备制造业	79	64	9931	174008
其他电子设备制造业	162	142	7130	85657
电子计算机及办公设备制造业	138	125	97595	539177
电子计算机整机制造业	16	16	1335	50280
计算机网络设备制造业	33	32	84467	153435
电子计算机外部设备制造业	57	50	7986	315510
办公设备制造业	32	27	3807	19952
医疗设备及仪器仪表制造业	1084	995	86030	1091717
医疗设备及器械制造业	74	68	7075	85701
仪器仪表制造业	1010	927	78955	1006016
公共软件服务业				
按企业登记注册类型分组				
集体	117	94	8424	288957
股份	8	8	1386	23238
私营	324	301	121786	1696690
三资	1179	1081	94196	889740
按地区分组				
杭州市	938	830	281855	1717495
宁波市	516	454	86349	1164067
温州市	243	226	24697	270827
嘉兴市	300	274	39979	704182
湖州市	67	60	10254	193405
绍兴市	136	123	37658	540680
金华市	196	173	35851	392941
衢州市	43	35	4729	25154
舟山市	10	8	472	1031
台州市	941	852	52138	647226
丽水市	20	18	962	3904

6－9　高技术产业新产品及专利情况(二)

单位:万元

指标名称	新产品销售收入	出口	专利申请数(件)	拥有发明专利数(件)
总　计	**5225120**	**1943244**	**2506**	**1075**
按高技术行业分组				
核燃料加工				
信息化学品制造业	130329	50473	14	3
医药制造业	1275754	441282	329	223
＃化学药品制造业	1087840	406409	176	151
中成药制造业	84766	3727	68	29
生物、生化制品的制造业	87308	29137	36	27
航空航天器制造业	166	166	2	2
飞机制造及修理业	10	10	2	2
其他飞行器制造业	156	156		
电子及通信设备制造业	2272102	987308	1028	378
通信设备制造业	942209	431193	192	144
＃通信传输设备制造业	20833	724	37	73
通信交换设备制造业	16135	196	17	6
通信终端设备制造业	85931	20142	22	22
移动通信及终端设备制造业	813019	410131	106	43
广播电视设备制造业	93274	34348	87	18
电子器件制造业	200098	53972	168	54
电子真空器件制造业	14092	3128	34	1
半导体分立器件制造业	50814	4774	47	19
集成电路制造业	59319	20184	33	25
光电子器件及其他电子器件制造业	75873	25887	54	9
电子元件制造业	791920	347835	443	100

指标名称	新产品销售收入	出口	专利申请数(件)	拥有发明专利数(件)
家用视听设备制造业	160919	82778	98	7
其他电子设备制造业	83684	37182	40	55
电子计算机及办公设备制造业	540211	224122	374	37
电子计算机整机制造业	51201		11	2
计算机网络设备制造业	155292	5763	292	7
电子计算机外部设备制造业	315755	216697	30	13
办公设备制造业	17964	1662	41	15
医疗设备及仪器仪表制造业	1006558	239894	663	358
医疗设备及器械制造业	83250	20994	119	44
仪器仪表制造业	923308	218899	544	314
公共软件服务业			96	74
按企业登记注册类型分组				
国有			96	74
集体	150299	26027	72	20
股份	18147	9674	14	7
私营	1536037	581982	219	258
三资	850890	318291	729	288
按地区分组				
杭州市	1473132	267067	957	486
宁波市	1074472	515750	536	116
温州市	261480	58409	153	52
嘉兴市	709721	421685	235	89
湖州市	197830	29922	26	26
绍兴市	488649	145675	116	125
金华市	393228	170012	241	72
衢州市	27216	10546	36	1
舟山市	878		4	8
台州市	595258	324139	197	95
丽水市	3255	40	5	5

6－10 高技术产业技术引进情况

单位：万元

指标名称	技术改造经费支出	技术引进经费支出	消化吸收经费支出	购买国内技术经费支出
总　计	**315375**	**29487**	**17049**	**24306**
按高技术行业分组				
核燃料加工				
信息化学品制造业	9242	600	613	124
医药制造业	120845	7953	7389	11656
＃化学药品制造业	95022	6701	6188	10535
中成药制造业	22348		334	931
生物、生化制品的制造业	2352	1239	727	156
航空航天器制造业	30			30
其他飞行器制造业	30			30
电子及通信设备制造业	121444	8933	4838	4724
通信设备制造业	21182	4316	1350	1248
＃通信传输设备制造业	328			47
通信交换设备制造业	13	12	6	
通信终端设备制造业	20			
移动通信及终端设备制造业	20748	4304	1344	1201
广播电视设备制造业	4194			
电子器件制造业	38335	832	1516	464
电子真空器件制造业	1276		711	94
半导体分立器件制造业	4604	36	719	100
集成电路制造业	8331	15	25	151
光电子器件及其他电子器件制造业	24125	781	61	120
电子元件制造业	52941	2897	1568	2655
家用视听设备制造业	2513	548	146	193

指标名称	技术改造经费支出	技术引进经费支出	消化吸收经费支出	购买国内技术经费支出
其他电子设备制造业	2279	340	259	164
电子计算机及办公设备制造业	4452	5036	1259	200
电子计算机整机制造业			590	11
计算机网络设备制造业	2479	150	45	18
电子计算机外部设备制造业	1550	4886	624	171
办公设备制造业	424			
医疗设备及仪器仪表制造业	59363	6965	2950	7572
医疗设备及器械制造业	12245	451	359	102
仪器仪表制造业	47118	6515	2591	7470
公共软件服务业				
按企业登记注册类型分组				
国有	5032	476	146	231
集体	472	135	98	441
股份	73113	9317	6278	4959
私营	50047	1086	2102	2084
三资	69245	9284	4187	2719
按地区分组				
杭州市	71528	5311	2993	3711
宁波市	37977	7541	3488	7164
温州市	9664	1082	1887	391
嘉兴市	27737	5707	1245	529
湖州市	16849	107	71	66
绍兴市	36427	1158	3003	3266
金华市	33839	868	1554	2152
衢州市	4487	616	402	45
舟山市	94	3	9	31
台州市	76417	7096	2398	6950
丽水市	356			

6－11　高技术产业大型企业从业人员及工程技术人员情况

单位：人

指标名称	从业人员年平均人数	工程技术人员
总　计	**89596**	**11491**
按高技术行业分组		
核燃料加工		
信息化学品制造业		
医药制造业	29132	3482
＃化学药品制造业	21754	3064
中成药制造业	2518	418
生物、生化制品的制造业	4860	
航空航天器制造业		
电子及通信设备制造业	35817	4586
通信设备制造业	10768	2983
＃通信传输设备制造业	3259	1500
移动通信及终端设备制造业	7509	1483
电子元件制造业	22707	1553
家用视听设备制造业	2342	50
电子计算机及办公设备制造业	15026	2657
电子计算机整机制造业	3093	269
计算机网络设备制造业	4489	2333
电子计算机外部设备制造业	7444	55
医疗设备及仪器仪表制造业	9621	766
仪器仪表制造业	9621	766
公共软件服务业		
按企业登记注册类型分组		
国有	2804	560
股份	18502	2724
私营	4250	600
三资	31005	5372
按地区分组		
杭州市	29208	7458
宁波市	13707	744
嘉兴市	6519	366
湖州市	4860	
绍兴市	9688	1476
金华市	22432	897
台州市	3182	550

6－12　高技术产业大型企业生产经营情况(一)

单位:万元

指标名称	企业数(个)	总产值(当年价格)	增加值
总　计	**24**	**6243372**	**1375503**
按高技术行业分组			
核燃料加工			
信息化学品制造业			
医药制造业	9	1633247	476780
#化学药品制造业	7	1085295	307814
中成药制造业	1	107581	49955
生物、生化制品的制造业	1	440371	119011
航空航天器制造业			
电子及通信设备制造业	8	1664588	367732
通信设备制造业	4	1259909	249768
#通信传输设备制造业	1	485514	77510
移动通信及终端设备制造业	3	774395	172258
电子元件制造业	3	365029	108052
家用视听设备制造业	1	39650	9913
电子计算机及办公设备制造业	4	2241910	289668
电子计算机整机制造业	1	1057478	35330
计算机网络设备制造业	1	490857	219551
电子计算机外部设备制造业	2	693574	34787
医疗设备及仪器仪表制造业	3	703627	241324
仪器仪表制造业	3	703627	241324
公共软件服务业			
按企业登记注册类型分组			
国有	1	197918	84133
股份	6	1758908	435264
私营	1	83668	15124
三资	10	3051031	507441
按地区分组			
杭州市	9	3155810	782312
宁波市	5	1331137	148471
嘉兴市	2	214451	50163
湖州市	1	440371	119011
绍兴市	3	464019	87362
金华市	3	466526	132806
台州市	1	171059	55377

6-13 高技术产业大型企业生产经营情况(二)

单位:万元

指标名称	主营业务收入	利润总额	利税	出口交货值
总计	**6477896**	**369016**	**545743**	**3183005**
按高技术行业分组				
核燃料加工				
信息化学品制造业				
医药制造业	1585402	138211	229658	579675
#化学药品制造业	1011541	91011	153359	414055
中成药制造业	111994	23470	39451	402
生物、生化制品的制造业	461866	23731	36848	165218
航空航天器制造业				
电子及通信设备制造业	1943609	76782	101817	693870
通信设备制造业	1545545	34852	46574	511643
#通信传输设备制造业	729307	-8442	-7044	232282
移动通信及终端设备制造业	816238	43294	53618	279360
电子元件制造业	358709	41433	54745	172430
家用视听设备制造业	39355	497	499	9797
电子计算机及办公设备制造业	2251193	127219	165535	1794229
电子计算机整机制造业	1053328	7249	7249	1046351
计算机网络设备制造业	554652	123202	161355	100279
电子计算机外部设备制造业	643214	-3231	-3069	647600
医疗设备及仪器仪表制造业	697692	26804	48734	115231
仪器仪表制造业	697692	26804	48734	115231
公共软件服务业				
按企业登记注册类型分组				
国有	197705	21226	42966	3218
股份	1741950	61500	100252	652009
私营	82976	1810	5915	47690
三资	3312777	188059	256627	2058584
按地区分组				
杭州市	3541451	235372	349603	1488925
宁波市	1241402	10696	15919	805996
嘉兴市	211126	10606	14738	189437
湖州市	461866	23731	36848	165218
绍兴市	416010	27275	46781	277142
金华市	450589	52187	65016	157045
台州市	155452	9150	16838	99241

6－14　高技术产业大型企业技术装备及科技机构情况

单位：万元

指标名称	年末固定资产原价	微电子控制设备原价	科技机构数（个）	科技机构人员（人）	科技机构经费内部支出
总　计	**2099414**	**233113**	**40**	**5815**	**150488**
按高技术行业分组					
核燃料加工					
信息化学品制造业					
医药制造业	874766	104066	14	1059	32223
＃化学药品制造业	668531	102628	12	985	31062
中成药制造业	41938	1438	2	74	1161
生物、生化制品的制造业	164297				
航空航天器制造业					
电子及通信设备制造业	787119	45578	12	3904	109477
通信设备制造业	421840	43532	8	3314	102479
＃通信传输设备制造业	239119	4770	1	2048	60390
移动通信及终端设备制造业	182721	38762	7	1266	42089
电子元件制造业	307849	2047	4	590	6998
家用视听设备制造业	57430				
电子计算机及办公设备制造业	280619	79706			
电子计算机整机制造业	48536	23926			
计算机网络设备制造业	59628	47040			
电子计算机外部设备制造业	172456	8741			
医疗设备及仪器仪表制造业	156911	3763	14	852	8788
仪器仪表制造业	156911	3763	14	852	8788
公共软件服务业					
按企业登记注册类型分组					
国有	46556		2	114	1351
股份	592500	55680	26	2305	70533
私营	30347	1845	1	289	1313
三资	722755	88742	5	2483	65280
按地区分组					
杭州市	720258	90640	23	3329	78759
宁波市	268429	45408	4	1141	37798
嘉兴市	149771	201	1	206	3735
湖州市	164297				
绍兴市	275455	17628	7	631	20963
金华市	254516		2	95	1950
台州市	266689	79236	3	413	7283

6－15　高技术产业大型企业科技活动人员情况

单位：人

指标名称	科技活动人员	科学家和工程师	R&D活动人员折合全时当量（人年）	科学家和工程师
总　计	**11245**	**8310**	**8528**	**6816**
按高技术行业分组				
核燃料加工				
信息化学品制造业				
医药制造业	2930	1454	2305	1234
＃化学药品制造业	2664	1287	2203	1170
中成药制造业	266	167	102	64
航空航天器制造业				
电子及通信设备制造业	4597	3779	3136	2813
通信设备制造业	3314	3189	2644	2644
＃通信传输设备制造业	2048	2048	2048	2048
移动通信及终端设备制造业	1266	1141	596	596
电子元件制造业	1283	590	492	169
电子计算机及办公设备制造业	2559	2255	2559	2254
计算机网络设备制造业	2534	2230	2534	2229
电子计算机外部设备制造业	25	25	25	25
医疗设备及仪器仪表制造业	1159	822	528	515
仪器仪表制造业	1159	822	528	515
公共软件服务业				
按企业登记注册类型分组				
国有	235	173	122	100
股份	3977	2524	2775	1776
私营	600	173	227	56
三资	5292	4653	4726	4370
按地区分组				
杭州市	6460	5820	5853	5488
宁波市	1199	878	193	180
嘉兴市	355	132	122	63
绍兴市	2241	810	1798	687
金华市	353	310	168	75
台州市	637	360	394	323

6-16　高技术产业大型企业科技活动经费筹集情况

单位:万元

指标名称	科技活动经费筹集总额	政府资金	企业资金	金融机构贷款
总　计	**297588**	**4572**	**280770**	**12246**
按高技术行业分组				
核燃料加工				
信息化学品制造业				
医药制造业	58146	2558	45978	9610
#化学药品制造业	52442	2543	40288	9610
中成药制造业	5704	15	5689	
航空航天器制造业				
电子及通信设备制造业	126245	1018	125228	
通信设备制造业	108487		108487	
#通信传输设备制造业	60390		60390	
移动通信及终端设备制造业	48097		48097	
电子元件制造业	17758	1018	16740	
电子计算机及办公设备制造业	89197		89197	
计算机网络设备制造业	86643		86643	
电子计算机外部设备制造业	2554		2554	
医疗设备及仪器仪表制造业	24000	996	20368	2636
仪器仪表制造业	24000	996	20368	2636
公共软件服务业				
按企业登记注册类型分组				
国有	6008	416	5592	
股份	100325	2356	85722	12246
私营	4230		4230	
三资	159052	15	159037	
按地区分组				
杭州市	193290	1584	189071	2636
宁波市	41238		41238	
嘉兴市	7674	130	7544	
绍兴市	31098	1230	20257	9610
金华市	8408	888	7521	
台州市	15880	740	15140	

6－17　高技术产业大型企业科技活动经费支出情况

单位:万元

	科技活动经费内部支出	劳　务　费	仪器设备费	R&D经费内部支出
总　计	**272951**	**113854**	**36686**	**229056**
按高技术行业分组				
核燃料加工				
信息化学品制造业				
医药制造业	39373	8239	10709	36104
＃化学药品制造业	34006	7085	10298	31480
中成药制造业	5367	1153	410	4624
航空航天器制造业				
电子及通信设备制造业	124662	52013	10841	89212
通信设备制造业	108249	48547	4022	80547
＃通信传输设备制造业	60390	35712		60390
移动通信及终端设备制造业	47859	12835	4022	20157
电子元件制造业	16413	3467	6819	8665
电子计算机及办公设备制造业	87386	42300	11599	85695
计算机网络设备制造业	84832	42100	9618	83141
电子计算机外部设备制造业	2554	200	1982	2554
医疗设备及仪器仪表制造业	21530	11303	3537	18045
仪器仪表制造业	21530	11303	3537	18045
公共软件服务业				
按企业登记注册类型分组				
国有	2644	1267	183	1388
股份	90954	28064	13249	60331
私营	4102	1440	469	2765
三资	156871	79724	13301	152050
按地区分组				
杭州市	184431	95863	14069	179645
宁波市	40968	9264	4931	10878
嘉兴市	6764	1623	3388	5607
绍兴市	25185	4503	6044	23182
金华市	8101	604	4944	2846
台州市	7502	1999	3310	6897

6-18 高技术产业大型企业新产品及专利情况(一)

单位:万元

指标名称	科技项目数(项)	新产品开发项目数(项)	新产品开发经费支出	新产品产值
总 计	**293**	**260**	**252760**	**2217996**
按高技术行业分组				
核燃料加工				
信息化学品制造业				
医药制造业	151	127	34099	569803
#化学药品制造业	133	113	29475	552672
中成药制造业	18	14	4624	17131
航空航天器制造业				
电子及通信设备制造业	68	65	114388	902881
通信设备制造业	49	49	105079	696514
#通信传输设备制造业	7	7	60390	
移动通信及终端设备制造业	42	42	44689	696514
电子元件制造业	19	16	9308	206367
电子计算机及办公设备制造业	10	9	82954	313441
电子计算机整机制造业				44493
计算机网络设备制造业	9	9	82954	147257
电子计算机外部设备制造业	1			121691
医疗设备及仪器仪表制造业	64	59	21320	431871
仪器仪表制造业	64	59	21320	431871
公共软件服务业				
按企业登记注册类型分组				
国有	27	21	1783	197918
股份	142	137	86834	1396543
私营	4	3	1969	37748
三资	42	37	151696	383989
按地区分组				
杭州市	163	148	180739	852002
宁波市	42	42	37798	690374
嘉兴市	10	9	4210	170688
绍兴市	38	37	22312	310326
金华市	6	4	3130	119623
台州市	34	20	4572	74983

6－19 高技术产业大型企业新产品及专利情况(二)

单位:万元

指标名称	新产品销售收入	出口	专利申请数(件)	拥有发明专利数(件)
总计	**1929386**	**752729**	**613**	**252**
按高技术行业分组				
核燃料加工				
信息化学品制造业				
医药制造业	381298	145481	94	65
#化学药品制造业	365004	145481	92	63
中成药制造业	16294		2	2
航空航天器制造业				
电子及通信设备制造业	848527	438598	198	101
通信设备制造业	638019	312050	43	74
#通信传输设备制造业			10	65
移动通信及终端设备制造业	638019	312050	33	9
电子元件制造业	210509	126549	155	27
电子计算机及办公设备制造业	318419	127279	289	
电子计算机整机制造业	45597			
计算机网络设备制造业	149257	3714	289	
电子计算机外部设备制造业	123565	123565		
医疗设备及仪器仪表制造业	381142	41370	32	86
仪器仪表制造业	381142	41370	32	86
公共软件服务				
按企业登记注册类型分组				
国有	63013	3218	31	3
股份	1257493	479988	108	143
私营	37503	17212	1	2
三资	388070	127279	304	69
按地区分组				
杭州市	668694	90922	380	161
宁波市	631820	269430	20	6
嘉兴市	176948	158001	2	6
绍兴市	275810	109344	45	46
金华市	119623	74901	152	19
台州市	56491	50132	14	14

6-20 高技术产业大型企业技术引进情况

单位:万元

	技术改造经费支出	技术引进经费支出	消化吸收经费支出	购买国内技术经费支出
总　计	**79920**	**10605**	**5038**	**8941**
按高技术行业分组				
核燃料加工				
信息化学品制造业				
医药制造业	51460	2910	3664	6547
#化学药品制造业	49160	2910	3664	6547
中成药制造业	2300			
航空航天器制造业				
电子及通信设备制造业	11781	4344	1374	1495
通信设备制造业	5070	4254	1324	1176
#移动通信及终端设备制造业	5070	4254	1324	1176
电子元件制造业	6711	90	50	319
电子计算机及办公设备制造业		3351		
电子计算机外部设备制造业		3351		
医疗设备及仪器仪表制造业	16680			898
仪器仪表制造业	16680			898
公共软件服务业				
按企业登记注册类型分组				
国有	1497			3
股份	40121	4254	3894	4193
私营	486			
三资	2497	3351		
按地区分组				
杭州市	24294	1200	800	901
宁波市	4928	4254	1324	1176
嘉兴市	1869	3351		319
绍兴市	17186		2570	1800
金华市	4356	90	50	
台州市	27287	1710	294	4744

6－21　高技术产业中型企业从业人员及工程技术人员情况

单位：人

指标名称	从业人员年平均人数	工程技术人员
总　计	**220272**	**24868**
按高技术行业分组		
核燃料加工		
信息化学品制造业	3258	950
医药制造业	35800	5562
＃化学药品制造业	29016	4379
中成药制造业	3671	947
生物、生化制品的制造业	1515	155
航空航天器制造业		
电子及通信设备制造业	122099	12075
通信设备制造业	19169	1629
＃通信传输设备制造业	687	203
通信交换设备制造业	1590	222
通信终端设备制造业	1765	10
移动通信及终端设备制造业	13869	1106
广播电视设备制造业	7639	587
电子器件制造业	19284	2322
电子真空器件制造业	573	20
半导体分立器件制造业	4426	249
集成电路制造业	6888	1452
光电子器件及其他电子器件制造业	7397	601
电子元件制造业	61816	5860
家用视听设备制造业	10210	1085

单位:人

指标名称	从业人员年平均人数	工程技术人员
其他电子设备制造业	3981	592
电子计算机及办公设备制造业	11968	1659
电子计算机整机制造业	852	684
计算机网络设备制造业	1447	299
电子计算机外部设备制造业	9669	676
医疗设备及仪器仪表制造业	47147	4622
医疗设备及器械制造业	8070	1018
仪器仪表制造业	39077	3604
公共软件服务业		
按企业登记注册类型分组		
国有	3702	902
集体	3223	385
股份	24373	3144
私营	41002	4991
三资	98866	8913
按地区分组		
杭州市	38578	6629
宁波市	48284	3568
温州市	20489	2153
嘉兴市	35326	2558
湖州市	4386	417
绍兴市	13431	1874
金华市	18502	3296
衢州市	1792	304
台州市	38427	3915
丽水市	1057	154

6-22 高技术产业中型企业生产经营情况(一)

单位:万元

指标名称	企业数（个）	总产值（当年价格）	增加值
总 计	**294**	**9306321**	**1845288**
按高技术行业分组			
核燃料加工			
信息化学品制造业	5	187448	53215
医药制造业	55	1741264	459297
#化学药品制造业	44	1417333	374508
中成药制造业	6	170445	51851
生物、生化制品的制造业	2	53081	16584
航空航天器制造业			
电子及通信设备制造业	148	5248106	837221
通信设备制造业	17	2432096	199839
#通信传输设备制造业	1	9741	2530
通信交换设备制造业	3	50029	13698
通信终端设备制造业	1	25724	5145
移动通信及终端设备制造业	10	2323374	168382
广播电视设备制造业	8	190485	40021
电子器件制造业	27	570198	127507
电子真空器件制造业	1	7543	2545
半导体分立器件制造业	6	173242	33857
集成电路制造业	11	247603	60533
光电子器件及其他电子器件制造业	9	141809	30572
电子元件制造业	76	1562976	400497
家用视听设备制造业	13	344414	39023
其他电子设备制造业	7	147938	30333

指标名称	企业数（个）	总产值（当年价格）	增加值
电子计算机及办公设备制造业	17	599047	105065
电子计算机整机制造业	1	53879	24746
计算机网络设备制造业	3	37101	10302
电子计算机外部设备制造业	13	508067	70017
医疗设备及仪器仪表制造业	69	1530456	390490
医疗设备及器械制造业	8	231336	76171
仪器仪表制造业	61	1299120	314320
公共软件服务业			
按企业登记注册类型分组			
国有	3	174747	9078
集体	2	36735	11749
股份	25	786113	231687
私营	65	1316221	307732
三资	123	5120013	825083
按地区分组			
杭州市	56	3725819	525937
宁波市	66	1487333	269447
温州市	31	494491	139196
嘉兴市	34	728224	203019
湖州市	8	302575	83301
绍兴市	18	490045	110216
金华市	23	556755	155958
衢州市	3	63340	23686
台州市	52	1432012	326449
丽水市	3	25727	8079

6-23 高技术产业中型企业生产经营情况(二)

单位:万元

指标名称	主营业务收入	利润总额	利税	出口交货值
总计	**9057922**	**520397**	**729135**	**5002324**
按高技术行业分组				
核燃料加工				
信息化学品制造业	208948	26824	30877	63052
医药制造业	1626969	144952	222645	716370
#化学药品制造业	1319418	116117	177691	602366
中成药制造业	176086	18571	32325	52630
生物、生化制品的制造业	50526	5016	5340	40411
航空航天器制造业				
电子及通信设备制造业	5192745	191951	261955	3137165
通信设备制造业	2417448	34099	50726	1910988
#通信传输设备制造业	9138	-60	-60	
通信交换设备制造业	47770	3602	5038	6
通信终端设备制造业	27006	3019	3019	19472
移动通信及终端设备制造业	2310972	26478	40489	1890109
广播电视设备制造业	189160	8725	12179	86663
电子器件制造业	561916	28408	37399	242692
电子真空器件制造业	7638	921	1161	3142
半导体分立器件制造业	176636	14086	15834	66152
集成电路制造业	238182	1471	6022	87721
光电子器件及其他电子器件制造业	139461	11931	14383	85678
电子元件制造业	1537046	104412	137342	591311
家用视听设备制造业	347645	11767	15164	198318
其他电子设备制造业	139531	4539	9146	107192

指标名称	主营业务收入	利润总额	利税	出口交货值
电子计算机及办公设备制造业	599627	48474	60328	354968
电子计算机整机制造业	51416	14328	18779	
计算机网络设备制造业	37500	3623	5557	2927
电子计算机外部设备制造业	510712	30524	35993	352040
医疗设备及仪器仪表制造业	1429633	108195	153328	730770
医疗设备及器械制造业	212376	24645	30595	94905
仪器仪表制造业	1217257	83549	122733	635865
公共软件服务业				
按企业登记注册类型分组				
国有	205283	6428	10585	58054
集体	35185	4300	5806	24616
股份	739065	77205	114810	285055
私营	1276338	79434	119268	490588
三资	5014015	247411	311176	3554450
按地区分组				
杭州市	3665514	158337	211564	2317826
宁波市	1478634	74808	97428	810597
温州市	471168	35773	54874	141875
嘉兴市	709377	55145	66395	490689
湖州市	296294	13825	19619	35576
绍兴市	450151	26885	43199	116584
金华市	564803	45300	74206	181280
衢州市	67420	5845	9022	17646
台州市	1331274	102901	150129	884680
丽水市	23288	1577	2699	5572

6－24　高技术产业中型企业技术装备及科技机构情况

单位：万元

指标名称	年末固定资产原价	微电子控制设备原价	科技机构数（个）	科技机构人员（人）	科技机构经费内部支出
总　计	**2930026**	**378047**	**207**	**10890**	**136542**
按高技术行业分组					
核燃料加工					
信息化学品制造业	121869	17896	7	283	3127
医药制造业	771824	72314	62	2982	41236
#化学药品制造业	638543	33940	49	2377	35469
中成药制造业	82495	36374	8	325	2771
生物、生化制品的制造业	15540		4	262	2900
航空航天器制造业					
电子及通信设备制造业	1470505	208939	84	5049	62258
通信设备制造业	229148	11550	7	707	10444
#通信传输设备制造业	7043				
通信交换设备制造业	10193	2263	1	128	652
通信终端设备制造业	9459	175	1	25	231
移动通信及终端设备制造业	190273	8923	5	554	9561
广播电视设备制造业	39377	3132	6	422	3065
电子器件制造业	437939	75043	15	1084	12914
电子真空器件制造业	6802	69			
半导体分立器件制造业	94282	645	3	137	4417
集成电路制造业	265334	71413	6	608	6465
光电子器件及其他电子器件制造业	71521	2916	6	339	2032
电子元件制造业	558147	102267	45	2001	25175
家用视听设备制造业	181307	14124	5	474	7868
其他电子设备制造业	24589	2822	6	361	2794

6-24 续表 单位:万元

指标名称	年末固定资产原价	微电子控制设备原价	科技机构数（个）	科技机构人员（人）	科技机构经费内部支出
电子计算机及办公设备制造业	145946	4863	8	316	5264
电子计算机整机制造业	7819	1590	4	65	109
计算机网络设备制造业	18903	390	1	21	950
电子计算机外部设备制造业	119224	2882	3	230	4205
医疗设备及仪器仪表制造业	419882	74036	46	2260	24657
医疗设备及器械制造业	126315	28696	6	247	4015
仪器仪表制造业	293566	45340	40	2013	20642
公共软件服务业					
按企业登记注册类型分组					
国有	146510	8314	5	269	4413
集体	15011	1499	2	27	549
股份	398520	79949	30	1856	24137
私营	368094	38220	46	2073	26371
三资	1235293	120573	51	2953	41739
按地区分组					
杭州市	759379	91422	44	2874	38883
宁波市	587670	31046	23	1045	17917
温州市	149784	13292	17	749	9324
嘉兴市	337440	31700	24	1321	10787
湖州市	84905	11431	7	180	3109
绍兴市	290604	88761	15	764	7600
金华市	281736	50537	25	1337	15784
衢州市	28135	14906	2	122	2040
台州市	386841	44952	49	2494	30963
丽水市	23532		1	4	136

6-25　高技术产业中型企业科技活动人员情况

单位：人

指标名称	科技活动人员	科学家和工程师	R&D活动人员折合全时当量（人年）	科学家和工程师
总　计	**16924**	**11023**	**8607**	**6423**
按高技术行业分组				
核燃料加工				
信息化学品制造业	494	329	230	220
医药制造业	4419	2784	2236	1768
#化学药品制造业	3214	2177	1630	1286
中成药制造业	920	416	368	280
生物、生化制品的制造业	262	179	220	190
航空航天器制造业				
电子及通信设备制造业	8251	5503	4237	3128
通信设备制造业	809	717	722	673
通信交换设备制造业	128	66	115	79
通信终端设备制造业	42	17	22	10
移动通信及终端设备制造业	624	621	572	571
广播电视设备制造业	596	383	264	255
电子器件制造业	2113	1450	1155	889
半导体分立器件制造业	438	386	321	317
集成电路制造业	1057	751	576	465
光电子器件及其他电子器件制造业	618	313	258	107
电子元件制造业	3699	2326	1465	917
家用视听设备制造业	551	437	285	251
其他电子设备制造业	483	190	346	143

单位：人

指标名称	科技活动人员	科学家和工程师	R&D活动人员折合全时当量（人年）	科学家和工程师
电子计算机及办公设备制造业	463	389	301	247
电子计算机整机制造业	86	80	36	36
计算机网络设备制造业	43	39		
电子计算机外部设备制造业	334	270	265	211
医疗设备及仪器仪表制造业	3297	2018	1603	1060
医疗设备及器械制造业	281	176	166	128
仪器仪表制造业	3016	1842	1437	932
公共软件服务业				
按企业登记注册类型分组				
国有	500	318	292	263
集体	256	195	65	20
股份	3039	1949	1742	1413
私营	3467	2265	1448	1113
三资	4567	3106	2677	2092
按地区分组				
杭州市	4780	3767	2543	2398
宁波市	1741	1135	795	666
温州市	1103	657	457	307
嘉兴市	1850	1064	958	587
湖州市	330	159	178	97
绍兴市	1050	703	578	363
金华市	2560	1507	1058	697
衢州市	302	167	58	47
台州市	3184	1845	1982	1261
丽水市	24	19		

6－26 高技术产业中型企业科技活动经费筹集情况

单位:万元

指标名称	科技活动经费筹集总额	政府资金	企业资金	金融机构贷款
总　计	**231538**	**8296**	**203138**	**19020**
按高技术行业分组				
核燃料加工				
信息化学品制造业	7072	290	6782	
医药制造业	71362	1780	63372	5880
#化学药品制造业	54689	1586	50823	2130
中成药制造业	7219	136	5653	1250
生物、生化制品的制造业	9359	58	6801	2500
航空航天器制造业				
电子及通信设备制造业	96592	4726	82137	9503
通信设备制造业	13786	711	11775	1300
通信交换设备制造业	771	71	200	500
通信终端设备制造业	236		236	
移动通信及终端设备制造业	12169	640	10729	800
广播电视设备制造业	6612		6112	500
电子器件制造业	19095	1830	16771	495
半导体分立器件制造业	6490	100	6190	200
集成电路制造业	9544	1248	8296	
光电子器件及其他电子器件制造业	3061	482	2285	295
电子元件制造业	42716	1149	35059	6408
家用视听设备制造业	8862	720	8032	
其他电子设备制造业	5520	316	4388	800

单位：人

指标名称	科技活动人员	科学家和工程师	R&D活动人员折合全时当量（人年）	科学家和工程师
电子计算机及办公设备制造业	10228	172	9267	790
电子计算机整机制造业	3663		3663	
计算机网络设备制造业	1100		700	400
电子计算机外部设备制造业	5466	172	4904	390
医疗设备及仪器仪表制造业	46284	1328	41580	2847
医疗设备及器械制造业	14841	28	14712	100
仪器仪表制造业	31444	1300	26869	2747
公共软件服务业				
按企业登记注册类型分组				
国有	6796	510	6256	
集体	1030		1030	
股份	34107	2512	30157	1257
私营	44418	1893	35197	6720
三资	71488	968	62924	7561
按地区分组				
杭州市	65410	3484	53429	8452
宁波市	27362	373	23234	3720
温州市	14536	510	12514	1480
嘉兴市	17240	514	15430	836
湖州市	3931	285	3465	100
绍兴市	10883	394	9956	532
金华市	32029	725	29324	1600
衢州市	2966	461	2005	500
台州市	56639	1539	53451	1600
丽水市	542	12	330	200

6－27 高技术产业中型企业科技活动经费支出情况

单位：万元

	科技活动经费内部支出	劳务费	仪器设备费	R&D经费内部支出
总 计	**203716**	**58211**	**52627**	**137569**
按高技术行业分组				
核燃料加工				
信息化学品制造业	6725	1081	2885	2966
医药制造业	56040	11888	19006	37698
＃化学药品制造业	47918	8378	17198	30799
中成药制造业	5025	2337	1002	3893
生物、生化制品的制造业	3000	1142	806	2910
航空航天器制造业				
电子及通信设备制造业	97959	30054	22183	69603
通信设备制造业	14588	5708	2398	14267
通信交换设备制造业	652	500	33	652
通信终端设备制造业	231	70		231
移动通信及终端设备制造业	13095	5082	2078	12774
广播电视设备制造业	6521	3294	967	3726
电子器件制造业	21188	6560	5541	11710
半导体分立器件制造业	8731	1620	2950	3399
集成电路制造业	9458	4044	1976	7178
光电子器件及其他电子器件制造业	3000	896	616	1133
电子元件制造业	41743	9726	10351	30996
家用视听设备制造业	9222	3481	1640	6090
其他电子设备制造业	4697	1284	1287	2814

单位:万元

	科技活动经费内部支出	劳　务　费	仪器设备费	R&D经费内部支出
电子计算机及办公设备制造业	7582	3913	744	5247
电子计算机整机制造业	1124	683	48	707
计算机网络设备制造业	1007	108	66	
电子计算机外部设备制造业	5451	3122	631	4540
医疗设备及仪器仪表制造业	35410	11276	7808	22056
医疗设备及器械制造业	4562	950	1507	3319
仪器仪表制造业	30848	10325	6302	18737
公共软件服务业				
按企业登记注册类型分组				
国有	6641	1651	1420	5666
集体	733	183	193	733
股份	32502	10664	7034	21391
私营	40824	10964	10947	23921
三资	64683	19944	15218	47734
按地区分组				
杭州市	56837	25269	9416	43380
宁波市	29706	6126	7798	16921
温州市	12967	3588	4615	8838
嘉兴市	18931	5056	4603	11652
湖州市	4182	901	1281	3583
绍兴市	9850	2044	2101	5116
金华市	27812	6254	10438	18196
衢州市	2346	500	796	859
台州市	40723	8392	11445	29024
丽水市	362	82	135	

6－28　高技术产业中型企业新产品及专利情况(一)

单位:万元

指标名称	科技项目数(项)	新产品开发项目数(项)	新产品开发经费支出	新产品产值
总　计	**1154**	**1055**	**172082**	**2275115**
按高技术行业分组				
核燃料加工				
信息化学品制造业	25	18	5014	98137
医药制造业	264	234	45556	608222
＃化学药品制造业	223	196	37824	550408
中成药制造业	34	33	4832	36940
生物、生化制品的制造业	5	5	2900	20874
航空航天器制造业				
电子及通信设备制造业	417	379	84397	1011182
通信设备制造业	29	27	12509	174997
＃通信传输设备制造业				2333
通信交换设备制造业	7	7	652	6213
通信终端设备制造业	5	5	231	25670
移动通信及终端设备制造业	16	14	11016	140781
广播电视设备制造业	19	18	6521	73164
电子器件制造业	70	65	16357	107074
半导体分立器件制造业	21	16	4167	11059
集成电路制造业	22	22	9420	48634
光电子器件及其他电子器件制造业	27	27	2770	47381
电子元件制造业	176	156	36931	443948
家用视听设备制造业	43	33	7593	148041
其他电子设备制造业	80	80	4487	63959

指标名称	科技项目数（项）	新产品开发项目数（项）	新产品开发经费支出	新产品产值
电子计算机及办公设备制造业	58	56	6708	162287
电子计算机整机制造业	14	14	1099	4034
计算机网络设备制造业	14	13	937	187
电子计算机外部设备制造业	30	29	4672	158066
医疗设备及仪器仪表制造业	390	368	30407	395287
医疗设备及器械制造业	25	20	3868	63076
仪器仪表制造业	365	348	26540	332211
公共软件服务业				
按企业登记注册类型分组				
国有	40	32	5144	83630
集体	1	1	733	17494
股份	138	123	25852	253353
私营	254	237	36881	412561
三资	291	259	54662	837066
按地区分组				
杭州市	200	174	52656	583873
宁波市	126	103	23826	258843
温州市	86	81	11783	146679
嘉兴市	89	84	13130	358910
湖州市	14	14	3446	147296
绍兴市	42	35	8769	150700
金华市	88	83	23001	184852
衢州市	18	13	2260	15684
台州市	488	465	32910	426743
丽水市	3	3	301	1535

6-29 高技术产业中型企业新产品及专利情况(二)

单位:万元

指标名称	新产品销售收入	出口	专利申请数(件)	拥有发明专利数(件)
总计	**2175968**	**943483**	**705**	**315**
按高技术行业分组				
核燃料加工				
信息化学品制造业	99547	37700	4	1
医药制造业	562528	210787	75	61
#化学药品制造业	508625	193261	47	44
中成药制造业	35058	2391	12	7
生物、生化制品的制造业	18845	15135	16	10
航空航天器制造业				
电子及通信设备制造业	988470	469676	350	102
通信设备制造业	169466	115278	18	36
#通信传输设备制造业	2333			
通信交换设备制造业	6201	6		
通信终端设备制造业	25670	19472	3	8
移动通信及终端设备制造业	135262	95800	15	28
广播电视设备制造业	69144	28934	35	3
电子器件制造业	96279	40430	47	15
半导体分立器件制造业	10976	1655	20	
集成电路制造业	42522	16363	2	9
光电子器件及其他电子器件制造业	42781	22411	25	6
电子元件制造业	456589	186830	150	42
家用视听设备制造业	135572	63395	86	6
其他电子设备制造业	61419	34809	14	

指标名称	新产品销售收入	出口	专利申请数（件）	拥有发明专利数（件）
电子计算机及办公设备制造业	161392	92148	8	13
电子计算机整机制造业	4034		4	2
计算机网络设备制造业	180	125		7
电子计算机外部设备制造业	157177	92023	4	4
医疗设备及仪器仪表制造业	364032	133171	268	138
医疗设备及器械制造业	61964	17976	27	24
仪器仪表制造业	302068	115195	241	114
公共软件服务业				
按企业登记注册类型分组				
国有	80041	22788	18	
集体	13478	9674	7	
股份	233330	82187	98	92
私营	404969	217239	130	58
三资	805761	446932	278	95
按地区分组				
杭州市	531750	136041	202	141
宁波市	242259	170954	177	34
温州市	145936	49773	28	14
嘉兴市	357388	239160	83	22
湖州市	146413	23019	3	2
绍兴市	146530	17999	21	22
金华市	189777	77031	46	26
衢州市	18182	9590	20	
台州市	396199	219915	125	54
丽水市	1535			

6－30 高技术产业中型企业技术引进情况

单位:万元

	技术改造经费支出	技术引进经费支出	消化吸收经费支出	购买国内技术经费支出
总　计	**162200**	**10714**	**5473**	**5873**
按高技术行业分组				
核燃料加工				
信息化学品制造业	6844	430	333	84
医药制造业	44826	3240	2071	2257
#化学药品制造业	34582	2408	1454	2077
中成药制造业	10179		146	180
生物、生化制品的制造业	66	832	471	
航空航天器制造业				
电子及通信设备制造业	79182	2311	1666	2608
通信设备制造业	13881		20	10
移动通信及终端设备制造业	13851		20	10
广播电视设备制造业	4098			
电子器件制造业	20055	1	1	148
半导体分立器件制造业	3672			
集成电路制造业	7835			148
光电子器件及其他电子器件制造业	8548	1	1	
电子元件制造业	38173	1508	1292	2189
家用视听设备制造业	1873	515	146	193
其他电子设备制造业	1103	286	206	69
电子计算机及办公设备制造业	1492	1361	590	182

单位:万元

	技术改造经费支出	技术引进经费支出	消化吸收经费支出	购买国内技术经费支出
电子计算机整机制造业			590	11
计算机网络设备制造业	116			
电子计算机外部设备制造业	1376	1361		171
医疗设备及仪器仪表制造业	29856	3372	814	743
医疗设备及器械制造业	11263	331	57	51
仪器仪表制造业	18593	3042	757	691
公共软件服务业				
按企业登记注册类型分组				
国有	3490	476	146	120
集体	293	135	98	110
股份	30190	2987	1518	637
私营	25730	275	760	573
三资	41245	4313	2027	2059
按地区分组				
杭州市	30526	2685	1368	2032
宁波市	18707	332	134	391
温州市	3929	331	40	226
嘉兴市	19046	1873	935	153
湖州市	16093			
绍兴市	10079		170	994
金华市	23071	585	886	690
衢州市	4431	560		
台州市	36126	4348	1941	1387
丽水市	192			

6－31 高技术产业小型企业从业人员及工程技术人员情况

单位:人

指标名称	从业人员年平均人数	工程技术人员
总　计	**213576**	**17719**
按高技术行业分组		
核燃料加工		
信息化学品制造业	2388	393
医药制造业	37209	4736
＃化学药品制造业	20205	2838
中成药制造业	3738	745
生物、生化制品的制造业	4131	656
航空航天器制造业	324	43
飞机制造及修理业	182	14
其他飞行器制造业	142	29
电子及通信设备制造业	109951	6545
通信设备制造业	11216	1778
＃通信传输设备制造业	2407	341
通信交换设备制造业	1547	112
通信终端设备制造业	1946	1040
移动通信及终端设备制造业	2560	213
雷达及配套设备制造业	200	
广播电视设备制造业	6927	408
电子器件制造业	13175	1292
电子真空器件制造业	1128	101
半导体分立器件制造业	3989	430
集成电路制造业	2628	294
光电子器件及其他电子器件制造业	5430	467
电子元件制造业	66498	2293
家用视听设备制造业	7439	257

指标名称	从业人员年平均人数	工程技术人员
其他电子设备制造业	4496	517
电子计算机及办公设备制造业	7693	890
电子计算机整机制造业	187	23
计算机网络设备制造业	1501	107
电子计算机外部设备制造业	2884	377
办公设备制造业	3121	383
医疗设备及仪器仪表制造业	56011	5112
医疗设备及器械制造业	7711	427
仪器仪表制造业	48300	4685
公共软件服务业		
按企业登记注册类型分组		
国有	1558	269
集体	2924	105
股份	2144	517
私营	99382	7239
三资	57699	4188
按地区分组		
杭州市	37468	3827
宁波市	58048	3110
温州市	33279	2088
嘉兴市	21607	2791
湖州市	6259	636
绍兴市	11935	884
金华市	14952	1313
衢州市	2669	231
舟山市	1159	97
台州市	24318	2543
丽水市	1882	199

6－32　高技术产业小型企业生产经营情况(一)

单位:万元

指标名称	企业数(个)	总产值(当年价格)	增加值
总　计	**2140**	**9187927**	**1469399**
按高技术行业分组			
核燃料加工			
信息化学品制造业	30	199815	64989
医药制造业	370	1479711	375560
#化学药品制造业	176	908794	216834
中成药制造业	36	138967	44609
生物、生化制品的制造业	55	192384	57741
航空航天器制造业	5	6208	1479
飞机制造及修理业	3	2302	580
其他飞行器制造业	2	3906	899
电子及通信设备制造业	1071	5916988	641521
通信设备制造业	149	3845119	176905
#通信传输设备制造业	37	109403	32591
通信交换设备制造业	26	37460	7687
通信终端设备制造业	19	56582	12737
移动通信及终端设备制造业	25	3568481	106532
雷达及配套设备制造业	1	3180	711
广播电视设备制造业	77	181214	43195
电子器件制造业	138	393277	83613
电子真空器件制造业	14	19142	4719
半导体分立器件制造业	37	143370	33672
集成电路制造业	27	81460	16454
光电子器件及其他电子器件制造业	60	149306	28769
电子元件制造业	577	1231046	283252
家用视听设备制造业	73	158014	30721

指标名称	企业数(个)	总产值(当年价格)	增加值
其他电子设备制造业	56	105138	23124
电子计算机及办公设备制造业	84	223725	56640
电子计算机整机制造业	5	14863	3060
计算机网络设备制造业	16	31148	6188
电子计算机外部设备制造业	34	115905	29897
办公设备制造业	29	61808	17495
医疗设备及仪器仪表制造业	580	1361480	329209
医疗设备及器械制造业	73	161334	48036
仪器仪表制造业	507	1200146	281173
公共软件服务业			
按企业登记注册类型分组			
国有	25	29925	9302
集体	29	83229	18101
股份	21	74914	28364
私营	1103	2371876	559484
三资	456	5148516	490058
按地区分组			
杭州市	493	4854719	423565
宁波市	535	1342461	315370
温州市	292	658964	172140
嘉兴市	193	395605	98124
湖州市	72	205511	62180
绍兴市	127	376364	87001
金华市	136	386203	98184
衢州市	31	79840	24083
舟山市	19	33222	8460
台州市	223	816544	168522
丽水市	19	38494	11770

6－33　高技术产业小型企业生产经营情况(二)

单位:万元

指标名称	主营业务收入	利润总额	利税	出口交货值
总　计	**8924694**	**343172**	**555944**	**4474205**
按高技术行业分组				
核燃料加工				
信息化学品制造业	185138	21521	27896	62392
医药制造业	1409914	98916	160633	358485
＃化学药品制造业	870858	45123	81570	227457
中成药制造业	133921	14749	23723	11722
生物、生化制品的制造业	188107	27205	34710	70508
航空航天器制造业	5665	670	998	780
飞机制造及修理业	2263	100	211	
其他飞行器制造业	3401	570	788	780
电子及通信设备制造业	5794988	118907	205697	3661519
通信设备制造业	3795126	30314	50397	3074216
＃通信传输设备制造业	107175	7638	15442	7758
通信交换设备制造业	35919	1931	3719	1653
通信终端设备制造业	52877	1494	3458	3101
移动通信及终端设备制造业	3529602	17340	22547	3048669
雷达及配套设备制造业	3180	56	56	3180
广播电视设备制造业	178701	6346	10163	75734
电子器件制造业	375710	27077	37460	119498
电子真空器件制造业	17858	671	1531	2448
半导体分立器件制造业	140046	13643	17062	51379
集成电路制造业	75070	3349	5579	29113
光电子器件及其他电子器件制造业	142737	9414	13288	36558
电子元件制造业	1190697	45877	91239	288152
家用视听设备制造业	153607	2949	6690	86155

单位:万元

指标名称	主营业务收入	利润总额	利税	出口交货值
其他电子设备制造业	97967	6289	9693	14584
电子计算机及办公设备制造业	212623	10403	16465	61118
电子计算机整机制造业	14142	274	646	
计算机网络设备制造业	29914	132	806	9478
电子计算机外部设备制造业	112062	5762	8173	34261
办公设备制造业	56504	4235	6841	17380
医疗设备及仪器仪表制造业	1316368	92757	144255	329911
医疗设备及器械制造业	152245	15127	22464	53954
仪器仪表制造业	1164123	77630	121790	275957
公共软件服务业				
按企业登记注册类型分组				
国有	27217	3051	4785	649
集体	78395	3723	8242	1566
股份	71605	13854	18356	3886
私营	2276435	121350	211591	484508
三资	5056777	116498	163610	3741893
按地区分组				
杭州市	4759115	86808	142237	3331816
宁波市	1285364	82133	122759	479751
温州市	629442	35616	65913	93140
嘉兴市	387398	14775	28088	107975
湖州市	204821	26464	35687	52249
绍兴市	364846	25840	40515	54740
金华市	377704	19576	35027	72328
衢州市	78466	3743	6937	12943
舟山市	21944	－519	154	2813
台州市	779512	46604	74535	266356
丽水市	36082	2131	4093	93

6-34 高技术产业小型企业技术装备及科技机构情况

单位:万元

指标名称	年末固定资产原价	微电子控制设备原价	科技机构数(个)	科技机构人员(人)	科技机构经费内部支出
总　计	**2293119**	**210169**	**440**	**9357**	**95456**
按高技术行业分组					
核燃料加工					
信息化学品制造业	151237	18815	7	83	935
医药制造业	718904	22978	120	2238	27131
#化学药品制造业	455423	11340	57	1233	16292
中成药制造业	95553	4252	18	316	4930
生物、生化制品的制造业	62755	5547	21	338	3293
航空航天器制造业	2944	160			
飞机制造及修理业	1085	40			
其他飞行器制造业	1859	120			
电子及通信设备制造业	931573	139248	175	4149	39102
通信设备制造业	131965	10121	29	1641	16781
#通信传输设备制造业	26689	5670	9	230	2889
通信交换设备制造业	10594	146	4	76	384
通信终端设备制造业	14159	2276	4	985	9878
移动通信及终端设备制造业	45620	1882	7	225	2772
雷达及配套设备制造业	480				
广播电视设备制造业	50051	1499	14	340	3408
电子器件制造业	268389	92049	37	649	7440
电子真空器件制造业	7153	2004	4	57	739
半导体分立器件制造业	132744	78389	13	247	3585
集成电路制造业	71783	1084	7	124	568
光电子器件及其他电子器件制造业	56710	10572	13	221	2549
电子元件制造业	406640	31553	72	1116	8820
家用视听设备制造业	41692	2317	9	147	1342

指标名称	年末固定资产原价	微电子控制设备原价	科技机构数（个）	科技机构人员（人）	科技机构经费内部支出
其他电子设备制造业	32356	1709	14	256	1311
电子计算机及办公设备制造业	91523	6935	25	496	4596
电子计算机整机制造业	368	24	1	7	136
计算机网络设备制造业	12109	265	4	55	344
电子计算机外部设备制造业	49832	5303	7	169	765
办公设备制造业	29214	1344	13	265	3351
医疗设备及仪器仪表制造业	396939	22034	113	2391	23693
医疗设备及器械制造业	69801	1504	16	285	2696
仪器仪表制造业	327137	20530	97	2106	20996
公共软件服务业					
按企业登记注册类型分组					
国有	14723	1211	5	88	1084
集体	18548	427	3	55	210
股份	56226	18875	5	166	5253
私营	779493	43722	204	3583	33743
三资	887652	102797	97	2156	23348
按地区分组					
杭州市	572369	47801	108	2311	26233
宁波市	619538	91054	77	1604	15096
温州市	198164	13890	50	883	9980
嘉兴市	150994	16004	55	1955	18027
湖州市	107785	3545	19	344	4171
绍兴市	175503	6245	24	390	6377
金华市	189092	3053	28	592	5943
衢州市	26731	2036	4	99	937
舟山市	5405	188	3	20	168
台州市	233270	25786	72	1159	8525
丽水市	14269	569			

6－35 高技术产业小型企业科技活动人员情况

单位：人

指标名称	科技活动人员	科学家和工程师	R&D活动人员折合全时当量（人年）	科学家和工程师
总　计	**17419**	**11221**	**7061**	**5294**
按高技术行业分组				
核燃料加工				
信息化学品制造业	397	243	154	146
医药制造业	4264	2951	1675	1294
＃化学药品制造业	2308	1618	887	697
中成药制造业	548	397	234	186
生物、生化制品的制造业	888	607	393	282
航空航天器制造业	44	28	4	1
飞机制造及修理业	16	5	4	1
其他飞行器制造业	28	23		
电子及通信设备制造业	7278	4505	2777	2055
通信设备制造业	2118	1438	997	851
＃通信传输设备制造业	350	304	123	115
通信交换设备制造业	157	101	34	19
通信终端设备制造业	1098	610	662	566
移动通信及终端设备制造业	294	245	112	98
广播电视设备制造业	537	374	202	143
电子器件制造业	1453	931	595	465
电子真空器件制造业	72	54	27	21
半导体分立器件制造业	470	238	201	137
集成电路制造业	430	300	169	143
光电子器件及其他电子器件制造业	481	339	198	164
电子元件制造业	2245	1227	719	437

指标名称	科技活动人员	科学家和工程师	R&D活动人员折合全时当量(人年)	科学家和工程师
家用视听设备制造业	288	156	101	78
其他电子设备制造业	637	379	163	81
电子计算机及办公设备制造业	992	605	427	311
电子计算机整机制造业	39	18	4	2
计算机网络设备制造业	101	81	47	46
电子计算机外部设备制造业	462	301	181	141
办公设备制造业	390	205	195	122
医疗设备及仪器仪表制造业	4444	2889	2024	1487
医疗设备及器械制造业	439	262	212	143
仪器仪表制造业	4005	2627	1812	1344
公共软件服务业				
按企业登记注册类型分组				
国有	201	155	138	110
集体	106	68	38	29
股份	467	346	241	205
私营	7173	4529	2498	1823
三资	3931	2610	1694	1275
按地区分组				
杭州市	5186	3878	2107	1760
宁波市	3117	2006	1176	922
温州市	1499	947	659	454
嘉兴市	2564	1283	1218	910
湖州市	745	482	280	194
绍兴市	749	519	275	245
金华市	1106	707	254	175
衢州市	250	144	97	67
舟山市	36	18	14	5
台州市	2072	1165	970	555
丽水市	95	72	11	7

6－36 高技术产业小型企业科技活动经费筹集情况

单位:万元

指标名称	科技活动经费筹集总额	政府资金	企业资金	金融机构贷款
总　计	**221376**	**31622**	**163900**	**22623**
按高技术行业分组				
核燃料加工				
信息化学品制造业	8507	329	5958	2210
医药制造业	60179	3157	46762	9412
＃化学药品制造业	35036	1133	28468	5025
中成药制造业	8940	573	7683	513
生物、生化制品的制造业	11333	982	6520	3717
航空航天器制造业	580	20	560	
飞机制造及修理业	80		80	
其他飞行器制造业	500	20	480	
电子及通信设备制造业	91308	24007	60112	5682
通信设备制造业	34857	20366	13380	766
＃通信传输设备制造业	4701	123	3806	426
通信交换设备制造业	1244	100	1124	20
通信终端设备制造业	21833	19989	1645	200
移动通信及终端设备制造业	5515	130	5386	
广播电视设备制造业	6477	766	4683	510
电子器件制造业	24134	1918	19650	2328
电子真空器件制造业	1164	10	1127	
半导体分立器件制造业	7165	328	6269	528
集成电路制造业	6467	839	4899	710
光电子器件及其他电子器件制造业	9338	742	7356	1090
电子元件制造业	18143	328	15628	1828

指标名称	科技活动经费筹集总额	政府资金	企业资金	金融机构贷款
家用视听设备制造业	3480	213	3097	160
其他电子设备制造业	4216	417	3674	90
电子计算机及办公设备制造业	17278	1135	14195	1890
电子计算机整机制造业	336	32	304	
计算机网络设备制造业	983	40	841	103
电子计算机外部设备制造业	9404	925	6919	1542
办公设备制造业	6555	137	6131	246
医疗设备及仪器仪表制造业	43524	2975	36314	3429
医疗设备及器械制造业	4170	349	3594	200
仪器仪表制造业	39354	2626	32720	3229
公共软件服务业				
按企业登记注册类型分组				
国有	1707	190	1438	
集体	723	46	677	
股份	10126	169	9957	
私营	85299	4258	67376	12038
三资	50570	3345	39947	6358
按地区分组				
杭州市	66399	5423	56825	3166
宁波市	33871	1874	25557	6062
温州市	16593	894	14221	1340
嘉兴市	35875	20304	13889	1080
湖州市	10159	209	6540	3195
绍兴市	16196	1075	12374	2360
金华市	16197	581	13375	1990
衢州市	2812	150	2524	77
舟山市	518	52	446	
台州市	21609	976	17273	3165
丽水市	1149	84	877	188

6－37 高技术产业小型企业科技活动经费支出情况

单位:万元

	科技活动经费内部支出	劳　务　费	仪器设备费	R&D经费内部支出
总　计	**182228**	**48237**	**45696**	**117839**
按高技术行业分组				
核燃料加工				
信息化学品制造业	6202	1237	1930	4205
医药制造业	50521	10657	13760	27486
＃化学药品制造业	29311	6545	8166	16677
中成药制造业	7965	1237	1892	3638
生物、生化制品的制造业	8301	1939	2008	5192
航空航天器制造业	583	76	261	30
飞机制造及修理业	77	30	21	30
其他飞行器制造业	506	46	240	
电子及通信设备制造业	71372	19664	16697	47195
通信设备制造业	21813	5358	2495	17309
＃通信传输设备制造业	4412	1522	1189	2978
通信交换设备制造业	1146	701	76	205
通信终端设备制造业	11410	1242	602	10615
移动通信及终端设备制造业	3526	1352	440	2892
广播电视设备制造业	5255	1564	882	4054
电子器件制造业	20875	5668	7050	13901
电子真空器件制造业	813	289	276	266
半导体分立器件制造业	8540	1497	3812	6224
集成电路制造业	5285	2093	785	4758
光电子器件及其他电子器件制造业	6238	1790	2178	2653
电子元件制造业	17251	5027	5317	8836
家用视听设备制造业	2571	651	409	1791

	科技活动经费内部支出	劳　务　费	仪器设备费	R&D经费内部支出
其他电子设备制造业	3607	1396	545	1305
电子计算机及办公设备制造业	15006	3949	4518	11319
电子计算机整机制造业	244	83	13	136
计算机网络设备制造业	773	280	112	473
电子计算机外部设备制造业	8874	2109	3171	7845
办公设备制造业	5114	1477	1223	2865
医疗设备及仪器仪表制造业	38543	12655	8530	27603
医疗设备及器械制造业	3613	927	487	2639
仪器仪表制造业	34931	11727	8043	24964
公共软件服务业				
按企业登记注册类型分组				
国有	1612	458	378	1453
集体	798	408	213	535
股份	9903	2093	2928	6822
私营	67817	18007	17778	40586
三资	45647	13007	13488	32629
按地区分组				
杭州市	57635	18939	13184	36288
宁波市	27773	7026	6393	17578
温州市	14687	3727	4653	9982
嘉兴市	24327	4863	3860	19484
湖州市	9013	1989	3340	5922
绍兴市	12189	3347	3616	10455
金华市	13886	2167	5053	5122
衢州市	2731	803	582	1212
舟山市	575	130	115	324
台州市	18495	5007	4629	11235
丽水市	917	239	273	238

6－38　高技术产业小型企业新产品及专利情况(一)

单位:万元

指标名称	科技项目数（项）	新产品开发项目数（项）	新产品开发经费支出	新产品产值
总　计	**1963**	**1738**	**150100**	**1167801**
按高技术行业分组				
核燃料加工				
信息化学品制造业	32	26	5195	39731
医药制造业	542	471	39758	342848
＃化学药品制造业	301	254	24001	227235
中成药制造业	64	55	5395	27010
生物、生化制品的制造业	108	100	7116	72666
航空航天器制造业	7	5	177	166
飞机制造及修理业	5	5	77	10
其他飞行器制造业	2		100	156
电子及通信设备制造业	682	608	62734	457049
通信设备制造业	106	102	19970	139277
＃通信传输设备制造业	30	30	4164	21968
通信交换设备制造业	13	13	1100	10090
通信终端设备制造业	28	26	11196	60496
移动通信及终端设备制造业	19	17	2220	40431
广播电视设备制造业	55	51	4968	26468
电子器件制造业	150	132	17433	110544
电子真空器件制造业	13	12	803	14430
半导体分立器件制造业	50	40	5876	42798
集成电路制造业	36	33	5187	20006
光电子器件及其他电子器件制造业	51	47	5567	33310
电子元件制造业	253	230	15382	133096
家用视听设备制造业	36	31	2338	25967

指标名称	科技项目数（项）	新产品开发项目数（项）	新产品开发经费支出	新产品产值
其他电子设备制造业	82	62	2643	21699
电子计算机及办公设备制造业	70	60	7933	63448
电子计算机整机制造业	2	2	236	1753
计算机网络设备制造业	10	10	577	5991
电子计算机外部设备制造业	26	21	3314	35753
办公设备制造业	32	27	3807	19952
医疗设备及仪器仪表制造业	630	568	34303	264559
医疗设备及器械制造业	49	48	3207	22624
仪器仪表制造业	581	520	31096	241935
公共软件服务业				
按企业登记注册类型分组				
国有	50	41	1497	7409
集体	7	7	653	5745
股份	44	41	9101	46795
私营	921	841	55347	439432
三资	361	303	35406	307975
按地区分组				
杭州市	575	508	48460	281620
宁波市	348	309	24725	214850
温州市	157	145	12913	124148
嘉兴市	201	181	22639	174585
湖州市	53	46	6808	46109
绍兴市	56	51	6577	79654
金华市	102	86	9720	88466
衢州市	25	22	2469	9470
舟山市	10	8	472	1031
台州市	419	367	14656	145499
丽水市	17	15	661	2369

6-39 高技术产业小型企业新产品及专利情况(二)

单位:万元

指标名称	新产品销售收入	出口	专利申请数(件)	拥有发明专利数(件)
总　计	**1119767**	**247033**	**1092**	**434**
按高技术行业分组				
核燃料加工				
信息化学品制造业	30783	12773	10	2
医药制造业	331928	85013	160	97
＃化学药品制造业	214211	67666	37	44
中成药制造业	33415	1336	54	20
生物、生化制品的制造业	68463	14002	20	17
航空航天器制造业	166	166	2	2
飞机制造及修理业	10	10	2	2
其他飞行器制造业	156	156		
电子及通信设备制造业	435105	79034	480	175
通信设备制造业	134724	3866	131	34
＃通信传输设备制造业	18500	724	27	8
通信交换设备制造业	9934	190	17	6
通信终端设备制造业	60261	671	19	14
移动通信及终端设备制造业	39738	2281	58	6
广播电视设备制造业	24129	5414	52	15
电子器件制造业	103819	13543	121	39
电子真空器件制造业	14092	3128	34	1
半导体分立器件制造业	39838	3119	27	19
集成电路制造业	16797	3821	31	16
光电子器件及其他电子器件制造业	33093	3476	29	3
电子元件制造业	124822	34456	138	31

单位:万元

指标名称	新产品销售收入	出口	专利申请数(件)	拥有发明专利数(件)
家用视听设备制造业	25347	19383	12	1
其他电子设备制造业	22265	2373	26	55
电子计算机及办公设备制造业	60401	4694	77	24
电子计算机整机制造业	1570		7	
计算机网络设备制造业	5855	1924	3	
电子计算机外部设备制造业	35012	1109	26	9
办公设备制造业	17964	1662	41	15
医疗设备及仪器仪表制造业	261384	65353	363	134
医疗设备及器械制造业	21286	3019	92	20
仪器仪表制造业	240098	62334	271	114
公共软件服务业				
按企业登记注册类型分组				
国有	7244	21	23	17
集体	4669		7	7
股份	45214	19807	13	23
私营	408418	83840	562	182
三资	298953	89094	235	57
按地区分组				
杭州市	272688	40104	345	139
宁波市	200394	75366	289	59
温州市	115545	8636	125	38
嘉兴市	175385	24524	137	56
湖州市	51417	6903	23	23
绍兴市	66309	18332	50	57
金华市	83828	18080	42	26
衢州市	9034	956	16	1
舟山市	878		4	8
台州市	142567	54093	58	24
丽水市	1721	40	3	3

6－40 高技术产业小型企业技术引进情况

单位:万元

	技术改造经费支出	技术引进经费支出	消化吸收经费支出	购买国内技术经费支出
总　计	**73256**	**8168**	**6538**	**9492**
按高技术行业分组				
核燃料加工				
信息化学品制造业	2398	170	280	40
医药制造业	24559	1802	1655	2852
＃化学药品制造业	11280	1383	1070	1910
中成药制造业	9869		188	751
生物、生化制品的制造业	2286	407	256	156
航空航天器制造业	30			30
其他飞行器制造业	30			30
电子及通信设备制造业	30482	2279	1798	620
通信设备制造业	2232	62	6	62
＃通信传输设备制造业	328			47
通信交换设备制造业	13	12	6	
通信终端设备制造业	20			
移动通信及终端设备制造业	1828	50		15
广播电视设备制造业	96			
电子器件制造业	18280	831	1515	316
电子真空器件制造业	1276		711	94
半导体分立器件制造业	932	36	719	100
集成电路制造业	496	15	25	3
光电子器件及其他电子器件制造业	15577	780	60	120
电子元件制造业	8057	1299	225	147
家用视听设备制造业	641	32		

单位:万元

指标名称	技术改造经费支出	技术引进经费支出	消化吸收经费支出	购买国内技术经费支出
其他电子设备制造业	1176	54	52	95
电子计算机及办公设备制造业	2960	324	669	18
计算机网络设备制造业	2363	150	45	18
电子计算机外部设备制造业	174	174	624	
办公设备制造业	424			
医疗设备及仪器仪表制造业	12828	3593	2136	5932
医疗设备及器械制造业	982	120	302	51
仪器仪表制造业	11846	3473	1834	5881
公共软件服务业				
按企业登记注册类型分组				
国有	45			108
集体	179			331
股份	2802	2076	866	130
私营	23831	811	1342	1512
三资	25503	1621	2160	660
按地区分组				
杭州市	16708	1426	825	778
宁波市	14343	2955	2031	5597
温州市	5735	751	1847	165
嘉兴市	6822	483	310	57
湖州市	756	107	71	66
绍兴市	9161	1158	263	472
金华市	6412	193	618	1462
衢州市	56	56	402	45
舟山市	94	3	9	31
台州市	13004	1038	163	819
丽水市	165			

6－41 高技术产业国有及国有控股企业从业人员及工程技术人员情况

单位：人

指标名称	从业人员年平均人数	工程技术人员
总　计	**17862**	**1988**
按高技术行业分组		
核燃料加工		
信息化学品制造业	1537	592
医药制造业	5344	725
＃化学药品制造业	4672	674
中成药制造业	267	20
生物、生化制品的制造业	45	
航空航天器制造业		
电子及通信设备制造业	5602	379
通信设备制造业	1178	31
＃通信传输设备制造业	164	
通信交换设备制造业	665	29
通信终端设备制造业		2
移动通信及终端设备制造业	173	
电子器件制造业	808	63
半导体分立器件制造业	509	63
光电子器件及其他电子器件制造业	299	
电子元件制造业	1437	
家用视听设备制造业	2124	255
其他电子设备制造业	55	30

指标名称	从业人员年平均人数	工程技术人员
电子计算机及办公设备制造业	445	12
电子计算机整机制造业	29	
计算机网络设备制造业	155	12
办公设备制造业	261	
医疗设备及仪器仪表制造业	4843	230
医疗设备及器械制造业	1040	
仪器仪表制造业	3803	230
公共软件服务业	91	50
按企业登记注册类型分组		
国有	8155	1781
集体	2271	
股份	1279	102
私营	100	
三资	2035	52
按地区分组		
杭州市	10249	1577
宁波市	2964	164
温州市	1740	11
嘉兴市	942	128
湖州市	742	22
绍兴市	166	7
金华市	673	79
台州市	386	

6－42　高技术产业国有及国有控股企业生产经营情况(一)

单位:万元

指标名称	企业数(个)	总产值(当年价格)	增加值
总　计	**114**	**690896**	**171783**
按高技术行业分组			
核燃料加工			
信息化学品制造业	2	83365	21139
医药制造业	20	294090	107688
＃化学药品制造业	13	274363	105037
中成药制造业	3	4901	1091
生物、生化制品的制造业	1	1016	114
航空航天器制造业			
电子及通信设备制造业	41	204427	16493
通信设备制造业	10	32630	6724
＃通信传输设备制造业	2	4385	564
通信交换设备制造业	2	6849	3239
通信终端设备制造业	2		
移动通信及终端设备制造业	1	1721	567
电子器件制造业	6	32269	8298
半导体分立器件制造业	4	29117	6852
光电子器件及其他电子器件制造业	2	3151	1446
电子元件制造业	18	39306	8091
家用视听设备制造业	3	99394	－7000
其他电子设备制造业	4	829	380

单位：万元

指标名称	企业数（个）	总产值（当年价格）	增加值
电子计算机及办公设备制造业	4	9508	2417
电子计算机整机制造业	1	3450	302
计算机网络设备制造业	2	2714	326
办公设备制造业	1	3345	1789
医疗设备及仪器仪表制造业	43	99506	24046
医疗设备及器械制造业	7	18446	4609
仪器仪表制造业	36	81060	19437
公共软件服务业	4		
按企业登记注册类型分组			
国有	33	402590	102513
集体	21	62767	11507
股份	4	20001	6207
私营	1	8418	1387
三资	11	45231	9483
按地区分组			
杭州市	48	507133	120568
宁波市	31	90412	24955
温州市	14	29510	8154
嘉兴市	5	16770	5275
湖州市	4	11302	3293
绍兴市	4	6621	1350
金华市	2	12739	5422
台州市	6	16410	2765

6－43　高技术产业国有及国有控股企业生产经营情况(二)

单位:万元

指标名称	主营业务收　　入	利润总额	利　　税	出口交货值
总　计	**710093**	**47522**	**87237**	**97313**
按高技术行业分组				
核燃料加工				
信息化学品制造业	99211	4799	7597	13432
医药制造业	288293	27421	53265	10154
＃化学药品制造业	273188	27959	52826	10045
中成药制造业	4738	－340	70	
生物、生化制品的制造业	1018	2	38	
航空航天器制造业				
电子及通信设备制造业	217205	11926	18717	50981
通信设备制造业	31801	886	2666	535
＃通信传输设备制造业	4513	－430	－176	
通信交换设备制造业	7276	1255	1916	
移动通信及终端设备制造业	1897	－29	－9	535
电子器件制造业	35679	5344	6496	4941
半导体分立器件制造业	32214	4648	5545	4726
光电子器件及其他电子器件制造业	3465	696	951	214
电子元件制造业	38049	1819	3131	3768
家用视听设备制造业	110814	3794	6246	41738
其他电子设备制造业	861	82	178	

指标名称	主营业务收　入	利润总额	利　税	出口交货值
电子计算机及办公设备制造业	9471	574	1166	
电子计算机整机制造业	3003	15	48	
计算机网络设备制造业	2806	-119	-10	
办公设备制造业	3663	678	1127	
医疗设备及仪器仪表制造业	95913	2803	6493	22746
医疗设备及器械制造业	18431	780	1685	6686
仪器仪表制造业	77483	2022	4808	16060
公共软件服务业				
按企业登记注册类型分组				
国有	430205	30705	58336	61921
集体	59941	1975	4987	991
股份	19328	115	1454	5377
私营	8794	91	448	
三资	47163	2838	4130	12669
按地区分组				
杭州市	532440	35104	65784	68982
宁波市	88517	7322	11854	11086
温州市	28765	1070	2557	5208
嘉兴市	16339	348	700	5774
湖州市	10629	99	726	2971
绍兴市	6318	-8	224	
金华市	12700	3087	4581	
台州市	14385	501	811	3292

6-44 高技术产业国有及国有控股企业技术装备及科技机构情况

单位:万元

指标名称	年末固定资产原价	微电子控制设备原价	科技机构数(个)	科技机构人员(人)	科技机构经费内部支出
总　计	**335827**	**16955**	**12**	**471**	**6848**
按高技术行业分组					
核燃料加工					
信息化学品制造业	85257	5421	3	68	364
医药制造业	111598	685	4	139	1585
#化学药品制造业	103014	685	2	114	1351
中成药制造业	4621		1	9	120
生物、生化制品的制造业	99				
航空航天器制造业					
电子及通信设备制造业	97124	8378	4	228	4581
通信设备制造业	6226	191			
#通信传输设备制造业	1684				
通信交换设备制造业	2645				
通信终端设备制造业		191			
移动通信及终端设备制造业	682				
电子器件制造业	12052		3	63	850
半导体分立器件制造业	8309		3	63	850
光电子器件及其他电子器件制造业	3742				
电子元件制造业	8917				
家用视听设备制造业	69655	8064	1	165	3731
其他电子设备制造业	275	123			

指标名称	年末固定资产原价	微电子控制设备原价	科技机构数（个）	科技机构人员（人）	科技机构经费内部支出
电子计算机及办公设备制造业	6796	1			
电子计算机整机制造业	223				
计算机网络设备制造业	773	1			
办公设备制造业	5800				
医疗设备及仪器仪表制造业	35053	2470	1	36	319
医疗设备及器械制造业	5616				
仪器仪表制造业	29437	2470	1	36	319
公共软件服务业					
按企业登记注册类型分组					
国有	207788	9525	12	471	6848
集体	8794				
股份	27022	385			
私营	961				
三资	21517	123			
按地区分组					
杭州市	241210	7135	7	363	5560
宁波市	40045	5846	4	72	970
温州市	10117	1500			
嘉兴市	10423	2090	1	36	319
湖州市	11158				
绍兴市	5738				
金华市	13868	385			
台州市	3268				

6-45 高技术产业国有及国有控股企业科技活动人员情况

单位:人

指标名称	科技活动人员	科学家和工程师	R&D活动人员折合全时当量(人年)	科学家和工程师
总　计	**984**	**678**	**579**	**496**
按高技术行业分组				
核燃料加工				
信息化学品制造业	231	132	102	102
医药制造业	273	202	138	116
#化学药品制造业	243	181	130	108
中成药制造业	14	9	8	8
航空航天器制造业				
电子及通信设备制造业	294	215	215	177
通信设备制造业	12	9	6	2
通信终端设备制造业	12	9	6	2
电子器件制造业	63	59	63	59
半导体分立器件制造业	63	59	63	59
电子元件制造业	17	10	6	5
家用视听设备制造业	196	132	137	108
其他电子设备制造业	6	5	3	3
电子计算机及办公设备制造业				
医疗设备及仪器仪表制造业	138	97	97	78
仪器仪表制造业	138	97	97	78
公共软件服务业	48	32	27	23
按地区分组				
杭州市	802	527	438	359
宁波市	85	76	79	75
嘉兴市	89	68	62	62
绍兴市	8	7		

6－46 高技术产业国有及国有控股企业科技活动经费筹集情况

单位:万元

指标名称	科技活动经费筹集总额	政府资金	企业资金	金融机构贷款
总　计	**17011**	**1215**	**15686**	
按高技术行业分组				
核燃料加工				
信息化学品制造业	1813	90	1723	
医药制造业	6355	456	5899	
＃化学药品制造业	6108	416	5692	
中成药制造业	120		120	
航空航天器制造业				
电子及通信设备制造业	5801	570	5201	
通信设备制造业	70		70	
通信终端设备制造业	70		70	
电子器件制造业	850	150	701	
半导体分立器件制造业	850	150	701	
电子元件制造业	29		29	
家用视听设备制造业	4852	420	4402	
电子计算机及办公设备制造业				
医疗设备及仪器仪表制造业	943		863	
仪器仪表制造业	943		863	
公共软件服务业	2100	100	2000	
按地区分组				
杭州市	14835	966	13760	
宁波市	1070	150	921	
温州市	400		400	
嘉兴市	606		606	
绍兴市	100	100		

6-47 高技术产业国有及国有控股企业科技活动经费支出情况

单位:万元

	科技活动经费内部支出	劳 务 费	仪器设备费	R&D经费内部支出
总 计	**11248**	**3678**	**2004**	**8769**
按高技术行业分组				
核燃料加工				
信息化学品制造业	1554	267	539	785
医药制造业	2966	1346	354	1576
#化学药品制造业	2712	1292	214	1456
中成药制造业	120	18	59	120
航空航天器制造业				
电子及通信设备制造业	5333	1371	883	5307
通信设备制造业	70	37		70
通信终端设备制造业	70	37		70
电子器件制造业	850	143	178	850
半导体分立器件制造业	850	143	178	850
电子元件制造业	29	10		29
家用视听设备制造业	4357	1166	705	4330
其他电子设备制造业	28	16		28
电子计算机及办公设备制造业				
医疗设备及仪器仪表制造业	1044	392	206	840
仪器仪表制造业	1044	392	206	840
公共软件服务业	351	302	23	261
按地区分组				
杭州市	9323	3164	1550	7138
宁波市	1038	186	268	1038
嘉兴市	797	258	187	593
绍兴市	90	70		

6－48　高技术产业国有及国有控股企业新产品及专利情况(一)

单位:万元

指标名称	科技项目数(项)	新产品开发项目数(项)	新产品开发经费支出	新产品产值
总　计	**117**	**94**	**8424**	**288957**
按高技术行业分组				
核燃料加工				
信息化学品制造业	13	9	1107	10681
医药制造业	33	27	2085	198386
＃化学药品制造业	29	23	1851	198245
中成药制造业	1	1	120	120
航空航天器制造业				
电子及通信设备制造业	48	35	4413	75373
通信设备制造业	2			1538
通信终端设备制造业	2			1538
电子器件制造业	22	15	850	4545
半导体分立器件制造业	22	15	850	4545
电子元件制造业	4	4	29	50
家用视听设备制造业	19	15	3506	69240
其他电子设备制造业	1	1	28	
电子计算机及办公设备制造业				
医疗设备及仪器仪表制造业	23	23	820	4517
仪器仪表制造业	23	23	820	4517
公共软件服务业				
按地区分组				
杭州市	78	62	6813	279836
宁波市	25	18	1038	4992
嘉兴市	14	14	573	4129

6－49 高技术产业国有及国有控股企业新产品及专利情况(二)

单位:万元

指标名称	新产品销售收入	出口	专利申请数(件)	拥有发明专利数(件)
总　计	**150299**	**26027**	**72**	**20**
按高技术行业分组				
核燃料加工				
信息化学品制造业	10781		3	
医药制造业	63481	3239	31	9
＃化学药品制造业	63340	3239	31	3
中成药制造业	120			6
航空航天器制造业				
电子及通信设备制造业	71815	21247	27	7
通信设备制造业	1442			
通信终端设备制造业	1442			
电子器件制造业	4545		20	7
半导体分立器件制造业	4545		20	7
电子元件制造业	50			
家用视听设备制造业	65778	21247	7	
电子计算机及办公设备制造业				
医疗设备及仪器仪表制造业	4221	1541	11	4
仪器仪表制造业	4221	1541	11	4
公共软件服务业				
按地区分组				
杭州市	141464	24465	44	7
宁波市	4992	21	20	13
嘉兴市	3842	1541	8	

6－50　高技术产业国有及国有控股企业技术引进情况

单位:万元

	技术改造经费支出	技术引进经费支出	消化吸收经费支出	购买国内技术经费支出
总　计	**5032**	**476**	**146**	**231**
按高技术行业分组				
核燃料加工				
信息化学品制造业	1139			
医药制造业	1502			3
＃化学药品制造业	1497			3
航空航天器制造业				
电子及通信设备制造业	1225	453	80	228
电子器件制造业				100
半导体分立器件制造业				100
家用视听设备制造业	1215	453	80	120
其他电子设备制造业	10			8
电子计算机及办公设备制造业				
医疗设备及仪器仪表制造业	1166	23	66	
仪器仪表制造业	1166	23	66	
公共软件服务业				
按地区分组				
杭州市	3866	453	80	131
宁波市				100
嘉兴市	1166	23	66	

6-51 高技术产业三资企业从业人员及工程技术人员情况

单位:人

指标名称	从业人员年平均人数	工程技术人员
总　计	**192456**	**19601**
按高技术行业分组		
核燃料加工		
信息化学品制造业	2563	320
医药制造业	14326	1783
#化学药品制造业	5517	717
中成药制造业	3742	600
生物、生化制品的制造业	2814	403
航空航天器制造业		
电子及通信设备制造业	106370	9186
通信设备制造业	26008	3736
#通信传输设备制造业	4774	1891
通信交换设备制造业	1228	89
通信终端设备制造业	1987	10
移动通信及终端设备制造业	16655	1708
雷达及配套设备制造业	200	
广播电视设备制造业	7247	386
电子器件制造业	15367	1152
半导体分立器件制造业	6113	455
集成电路制造业	4172	334
光电子器件及其他电子器件制造业	5082	363
电子元件制造业	45122	3097
家用视听设备制造业	10557	565
其他电子设备制造业	1869	250

指标名称	从业人员年平均人数	工程技术人员
电子计算机及办公设备制造业	27525	4228
电子计算机整机制造业	3945	953
计算机网络设备制造业	6115	2607
电子计算机外部设备制造业	16841	605
办公设备制造业	624	63
医疗设备及仪器仪表制造业	36786	2956
医疗设备及器械制造业	4129	611
仪器仪表制造业	32657	2345
公共软件服务业	4886	1128
按地区分组		
杭州市	54176	10154
宁波市	73827	4639
温州市	5566	579
嘉兴市	33010	2171
湖州市	3245	312
绍兴市	5585	454
金华市	4494	568
衢州市	408	76
舟山市	158	4
台州市	11319	513
丽水市	668	131

6－52　高技术产业三资企业生产经营情况(一)

单位：万元

指标名称	企业数（个）	总产值（当年价格）	增加值
总　计	**650**	**13319560**	**1822582**
按高技术行业分组			
核燃料加工			
信息化学品制造业	12	180787	56185
医药制造业	79	752123	231498
＃化学药品制造业	32	351290	103517
中成药制造业	12	159794	66765
生物、生化制品的制造业	21	125716	41970
航空航天器制造业			
电子及通信设备制造业	336	8447113	868595
通信设备制造业	43	6473193	426226
＃通信传输设备制造业	11	545710	96091
通信交换设备制造业	3	43816	11433
通信终端设备制造业	3	28753	5777
移动通信及终端设备制造业	19	5830501	303285
雷达及配套设备制造业	1	3180	711
广播电视设备制造业	27	139755	30132
电子器件制造业	63	571146	110334
电子真空器件制造业	1		
半导体分立器件制造业	23	274053	54661
集成电路制造业	16	127839	26296
光电子器件及其他电子器件制造业	23	169254	29377
电子元件制造业	158	976497	237096
家用视听设备制造业	37	242669	56529
其他电子设备制造业	7	40673	7567

指标名称	企业数（个）	总产值（当年价格）	增加值
电子计算机及办公设备制造业	41	2860906	399820
电子计算机整机制造业	2	1111357	60075
计算机网络设备制造业	8	520558	227155
电子计算机外部设备制造业	27	1211882	108554
办公设备制造业	4	17108	4036
医疗设备及仪器仪表制造业	121	1078631	266484
医疗设备及器械制造业	20	128445	48956
仪器仪表制造业	101	950186	217529
公共软件服务业	61		
按地区分组			
杭州市	175	9046536	991303
宁波市	255	2472584	384773
温州市	22	126935	31459
嘉兴市	88	832664	208265
湖州市	20	96735	38339
绍兴市	34	219957	44915
金华市	20	86047	23365
衢州市	2	21526	10218
舟山市	2	1299	361
台州市	29	389890	80902
丽水市	3	25387	8682

6-53 高技术产业三资企业生产经营情况(二)

单位:万元

指标名称	主营业务收入	利润总额	利税	出口交货值
总计	**13383569**	**553336**	**731413**	**9354926**
按高技术行业分组				
核燃料加工				
信息化学品制造业	181757	28961	31215	80071
医药制造业	710554	79721	119332	229515
#化学药品制造业	325160	21314	36945	103275
中成药制造业	159729	28697	47924	11998
生物、生化制品的制造业	129171	23823	26758	74670
航空航天器制造业				
电子及通信设备制造业	8590367	185346	249336	6261673
通信设备制造业	6669485	73628	105732	5177735
#通信传输设备制造业	788574	-3397	3664	239760
通信交换设备制造业	41288	2892	3879	
通信终端设备制造业	29881	2935	3055	19490
移动通信及终端设备制造业	5785362	69080	91988	4908434
雷达及配套设备制造业	3180	56	56	3180
广播电视设备制造业	133661	4613	5325	98761
电子器件制造业	555376	30127	37927	238088
半导体分立器件制造业	273016	23400	26567	112593
集成电路制造业	121081	-6915	-4466	50790
光电子器件及其他电子器件制造业	161279	13643	15826	74705
电子元件制造业	961845	68633	89477	535704
家用视听设备制造业	229597	6689	7789	176846
其他电子设备制造业	37224	1600	3030	31360

单位:万元

指标名称	主营业务收入	利润总额	利税	出口交货值
电子计算机及办公设备制造业	2865786	175700	224510	2163841
电子计算机整机制造业	1104744	21577	26028	1046351
计算机网络设备制造业	584190	124302	163435	110499
电子计算机外部设备制造业	1161404	27500	32354	1001940
办公设备制造业	15448	2321	2694	5051
医疗设备及仪器仪表制造业	1035106	82240	107019	619825
医疗设备及器械制造业	121924	22131	24740	98466
仪器仪表制造业	913182	60109	82279	521359
公共软件服务业		1368		
按地区分组				
杭州市	9248789	325690	438112	6685013
宁波市	2390500	104085	133128	1564930
温州市	122478	11956	15902	32773
嘉兴市	812551	47849	58035	617372
湖州市	100582	22406	25987	50027
绍兴市	199113	10631	16922	47636
金华市	87086	4217	7150	43817
衢州市	23653	3626	4766	1799
舟山市	1305	56	128	83
台州市	372787	20000	27554	305906
丽水市	24726	2821	3731	5572

6－54　高技术产业三资企业技术装备及科技机构情况

单位:万元

指标名称	年末固定资产原价	微电子控制设备原价	科技机构数(个)	科技机构人员(人)	科技机构经费内部支出
总　计	**2845700**	**312112**	**153**	**7592**	**130366**
按高技术行业分组					
核燃料加工					
信息化学品制造业	134263	23703	5	164	2243
医药制造业	284719	13298	30	707	8910
＃化学药品制造业	132748	6107	10	169	2917
中成药制造业	73268	2456	9	180	2095
生物、生化制品的制造业	39309	2697	8	341	3773
航空航天器制造业					
电子及通信设备制造业	1637130	173250	78	5228	99911
通信设备制造业	584662	17869	9	2674	69975
＃通信传输设备制造业	256697	6972	4	2187	62174
通信交换设备制造业	6180	400			
通信终端设备制造业	10179	175	1	25	231
移动通信及终端设备制造业	286105	10323	4	462	7570
雷达及配套设备制造业	480				
广播电视设备制造业	39278	1822	7	307	2164
电子器件制造业	441610	87419	16	573	9347
半导体分立器件制造业	214875	73913	6	217	6422
集成电路制造业	178881	9944	4	182	966
光电子器件及其他电子器件制造业	47854	3563	6	174	1959
电子元件制造业	403388	57569	34	1187	14125
家用视听设备制造业	157334	6685	9	291	3287
其他电子设备制造业	10378	1887	3	196	1014

指标名称	年末固定资产原价	微电子控制设备原价	科技机构数（个）	科技机构人员（人）	科技机构经费内部支出
电子计算机及办公设备制造业	465217	81760	12	309	5166
电子计算机整机制造业	56354	25516	4	65	109
计算机网络设备制造业	81809	47307	3	43	219
电子计算机外部设备制造业	318352	8903	4	164	4093
办公设备制造业	8702	35	1	37	745
医疗设备及仪器仪表制造业	324372	20100	28	1184	14137
医疗设备及器械制造业	105497	7463	4	90	1043
仪器仪表制造业	218875	12637	24	1094	13094
公共软件服务业					
按地区分组					
杭州市	1132170	148758	44	3723	86111
宁波市	1040508	105401	46	1833	25023
温州市	41626	4456	3	98	1051
嘉兴市	351921	29682	28	1139	8661
湖州市	63846	2668	7	117	1812
绍兴市	90925	4120	11	152	2467
金华市	31696	641	6	217	2336
衢州市	17103	12952	1	46	840
舟山市	547				
台州市	67805	3425	7	267	2067
丽水市	7553	10			

6－55　高技术产业三资企业科技活动人员情况

单位：人

指标名称	科技活动人员	科学家和工程师	R&D活动人员折合全时当量（人年）	科学家和工程师
总　计	**15086**	**11548**	**9541**	**8146**
按高技术行业分组				
核燃料加工				
信息化学品制造业	239	152	102	94
医药制造业	1577	1109	774	609
＃化学药品制造业	416	290	122	102
中成药制造业	477	329	203	160
生物、生化制品的制造业	662	478	444	345
航空航天器制造业				
电子及通信设备制造业	7137	5377	4581	3971
通信设备制造业	2828	2777	2561	2545
＃通信传输设备制造业	2230	2216	2113	2110
通信交换设备制造业	18	16		
通信终端设备制造业	42	17	22	10
移动通信及终端设备制造业	538	528	426	425
广播电视设备制造业	391	184	212	173
电子器件制造业	1359	820	690	524
半导体分立器件制造业	589	422	339	327
集成电路制造业	321	151	195	70
光电子器件及其他电子器件制造业	449	247	156	127
电子元件制造业	1933	1212	882	589
家用视听设备制造业	350	266	110	98
其他电子设备制造业	276	118	126	42

单位:人

指标名称	科技活动人员	科学家和工程师	R&D活动人员折合全时当量(人年)	科学家和工程师
电子计算机及办公设备制造业	3171	2759	2907	2571
电子计算机整机制造业	86	80	36	36
计算机网络设备制造业	2602	2280	2557	2251
电子计算机外部设备制造业	421	365	289	265
办公设备制造业	62	34	25	19
医疗设备及仪器仪表制造业	1666	972	733	492
医疗设备及器械制造业	153	72	81	43
仪器仪表制造业	1513	900	652	449
公共软件服务业	1296	1179	444	409
按地区分组				
杭州市	8678	7687	6736	6209
宁波市	3278	2065	1296	1034
温州市	160	54	72	38
嘉兴市	1524	846	747	481
湖州市	305	232	131	90
绍兴市	242	192	119	90
金华市	396	223	161	81
衢州市	72	39		
台州市	431	210	279	123

6－56　高技术产业三资企业科技活动经费筹集情况

单位:万元

指标名称	科技活动经费筹集总额	政府资金	企业资金	金融机构贷款
总　计	**298137**	**6130**	**276032**	**14919**
按高技术行业分组				
核燃料加工				
信息化学品制造业	5155	370	4635	150
医药制造业	28832	788	21749	6080
＃化学药品制造业	6439	29	5960	250
中成药制造业	7288	201	6879	208
生物、生化制品的制造业	14972	558	8782	5620
航空航天器制造业				
电子及通信设备制造业	125587	1470	117476	6087
通信设备制造业	73788	95	72161	1226
＃通信传输设备制造业	62940	55	62153	426
通信交换设备制造业	437		437	
通信终端设备制造业	236		236	
移动通信及终端设备制造业	10175	40	9335	800
广播电视设备制造业	3878	266	3342	250
电子器件制造业	19416	603	17593	1070
半导体分立器件制造业	9910	70	9190	650
集成电路制造业	5638	87	5441	110
光电子器件及其他电子器件制造业	3868	446	2962	310
电子元件制造业	22684	179	19043	3431
家用视听设备制造业	3943	183	3690	60
其他电子设备制造业	1877	145	1647	50

指标名称	科技活动经费筹集总额	政府资金	企业资金	金融机构贷款
电子计算机及办公设备制造业	103330	611	102036	632
电子计算机整机制造业	3663		3663	
计算机网络设备制造业	87265	40	87122	103
电子计算机外部设备制造业	11152	541	10164	430
办公设备制造业	1250	30	1087	100
医疗设备及仪器仪表制造业	18206	1088	16011	970
医疗设备及器械制造业	1422	78	1344	
仪器仪表制造业	16784	1010	14667	970
公共软件服务业	17028	1803	14124	1000
按地区分组				
杭州市	216221	3233	207450	5326
宁波市	42727	1888	35335	5150
温州市	1907	80	1235	540
嘉兴市	17954	172	17229	501
湖州市	5084	82	1952	3050
绍兴市	3674	313	2773	202
金华市	4299	10	4189	100
衢州市	1160	200	960	
舟山市				
台州市	5112	151	4911	50

6－57　高技术产业三资企业科技活动经费支出情况

单位:万元

	科技活动经费内部支出	劳务费	仪器设备费	R&D经费内部支出
总　计	**281237**	**120306**	**45110**	**239721**
按高技术行业分组				
核燃料加工				
信息化学品制造业	4785	923	2039	2529
医药制造业	18898	4873	3463	13064
＃化学药品制造业	5158	1101	1317	2338
中成药制造业	6767	1435	916	5364
生物、生化制品的制造业	6823	2299	1177	5301
航空航天器制造业				
电子及通信设备制造业	127484	54014	17959	109566
通信设备制造业	74754	41286	2712	73361
＃通信传输设备制造业	62982	36821	884	62487
通信交换设备制造业	437	283		
通信终端设备制造业	231	70		231
移动通信及终端设备制造业	11104	4112	1828	10643
广播电视设备制造业	2877	874	643	2414
电子器件制造业	22467	4520	7638	12507
半导体分立器件制造业	13914	2275	5365	6900
集成电路制造业	5361	1252	1366	3570
光电子器件及其他电子器件制造业	3192	993	907	2037
电子元件制造业	21674	5274	5881	18329
家用视听设备制造业	3989	1224	891	2111
其他电子设备制造业	1723	835	196	845

	科技活动经费内部支出	劳　务　费	仪器设备费	R&D经费内部支出
电子计算机及办公设备制造业	98755	47241	13926	94890
电子计算机整机制造业	1124	683	48	707
计算机网络设备制造业	85273	42257	9716	83283
电子计算机外部设备制造业	11350	4096	3893	10362
办公设备制造业	1008	205	270	538
医疗设备及仪器仪表制造业	17280	5625	4619	12363
医疗设备及器械制造业	1123	300	121	887
仪器仪表制造业	16157	5324	4498	11476
公共软件服务业	14036	7631	3103	7308
按地区分组				
杭州市	203109	102243	20605	190294
宁波市	42727	9298	11596	24605
温州市	1793	356	702	1540
嘉兴市	17840	4443	6580	13149
湖州市	3951	830	1821	2766
绍兴市	3033	908	846	2193
金华市	3605	667	1484	2235
衢州市	840	175	465	
台州市	4339	1387	1012	2939

6－58 高技术产业三资企业新产品及专利情况(一)

单位:万元

指标名称	科技项目数(项)	新产品开发项目数(项)	新产品开发经费支出	新产品产值
总　计	**694**	**599**	**241765**	**1529030**
按高技术行业分组				
核燃料加工				
信息化学品制造业	18	13	3838	90463
医药制造业	136	106	16105	169827
#化学药品制造业	45	24	3909	104404
中成药制造业	43	37	5569	25098
生物、生化制品的制造业	44	43	6494	39393
航空航天器制造业				
电子及通信设备制造业	345	300	115362	607127
通信设备制造业	42	40	72532	184072
#通信传输设备制造业	23	23	62839	13273
通信交换设备制造业	2	2	437	2947
通信终端设备制造业	5	5	231	25670
移动通信及终端设备制造业	12	10	9025	142182
广播电视设备制造业	29	28	2737	60704
电子器件制造业	68	59	15176	109298
半导体分立器件制造业	30	22	6775	43419
集成电路制造业	13	13	5328	13772
光电子器件及其他电子器件制造业	25	24	3073	52107
电子元件制造业	130	109	20483	168989
家用视听设备制造业	23	21	3401	69129
其他电子设备制造业	53	43	1034	14935

指标名称	科技项目数（项）	新产品开发项目数（项）	新产品开发经费支出	新产品产值
电子计算机及办公设备制造业	52	47	91085	484876
电子计算机整机制造业	14	14	1099	48528
计算机网络设备制造业	14	14	83198	152989
电子计算机外部设备制造业	20	16	6207	275828
办公设备制造业	4	3	581	7531
医疗设备及仪器仪表制造业	143	133	15374	176737
医疗设备及器械制造业	8	8	1106	6165
仪器仪表制造业	135	125	14268	170573
公共软件服务业				
按地区分组				
杭州市	211	177	184158	530152
宁波市	200	166	32329	372360
温州市	7	7	1740	12140
嘉兴市	109	97	11034	465650
湖州市	12	10	2265	30670
绍兴市	28	27	2501	45340
金华市	30	23	3050	25877
衢州市	6	3	840	4590
台州市	91	89	3848	40717
丽水市				1535

6－59　高技术产业三资企业新产品及专利情况(二)

单位:万元

指标名称	新产品销售收入	出口	专利申请数(件)	拥有发明专利数(件)
总　计	**1492784**	**663305**	**853**	**231**
按高技术行业分组				
核燃料加工				
信息化学品制造业	85046	37213	7	3
医药制造业	164237	32888	51	24
＃化学药品制造业	102372	10964		
中成药制造业	24011	1235	31	10
生物、生化制品的制造业	36943	20038	20	14
航空航天器制造业				
电了及通信设备制造业	583221	314982	232	141
通信设备制造业	178447	107753	20	103
＃通信传输设备制造业	12847	704	12	70
通信交换设备制造业	2947	190		
通信终端设备制造业	25670	19472	3	8
移动通信及终端设备制造业	136983	87387	5	25
广播电视设备制造业	55331	31699	26	4
电子器件制造业	100235	22323	30	4
半导体分立器件制造业	39295	3770	22	1
集成电路制造业	12905	6260	4	
光电子器件及其他电子器件制造业	48034	12292	4	3
电子元件制造业	166473	109886	87	21
家用视听设备制造业	67870	42201	56	2
其他电子设备制造业	14866	1120	13	7

单位:万元

指标名称	新产品销售收入	出口	专利申请数（件）	拥有发明专利数（件）
电子计算机及办公设备制造业	489006	218909	337	12
电子计算机整机制造业	49631		4	2
计算机网络设备制造业	154853	5638	292	
电子计算机外部设备制造业	277288	212475	21	8
办公设备制造业	7233	796	20	2
医疗设备及仪器仪表制造业	171276	59314	190	41
医疗设备及器械制造业	5965	1345	31	2
仪器仪表制造业	165311	57969	159	39
公共软件服务业			36	10
按地区分组				
杭州市	516024	64341	407	130
宁波市	352585	192191	292	51
温州市	11742	882	11	5
嘉兴市	469754	347071	82	24
湖州市	30304	23219	5	8
绍兴市	38512	1511	26	1
金华市	26982	12196	10	6
衢州市	4590	920		
台州市	40757	20974	20	6
丽水市	1535			

6-60 高技术产业三资企业技术引进情况

单位:万元

	技术改造经费支出	技术引进经费支出	消化吸收经费支出	购买国内技术经费支出
总　计	**69245**	**9284**	**4187**	**2719**
按高技术行业分组				
核燃料加工				
信息化学品制造业	4809	580	593	84
医药制造业	5701	1019	832	412
#化学药品制造业	1853	187	196	216
中成药制造业	3191		165	95
生物、生化制品的制造业	658	832	471	101
航空航天器制造业				
电子及通信设备制造业	47409	1827	1397	1985
通信设备制造业	15034	50	20	10
移动通信及终端设备制造业	15034	50	20	10
广播电视设备制造业	3928			
电子器件制造业	17743	15	734	93
半导体分立器件制造业	4542		709	
集成电路制造业	1087	15	25	3
光电子器件及其他电子器件制造业	12114			90
电子元件制造业	8907	1380	363	1813
家用视听设备制造业	1210	91	59	69
其他电子设备制造业	588	291	222	

单位:万元

	技术改造经费支出	技术引进经费支出	消化吸收经费支出	购买国内技术经费支出
电子计算机及办公设备制造业	4046	5036	1257	29
电子计算机整机制造业			590	11
计算机网络设备制造业	2365	150	45	18
电子计算机外部设备制造业	1381	4886	622	
办公设备制造业	300			
医疗设备及仪器仪表制造业	7279	823	108	210
医疗设备及器械制造业	86		42	51
仪器仪表制造业	7193	823	66	159
公共软件服务业				
按地区分组				
杭州市	25315	2397	1375	2101
宁波市	24304	554	879	177
温州市	200	304	892	
嘉兴市	3722	5587	429	153
湖州市	9	50	9	
绍兴市	7792	15	190	33
金华市	798	78	195	166
衢州市	4231			
台州市	2683	299	219	90
丽水市	192			

6－61　高技术产业集体企业从业人员及工程技术人员情况

单位：人

指标名称	从业人员年平均人数	工程技术人员
总　计	**6147**	**490**
按高技术行业分组		
核燃料加工		
信息化学品制造业		
医药制造业	407	63
＃化学药品制造业	263	63
航空航天器制造业		
电子及通信设备制造业	4013	388
通信设备制造业	176	
电子器件制造业	573	20
电子真空器件制造业	573	20
电子元件制造业	3264	368
电子计算机及办公设备制造业		
医疗设备及仪器仪表制造业	1727	39
医疗设备及器械制造业	542	5
仪器仪表制造业	1185	34
公共软件服务业		
按地区分组		
杭州市	847	5
宁波市	1049	23
温州市	888	
嘉兴市	244	34
湖州市	163	
绍兴市	306	57
金华市	2650	365
舟山市		6

6-62 高技术产业集体企业生产经营情况(一)

单位:万元

指标名称	企业数(个)	总产值(当年价格)	增加值
总　计	**31**	**119964**	**29850**
按高技术行业分组			
核燃料加工			
信息化学品制造业			
医药制造业	4	18547	4695
#化学药品制造业	3	13449	4598
航空航天器制造业			
电子及通信设备制造业	12	69939	17165
通信设备制造业	2	19676	2354
电子器件制造业	1	7543	2545
电子真空器件制造业	1	7543	2545
电子元件制造业	9	42719	12266
电子计算机及办公设备制造业			
医疗设备及仪器仪表制造业	15	31478	7989
医疗设备及器械制造业	4	12772	2968
仪器仪表制造业	11	18706	5021
公共软件服务业			
按地区分组			
杭州市	10	38127	5435
宁波市	7	18956	5322
温州市	4	14559	4015
嘉兴市	3	3265	666
湖州市	2	1910	477
绍兴市	3	13955	4732
金华市	1	29192	9204
舟山市	1		

6－63　高技术产业集体企业生产经营情况(二)

单位:万元

指标名称	主营业务收　入	利润总额	利　税	出口交货值
总　计	**113580**	**8023**	**14048**	**26182**
按高技术行业分组				
核燃料加工				
信息化学品制造业				
医药制造业	17714	1296	2718	
＃化学药品制造业	12616	1525	2766	
航空航天器制造业				
电子及通信设备制造业	66697	5635	8682	24616
通信设备制造业	18114	91	935	
电子器件制造业	7638	921	1161	3142
电子真空器件制造业	7638	921	1161	3142
电子元件制造业	40945	4623	6586	21474
电子计算机及办公设备制造业				
医疗设备及仪器仪表制造业	29169	1093	2649	1566
医疗设备及器械制造业	10931	531	1020	50
仪器仪表制造业	18239	562	1629	1516
公共软件服务业				
按地区分组				
杭州市	34848	330	1877	575
宁波市	18865	2134	3067	3142
温州市	14061	475	1218	991
嘉兴市	3197	44	165	
湖州市	1946	54	205	
绍兴市	13116	1606	2872	
金华市	27547	3380	4645	21474

6－64 高技术产业集体企业技术装备及科技机构情况

单位:万元

指标名称	年末固定资产原价	微电子控制设备原价	科技机构数(个)	科技机构人员(人)	科技机构经费内部支出
总　计	**33560**	**1926**	**5**	**82**	**759**
按高技术行业分组					
核燃料加工					
信息化学品制造业					
医药制造业	8796	162			
#化学药品制造业	7774	162			
航空航天器制造业					
电子及通信设备制造业	17919	1499	3	62	629
通信设备制造业	1214				
电子器件制造业	6802	69			
电子真空器件制造业	6802	69			
电子元件制造业	9903	1430	3	62	629
电子计算机及办公设备制造业					
医疗设备及仪器仪表制造业	6844	265	2	20	130
医疗设备及器械制造业	1717	265	1	7	87
仪器仪表制造业	5127		1	13	43
公共软件服务业					
按地区分组					
杭州市	4544	265	1	7	87
宁波市	8144	69			
温州市	3270				
嘉兴市	940		1	13	43
湖州市	617		1	35	80
绍兴市	7836	30			
金华市	8209	1430	2	27	549
舟山市		132			

6－65 高技术产业集体企业科技活动人员情况

单位:人

指标名称	科技活动人员	科学家和工程师	R&D活动人员折合全时当量(人年)	科学家和工程师
总计	**362**	**263**	**103**	**49**
按高技术行业分组				
核燃料加工				
信息化学品制造业				
医药制造业	41	35	29	24
#化学药品制造业	41	35	29	24
航空航天器制造业				
电子及通信设备制造业	294	211	66	21
电子元件制造业	294	211	66	21
电子计算机及办公设备制造业				
医疗设备及仪器仪表制造业	27	17	8	4
医疗设备及器械制造业	10	10		
仪器仪表制造业	17	7	8	4
公共软件服务业				
按地区分组				
杭州市	10	10		
宁波市	3	1		
嘉兴市	17	7	8	4
湖州市	35	15	1	1
绍兴市	35	32	25	22
金华市	256	195	65	20
舟山市	6	3	4	2

6－66 高技术产业集体企业科技活动经费筹集情况

单位:万元

指标名称	科技活动经费筹集总额	政府资金	企业资金	金融机构贷款
总　计	**1753**	**46**	**1707**	
按高技术行业分组				
核燃料加工				
信息化学品制造业				
医药制造业	449	42	407	
#化学药品制造业	449	42	407	
航空航天器制造业				
电子及通信设备制造业	1155		1155	
电子元件制造业	1155		1155	
电子计算机及办公设备制造业				
医疗设备及仪器仪表制造业	149	4	145	
医疗设备及器械制造业	103	4	99	
仪器仪表制造业	46		46	
公共软件服务业				
按地区分组				
杭州市	103	4	99	
宁波市	45		45	
嘉兴市	46		46	
湖州市	80		80	
绍兴市	329		329	
金华市	1030		1030	
舟山市	120	42	78	

6－67　高技术产业集体企业科技活动经费支出情况

单位：万元

	科技活动经费内部支出	劳　务　费	仪器设备费	R&D经费内部支出
总　计	**1531**	**591**	**406**	**1268**
按高技术行业分组				
核燃料加工				
信息化学品制造业				
医药制造业	434	333	53	402
＃化学药品制造业	434	333	53	402
航空航天器制造业				
电子及通信设备制造业	945	226	292	822
电子元件制造业	945	226	292	822
电子计算机及办公设备制造业				
医疗设备及仪器仪表制造业	152	33	61	45
医疗设备及器械制造业	91	17	36	
仪器仪表制造业	61	16	25	45
公共软件服务业				
按地区分组				
杭州市	91	17	36	
宁波市	45	14		
嘉兴市	61	16	25	45
湖州市	167	29	99	89
绍兴市	299	297		299
金华市	733	183	193	733
舟山市	135	36	53	103

6－68　高技术产业集体企业新产品及专利情况(一)

单位:万元

指标名称	科技项目数(项)	新产品开发项目数(项)	新产品开发经费支出	新产品产值
总　计	**8**	**8**	**1386**	**23238**
按高技术行业分组				
核燃料加工				
信息化学品制造业				
医药制造业	3	3	398	2371
＃化学药品制造业	3	3	398	2371
航空航天器制造业				
电子及通信设备制造业	3	3	858	17654
电子元件制造业	3	3	858	17654
电子计算机及办公设备制造业				
医疗设备及仪器仪表制造业	2	2	130	3214
医疗设备及器械制造业	1	1	87	1760
仪器仪表制造业	1	1	43	1454
公共软件服务业				
按地区分组				
杭州市	1	1	87	1760
宁波市	1	1	45	
嘉兴市	1	1	43	1454
湖州市	1	1	80	160
绍兴市	2	2	299	1985
金华市	1	1	733	17494
舟山市	1	1	99	386

6－69 高技术产业集体企业新产品及专利情况(二)

单位:万元

指标名称	新产品销售收入	出口	专利申请数(件)	拥有发明专利数(件)
总　计	**18147**	**9674**	**14**	**7**
按高技术行业分组				
核燃料加工				
信息化学品制造业				
医药制造业	2368		3	3
＃化学药品制造业	2368		3	3
航空航天器制造业				
电子及通信设备制造业	13638	9674	10	
电子元件制造业	13638	9674	10	
电子计算机及办公设备制造业				
医疗设备及仪器仪表制造业	2142		1	4
医疗设备及器械制造业	688			
仪器仪表制造业	1454		1	4
公共软件服务业				
按地区分组				
杭州市	688			
嘉兴市	1454		1	4
湖州市	160		3	
绍兴市	1985		1	1
金华市	13478	9674	7	
舟山市	383		2	2

6-70 高技术产业集体企业技术引进情况

单位:万元

	技术改造经费支出	技术引进经费支出	消化吸收经费支出	购买国内技术经费支出
总　计	**472**	**135**	**98**	**441**
按高技术行业分组				
核燃料加工				
信息化学品制造业				
医药制造业	159			331
#化学药品制造业	159			331
航空航天器制造业				
电子及通信设备制造业	293	135	98	110
电子元件制造业	293	135	98	110
电子计算机及办公设备制造业				
医疗设备及仪器仪表制造业	20			
仪器仪表制造业	20			
公共软件服务业				
按地区分组				
嘉兴市	20			
绍兴市	107			300
金华市	293	135	98	110
舟山市	52			31

6－71 高技术产业股份企业从业人员及工程技术人员情况

单位:人

指标名称	从业人员年平均人数	工程技术人员
总　计	**48414**	**7916**
按高技术行业分组		
核燃料加工		
信息化学品制造业	180	135
医药制造业	16712	2971
#化学药品制造业	13604	2156
中成药制造业	2817	759
生物、生化制品的制造业	124	3
航空航天器制造业		
电子及通信设备制造业	19483	2195
通信设备制造业	5660	929
移动通信及终端设备制造业	5660	929
广播电视设备制造业	1257	95
电子器件制造业	2118	250
电子真空器件制造业		41
半导体分立器件制造业		2
集成电路制造业	329	70
光电子器件及其他电子器件制造业	1789	137
电子元件制造业	9569	802
家用视听设备制造业	879	119
电子计算机及办公设备制造业		
医疗设备及仪器仪表制造业	8644	1084
仪器仪表制造业	8644	1084
公共软件服务业	3395	1531
按地区分组		
杭州市	14771	3282
宁波市	4439	659
温州市	249	41
嘉兴市	10187	822
湖州市	749	124
绍兴市	11157	1700
金华市	1813	512
台州市	5049	776

6－72　高技术产业股份企业生产经营情况(一)

单位:万元

指标名称	企业数(个)	总产值(当年价格)	增加值
总　计	**57**	**2619935**	**695315**
按高技术行业分组			
核燃料加工			
信息化学品制造业	3	11667	6572
医药制造业	21	881703	218004
＃化学药品制造业	15	726045	168132
中成药制造业	4	145055	43461
生物、生化制品的制造业	1	6586	4642
航空航天器制造业			
电子及通信设备制造业	17	977556	207632
通信设备制造业	4	744366	128109
移动通信及终端设备制造业	4	744366	128109
广播电视设备制造业	1	29226	5465
电子器件制造业	4	32989	8538
电子真空器件制造业	1		
半导体分立器件制造业	1		
集成电路制造业	1	8056	2499
光电子器件及其他电子器件制造业	1	24933	6039
电子元件制造业	6	139802	55643
家用视听设备制造业	2	31172	9878
电子计算机及办公设备制造业			
医疗设备及仪器仪表制造业	11	749010	263107
仪器仪表制造业	11	749010	263107
公共软件服务业	5		
按地区分组			
杭州市	22	856969	307608
宁波市	6	710090	112925
温州市	2	1423	426
嘉兴市	5	143877	51362
湖州市	2	21308	6297
绍兴市	9	556007	109865
金华市	3	89011	33489
台州市	8	241249	73342

6－73　高技术产业股份企业生产经营情况(二)

单位:万元

指标名称	主营业务收　入	利润总额	利　税	出口交货值
总　计	**2552620**	**152558**	**233418**	**940951**
按高技术行业分组				
核燃料加工				
信息化学品制造业	12546	5598	6735	1251
医药制造业	809965	85069	129078	426445
＃化学药品制造业	645393	64621	95955	373301
中成药制造业	154010	15874	27750	52275
生物、生化制品的制造业	6586	3446	3888	
航空航天器制造业				
电子及通信设备制造业	1005466	34268	45947	388750
通信设备制造业	780376	11539	16238	291958
移动通信及终端设备制造业	780376	11539	16238	291958
广播电视设备制造业	29021	369	1105	12122
电子器件制造业	32490	402	1288	14964
集成电路制造业	8056	－256	225	25
光电子器件及其他电子器件制造业	24434	657	1063	14939
电子元件制造业	133157	17191	22219	66293
家用视听设备制造业	30422	4768	5096	3413
电子计算机及办公设备制造业				
医疗设备及仪器仪表制造业	724644	27623	51658	124505
仪器仪表制造业	724644	27623	51658	124505
公共软件服务业				
按地区分组				
杭州市	903872	50045	79528	104813
宁波市	673674	2907	4650	313185
温州市	1228	－61	－6	233
嘉兴市	141091	16155	21847	79001
湖州市	16427	1486	3305	2696
绍兴市	500392	37595	58659	307441
金华市	98783	9640	20046	9871
台州市	217152	34792	45390	123713

6－74　高技术产业股份企业技术装备及科技机构情况

单位：万元

指标名称	年末固定资产原价	微电子控制设备原价	科技机构数（个）	科技机构人员（人）	科技机构经费内部支出
总　计	**1047246**	**154504**	**61**	**4327**	**99923**
按高技术行业分组					
核燃料加工					
信息化学品制造业	4615	3482			
医药制造业	529285	55566	27	1378	38453
＃化学药品制造业	448536	19076	20	1155	34580
中成药制造业	73339	36294	6	202	3468
生物、生化制品的制造业	2583	115			
航空航天器制造业					
电子及通信设备制造业	344195	71900	18	2052	52013
通信设备制造业	121375	37834	10	1412	44220
移动通信及终端设备制造业	121375	37834	10	1412	44220
广播电视设备制造业	4319				
电子器件制造业	56410	12546	3	176	812
电子真空器件制造业		918	1	21	530
半导体分立器件制造业		4129			
集成电路制造业	9928	7500	1	5	2
光电子器件及其他电子器件制造业	46482		1	150	280
电子元件制造业	153977	21019	4	340	5092
家用视听设备制造业	8115	500	1	124	1889
电子计算机及办公设备制造业					
医疗设备及仪器仪表制造业	169151	23558	16	897	9457
仪器仪表制造业	169151	23558	16	897	9457
公共软件服务业					
按地区分组					
杭州市	263681	29886	23	1554	21197
宁波市	68665	37349	4	876	35513
温州市	1302	918	1	21	530
嘉兴市	140498	8806	4	351	5468
湖州市	19816		1	52	565
绍兴市	372413	32044	13	712	26000
金华市	66903	29374	3	153	1811
台州市	113969	16128	12	608	8840

6－75　高技术产业股份企业科技活动人员情况

单位：人

指标名称	科技活动人员	科学家和工程师	R&D活动人员折合全时当量（人年）	科学家和工程师
总　计	**8013**	**5248**	**4879**	**3515**
按高技术行业分组				
核燃料加工				
信息化学品制造业	123	79	48	48
医药制造业	3437	1733	2559	1517
#化学药品制造业	2644	1349	2223	1249
中成药制造业	747	349	298	236
生物、生化制品的制造业	24	17	17	14
航空航天器制造业				
电子及通信设备制造业	2615	1946	1372	1060
通信设备制造业	1412	1287	742	742
移动通信及终端设备制造业	1412	1287	742	742
电子器件制造业	350	188	242	72
电子真空器件制造业	22	17		
半导体分立器件制造业	63	18	42	14
集成电路制造业	15	9		
光电子器件及其他电子器件制造业	250	144	200	58
电子元件制造业	701	319	284	142
家用视听设备制造业	152	152	104	104
电子计算机及办公设备制造业				
医疗设备及仪器仪表制造业	1308	1061	779	769
仪器仪表制造业	1308	1061	779	769
公共软件服务业	530	429	121	121
按地区分组				
杭州市	2755	2287	1592	1554
宁波市	945	833	257	257
温州市	22	17		
嘉兴市	622	255	269	124
湖州市	70	51	40	39
绍兴市	2164	985	1900	803
金华市	690	302	298	236
台州市	745	518	523	502

6－76　高技术产业股份企业科技活动经费筹集情况

单位:万元

指标名称	科技活动经费筹集总额	政府资金	企业资金	金融机构贷款
总　计	**156365**	**6421**	**133129**	**16635**
按高技术行业分组				
核燃料加工				
信息化学品制造业	1103	40	1063	
医药制造业	55518	2010	42868	10460
＃化学药品制造业	47572	1850	36011	9710
中成药制造业	7367	160	6277	750
生物、生化制品的制造业	174		174	
航空航天器制造业				
电子及通信设备制造业	62835	1637	61198	
通信设备制造业	50232	600	49632	
移动通信及终端设备制造业	50232	600	49632	
电子器件制造业	2807	228	2579	
电子真空器件制造业	838		838	
半导体分立器件制造业	1361		1361	
集成电路制造业	300	15	285	
光电子器件及其他电子器件制造业	308	213	96	
电子元件制造业	7507	500	7007	
家用视听设备制造业	2289	310	1979	
电子计算机及办公设备制造业				
医疗设备及仪器仪表制造业	25102	1351	20708	3043
仪器仪表制造业	25102	1351	20708	3043
公共软件服务业	11807	1383	7292	3132
按地区分组				
杭州市	54598	3795	44629	6175
宁波市	39753	96	39657	
温州市	838		838	
嘉兴市	7265	360	6905	
湖州市	691	95	495	100
绍兴市	34829	1485	23734	9610
金华市	5370	110	4330	750
台州市	13021	480	12541	

6－77 高技术产业股份企业科技活动经费支出情况

单位：万元

	科技活动经费内部支出	劳务费	仪器设备费	R&D经费内部支出
总　计	**142485**	**45890**	**25205**	**94654**
按高技术行业分组				
核燃料加工				
信息化学品制造业	1087	338	241	379
医药制造业	45286	8685	12520	36946
＃化学药品制造业	38656	6097	11134	33186
中成药制造业	5723	2380	1255	3224
生物、生化制品的制造业	241	68	113	164
航空航天器制造业				
电子及通信设备制造业	63889	18260	7701	30849
通信设备制造业	49990	13875	4310	22288
移动通信及终端设备制造业	49990	13875	4310	22288
电子器件制造业	2628	596	1276	1674
电子真空器件制造业	530	152	230	
半导体分立器件制造业	1361	348	900	1361
集成电路制造业	290	10	110	
光电子器件及其他电子器件制造业	448	87	37	313
电子元件制造业	8730	2351	1817	5758
家用视听设备制造业	2540	1438	298	1129
其他电子设备制造业				
电子计算机及办公设备制造业				
医疗设备及仪器仪表制造业	23097	13538	2750	20370
仪器仪表制造业	23097	13538	2750	20370
公共软件服务业	9127	5069	1993	6111
按地区分组				
杭州市	49711	25598	6947	41939
宁波市	39964	9549	4056	10702
温州市	530	152	230	
嘉兴市	8610	2261	1781	5344
湖州市	565	137	348	565
绍兴市	29244	4471	7576	24367
金华市	3759	2108	605	3224
台州市	10104	1615	3663	8513

6－78 高技术产业股份企业新产品及专利情况(一)

单位:万元

指标名称	科技项目数(项)	新产品开发项目数(项)	新产品开发经费支出	新产品产值
总　计	**324**	**301**	**121786**	**1696690**
按高技术行业分组				
核燃料加工				
信息化学品制造业	8	7	1055	16587
医药制造业	132	119	40798	423620
＃化学药品制造业	100	89	34837	392616
中成药制造业	26	24	5400	30346
生物、生化制品的制造业	3	3	156	
航空航天器制造业				
电子及通信设备制造业	96	94	58057	798863
通信设备制造业	50	50	46820	708918
移动通信及终端设备制造业	50	50	46820	708918
电子器件制造业	10	10	2468	17000
电子真空器件制造业	4	4	530	7301
半导体分立器件制造业	3	3	1361	
集成电路制造业	1	1	280	480
光电子器件及其他电子器件制造业	2	2	298	9218
电子元件制造业	30	28	6550	66242
家用视听设备制造业	6	6	2219	6704
电子计算机及办公设备制造业				
医疗设备及仪器仪表制造业	88	81	21875	457620
仪器仪表制造业	88	81	21875	457620
公共软件服务业				
按地区分组				
杭州市	117	107	39233	525437
宁波市	56	56	36187	663748
温州市	4	4	530	7301
嘉兴市	26	25	6338	64714
湖州市	3	3	565	210
绍兴市	50	48	27533	347825
金华市	15	15	3680	12068
台州市	53	43	7721	75388

6－79 高技术产业股份企业新产品及专利情况(二)

单位:万元

指标名称	新产品销售收入	出口	专利申请数(件)	拥有发明专利数(件)
总　计	**1536037**	**581982**	**219**	**258**
按高技术行业分组				
核燃料加工				
信息化学品制造业	15488	8560		
医药制造业	381480	156208	83	82
＃化学药品制造业	351226	153805	70	65
中成药制造业	29597	2391	7	7
生物、生化制品的制造业			1	3
航空航天器制造业				
电子及通信设备制造业	742134	366450	89	38
通信设备制造业	650022	320463	43	17
移动通信及终端设备制造业	650022	320463	43	17
电子器件制造业	16422	5362		9
电子真空器件制造业	7006			
半导体分立器件制造业				9
集成电路制造业	480			
光电子器件及其他电子器件制造业	8936	5362		
电子元件制造业	69323	38626	14	7
家用视听设备制造业	6367	2000	32	5
电子计算机及办公设备制造业				
医疗设备及仪器仪表制造业	396935	50764	47	138
仪器仪表制造业	396935	50764	47	138
公共软件服务业				
按地区分组				
杭州市	464424	94574	102	166
宁波市	604063	286168	21	6
温州市	7006			
嘉兴市	68115	38484	14	14
湖州市	189			
绍兴市	310113	117528	53	62
金华市	11574	890	4	4
台州市	70552	44338	25	6

6－80　高技术产业股份企业技术引进情况

单位:万元

	技术改造经费支出	技术引进经费支出	消化吸收经费支出	购买国内技术经费支出
总　计	**73113**	**9317**	**6278**	**4959**
按高技术行业分组				
核燃料加工				
信息化学品制造业	324			
医药制造业	41947	2225	3763	2437
＃化学药品制造业	35214	2225	3491	2257
中成药制造业	6733		146	180
航空航天器制造业				
电子及通信设备制造业	11284	5203	2414	1625
通信设备制造业	5161	4254	1324	1176
移动通信及终端设备制造业	5161	4254	1324	1176
电子器件制造业	541		711	88
电子真空器件制造业	541		711	88
电子元件制造业	5532	949	380	361
家用视听设备制造业	50			
电子计算机及办公设备制造业				
医疗设备及仪器仪表制造业	19558	1889	101	898
仪器仪表制造业	19558	1889	101	898
公共软件服务业				
按地区分组				
杭州市	18880			898
宁波市	5246	4254	1324	1176
温州市	541		711	88
嘉兴市	2541		476	319
湖州市	3700			
绍兴市	22238	1127	2631	1860
金华市	6350		85	120
台州市	13617	3936	1052	499

七、全国及分省（市、区）情况

7－1　全国及分地区科技活动人员情况

地　区	单位数（个）	有科技活动的单位数	科技活动人员（人）	其中:女性	科学家和工程师
全　国	**313730**	**65362**	**4131542**	**788477**	**2797839**
北　京	15403	6950	382757	88837	306430
天　津	7596	1413	99054	22894	69006
河　北	12046	1627	130502	25731	89573
山　西	1940	838	121768	25487	71245
内蒙古	2895	577	39858	12103	28516
辽　宁	16859	2094	186023	40190	127100
吉　林	4447	944	82017	19992	60693
黑龙江	5680	1003	109397	24584	78045
上　海	16779	2097	200681	39748	150378
江　苏	43776	7434	381127	64475	238980
浙　江	14168	11095	310526	61399	189808
安　徽	5982	1462	96713	12859	63113
福　建	15676	2512	101100	20609	64760
江　西	5165	1025	71484	11945	44199
山　东	33690	2887	285381	55846	187726
河　南	14073	2140	177272	31820	108592
湖　北	9630	2350	170151	27898	122241
湖　南	9556	2133	130239	19560	87989
广　东	41699	5943	368805	57429	259311
广　西	4531	854	58630	11553	40570
海　南	832	151	9053	1479	4944
重　庆	3800	1066	75623	14710	52375
四　川	9096	2240	194841	31682	124772
贵　州	3031	546	35957	8140	22008
云　南	3402	988	53371	9320	35068
西　藏	264	52	4140	598	2776
陕　西	4875	1246	145091	29081	93244
甘　肃	2711	727	57975	8217	39626
青　海	756	177	10476	1882	6762
宁　夏	1075	290	13070	2378	8994
新　疆	2297	501	28475	6033	18999

7-2 全国及分地区科技活动经费筹集情况

单位:亿元

地 区	科技经费筹集额						
	合计	政府资金	企业资金	事业单位资金	金融机构贷款	国外资金	其他资金
全 国	**6196.71**	**1367.85**	**4106.95**	**133.37**	**374.27**	**86.35**	**126.54**
北 京	872.53	374.22	364.32	32.40	21.01	57.41	23.17
天 津	197.31	28.08	150.61	6.17	8.45	0.91	3.10
河 北	137.53	28.54	97.58	2.26	4.78	0.34	3.81
山 西	128.02	16.79	101.06	1.47	7.24	0.06	1.37
内蒙古	42.62	9.73	28.53	0.17	3.19	0.16	0.85
辽 宁	229.86	48.84	157.26	3.81	11.24	2.37	6.34
吉 林	104.72	22.32	73.88	2.25	4.71	0.37	1.18
黑龙江	106.09	27.28	67.78	2.22	6.79	0.06	1.95
上 海	486.22	101.71	323.50	7.35	34.30	8.77	10.55
江 苏	714.04	93.90	523.15	8.32	74.33	2.33	12.01
浙 江	476.09	56.79	369.20	6.90	34.05	1.52	7.61
安 徽	161.96	32.59	96.80	2.47	25.48	2.21	2.42
福 建	160.26	14.62	123.24	1.91	18.24	0.59	1.67
江 西	70.11	13.32	51.32	1.40	2.86	0.10	1.10
山 东	441.76	38.98	365.15	6.97	26.98	0.66	3.03
河 南	179.99	29.86	130.08	6.94	10.07	0.03	2.72
湖 北	190.20	54.29	111.41	5.81	6.80	0.44	10.88
湖 南	133.72	24.54	95.88	3.42	6.23	0.22	3.40
广 东	561.09	59.63	447.60	10.26	32.05	4.68	6.79
广 西	49.41	11.87	31.99	1.74	2.90	0.21	0.63
海 南	10.99	3.70	6.56	0.52	0.10	0.02	0.10
重 庆	81.82	13.23	57.20	1.91	6.30	1.63	1.55
四 川	273.80	110.91	139.31	5.87	8.87	0.29	8.52
贵 州	31.94	7.23	20.59	0.75	2.33	0.02	1.01
云 南	56.10	19.16	30.55	1.99	3.41	0.19	0.79
西 藏	1.34	1.11	0.03	0.19	0.00	0.01	0.01
陕 西	181.02	96.54	66.84	3.00	8.44	0.12	6.08
甘 肃	57.75	16.05	35.56	3.39	0.74	0.07	1.94
青 海	11.14	3.01	7.66	0.09	0.14	0.01	0.23
宁 夏	13.25	2.81	9.23	0.14	0.85	0.00	0.21
新 疆	34.00	6.21	23.08	1.28	1.38	0.54	1.52

7-3 全国及分地区科技活动经费支出情况

单位:亿元

地区	总计	内部支出	其中:1.经常费支出	人员劳务费	2.科研基建支出	其中:固定资产购建	设备购置	外部支出
全国	**6155.69**	**5757.27**	**5148.21**	**1210.55**	**609.06**	**1777.5**	**1456.61**	**398.42**
北京	803.53	736.78	650.93	183.91	85.85	156.85	121.09	66.75
天津	212.34	185.81	163.93	28.94	21.88	57.25	40.14	26.53
河北	140.21	133.98	119.31	21.86	14.67	50.75	42.17	6.23
山西	129.58	121.12	109.19	22.55	11.93	59.07	55.06	8.46
内蒙古	44.31	42.30	36.26	8.06	6.04	17.14	14.63	2.00
辽宁	237.02	223.34	201.64	39.21	21.70	62.42	52.93	13.68
吉林	96.11	92.62	85.58	14.46	7.05	16.67	11.19	3.48
黑龙江	96.20	88.48	80.97	19.86	7.51	26.62	21.12	7.72
上海	473.63	436.44	392.64	97.20	43.80	109.85	93.95	37.19
江苏	727.38	691.62	618.79	125.45	72.83	251.35	211.91	35.77
浙江	431.22	407.85	383.95	103.31	23.90	110.91	96.20	23.37
安徽	171.49	161.27	139.98	21.11	21.29	65.89	55.33	10.21
福建	151.42	141.32	130.13	32.00	11.19	48.93	43.00	10.11
江西	69.50	62.31	58.08	12.54	4.23	23.43	20.86	7.19
山东	485.07	458.23	417.25	77.20	40.98	177.27	157.5	26.85
河南	188.88	178.65	147.55	31.68	31.09	68.32	50.47	10.24
湖北	188.87	180.32	163.24	39.11	17.08	44.13	34.78	8.56
湖南	132.63	125.27	110.43	28.32	14.83	38.39	31.45	7.37
广东	575.78	541.92	491.52	158.93	50.40	151.07	117.35	33.86
广西	51.22	45.77	40.36	10.33	5.41	15.00	11.54	5.45
海南	10.51	10.02	9.34	2.10	0.67	4.18	3.68	0.50
重庆	87.54	82.46	71.65	15.61	10.81	30.63	25.06	5.08
四川	261.22	250.37	214.00	47.75	36.38	82.49	61.79	10.85
贵州	32.04	30.48	27.70	6.28	2.77	10.23	8.38	1.57
云南	53.18	49.63	45.54	9.01	4.10	15.33	12.94	3.55
西藏	1.60	1.59	1.32	0.65	0.27	0.42	0.21	0.01
陕西	185.28	175.93	145.23	31.15	30.70	51.01	35.50	9.35
甘肃	59.70	49.18	45.59	10.41	3.60	13.37	11.27	10.51
青海	10.78	10.04	9.02	2.15	1.03	3.21	2.31	0.74
宁夏	14.64	14.01	11.79	2.19	2.22	6.02	4.64	0.63
新疆	32.83	28.18	25.34	7.21	2.84	9.31	8.17	4.65

7-4 全国及分地区研究与试验发展(R&D)情况

地区	有R&D活动的单位数(个)	R&D人员折合全时人员(人年)					
			其中:科学家和工程师	其中:全时人员	其中:1.基础研究	2.应用研究	3.实验发展
全国	**36495**	**1502472.4**	**1223756.4**	**1151333.5**	**131307.0**	**299743.1**	**1071422.3**
北京	4634	168398.0	147418.3	131000.7	24346.9	49803.6	94247.5
天津	979	37164.1	31836.9	28891.3	2866.6	8795.9	25501.6
河北	894	43739.7	36152.1	32426.0	2857.7	8944.5	31937.5
山西	384	38766.8	26816.6	30422.1	3369.3	9900.4	25497.1
内蒙古	270	14750.6	12040.3	11255.6	1098.6	3832.8	9819.2
辽宁	1264	69047.9	57862.0	49686.6	8195.7	14396.2	46456
吉林	534	28456.1	25199.3	18402.9	5268.4	9348.2	13839.5
黑龙江	702	45067.9	38229.8	33131.2	5544.6	6727.9	32795.4
上海	1324	80200.7	68113.4	61678.9	9200.0	19721.0	51279.7
江苏	4200	138876.2	104742.1	108962.4	7558.9	14925.6	116391.7
浙江	4808	102761.4	74702.5	82496.0	3598.3	7052.2	92110.9
安徽	764	29875.0	23753.2	23063.7	3153.8	6225.4	20495.8
福建	1413	40237.7	30108.4	31862.2	1793.7	7242.6	31201.4
江西	567	25796.6	20054.1	18052.9	2327.1	9216.0	14253.5
山东	1595	96637.2	82983.7	75186.4	7151.8	16085.2	73400.2
河南	1108	59692.1	46604.3	47855.0	2076.5	9553.9	48061.7
湖北	1408	62099.9	54475.5	46683.7	4840.7	14144.6	43114.6
湖南	1192	39751.7	33689.4	29194.5	3322.2	9623.8	26805.7
广东	3630	147233	121074.6	119798.5	6228.2	10600.0	130404.8
广西	472	18939.7	16338.9	10648.6	3906.9	6374.1	8658.7
海南	61	1208.6	1030.3	763.3	424.9	593.7	190.0
重庆	585	26825.5	21822.1	19407.6	1870.5	5574.1	19380.9
四川	1370	68583.5	53982.0	50691.4	7891.1	17185.4	43507.0
贵州	322	10737.3	8746.9	7726.2	959.1	1079.3	8698.9
云南	423	16027.2	12786.7	10368.1	2590.1	4300.6	9136.5
西藏	30	1013.3	882.4	595.3	608.8	172.9	231.6
陕西	691	59458.4	46337.9	48285.7	4101.8	17847.6	37509
甘肃	473	16695.5	13488.9	12573.2	2009.4	6466.4	8219.7
青海	100	2610.3	2112.4	1729.3	364.9	977.5	1267.9
宁夏	141	4412.3	3899.9	2863.8	671.3	1027.1	2713.9
新疆	157	7407.8	6473.7	5630.5	1110.1	2004.4	4293.3

地区	R&D经费内部支出									R&D经费外部支出
		其中:1.经常费支出					2.科研基建支出	其中:固定资产购建		
			其中:人员劳务费	其中:(1)基础研究	(2)应用研究	(3)实验发展			设备购置	
全国	**3003.10**	**2842.06**	**700.12**	**138.07**	**455.69**	**2248.3**	**161.04**	**745.61**	**655.53**	**236.54**
北京	432.99	388.30	105.84	41.86	136.31	210.13	44.69	84.99	64.67	40.00
天津	95.24	88.31	16.80	3.49	17.19	67.63	6.93	26.25	20.33	23.99
河北	76.66	71.77	12.61	3.03	16.96	51.78	4.89	24.05	22.00	4.01
山西	36.34	34.42	8.10	1.71	5.65	27.07	1.91	16.02	14.90	3.26
内蒙古	16.49	16.20	3.48	0.51	3.52	12.17	0.29	4.38	4.14	0.97
辽宁	135.79	129.44	24.01	6.08	20.48	102.89	6.34	31.96	28.41	8.97
吉林	40.92	39.08	7.83	2.75	9.60	26.73	1.84	7.12	5.44	2.02
黑龙江	57.03	54.64	14.49	4.63	9.26	40.75	2.39	15.26	12.83	6.29
上海	258.84	243.85	59.81	13.19	38.96	191.7	14.99	52.27	44.24	26.00
江苏	346.07	333.68	70.33	7.88	23.83	301.97	12.39	102.55	95.09	22.04
浙江	224.03	221.17	60.43	3.38	10.49	207.3	2.86	51.28	48.88	12.95
安徽	59.34	56.47	9.83	6.24	11.65	38.59	2.86	18.14	15.78	5.82
福建	67.43	66.7	17.60	1.48	7.12	58.09	0.74	17.55	16.92	6.79
江西	37.76	36.22	7.96	1.13	7.60	27.49	1.55	13.98	13.05	3.54
山东	234.13	229.67	42.07	4.32	18.52	206.83	4.46	78.73	76.37	15.08
河南	79.84	73.40	16.26	1.67	10.19	61.54	6.44	23.38	20.45	4.77
湖北	94.43	89.83	24.47	5.15	15.83	68.85	4.6	18.84	16.72	5.27
湖南	53.62	50.29	13.35	2.97	11.28	36.05	3.33	13.38	11.54	3.66
广东	313.04	305.66	110.48	5.32	14.35	285.99	7.39	58.16	51.28	14.04
广西	18.24	17.59	4.85	1.18	4.11	12.29	0.65	5.10	4.54	2.47
海南	2.10	1.89	0.66	0.47	0.84	0.58	0.22	0.68	0.49	0.11
重庆	36.91	35.78	7.93	1.01	4.43	30.34	1.13	8.86	7.84	2.82
四川	107.84	98.73	24.80	6.04	23.47	69.22	9.11	27.78	23.07	5.27
贵州	14.51	14.29	3.30	0.69	0.54	13.06	0.23	3.57	3.35	0.78
云南	20.92	19.11	4.59	1.42	3.04	14.64	1.81	4.60	3.56	1.24
西藏	0.48	0.40	0.21	0.14	0.03	0.22	0.08	0.14	0.07	0.00
陕西	101.36	86.02	18.77	5.71	22.68	57.64	15.33	25.54	19.51	7.23
甘肃	23.95	22.86	4.56	3.69	4.79	14.39	1.09	6.35	5.73	5.11
青海	3.34	3.31	0.87	0.29	0.98	2.04	0.03	0.84	0.81	0.36
宁夏	4.97	4.86	1.01	0.12	0.38	4.36	0.11	1.50	1.45	0.26
新疆	8.48	8.14	2.83	0.53	1.62	5.99	0.34	2.36	2.09	1.44

7-5 全国及分地区科技成果情况

地区	专利申请数（件）	发明专利申请数	拥有发明专利数（件）	发表科技论文（篇）	出版科技著作（种）
全国	**142125**	**63857**	**106859**	**1060256**	**42918**
北京	12655	8813	16310	124415	7936
天津	4456	2480	3074	25044	1261
河北	1836	825	2039	34506	1042
山西	898	514	1091	16289	852
内蒙古	1000	203	405	8060	295
辽宁	3872	2258	5320	42016	2372
吉林	1513	789	2226	28389	1238
黑龙江	2093	1000	2677	26669	975
上海	11262	6684	9003	61602	3284
江苏	13113	4898	11090	80400	2408
浙江	20450	5526	9291	45648	1602
安徽	2221	819	1610	27596	881
福建	3057	1013	2080	22045	888
江西	837	317	459	20304	653
山东	9407	3130	7173	64205	2613
河南	3761	1377	1969	44922	2363
湖北	3768	1925	5629	72871	2252
湖南	3392	1523	2942	45622	1569
广东	26653	13816	10732	63147	1978
广西	1067	249	449	22446	578
海南	115	45	52	3295	120
重庆	4232	913	1418	23409	742
四川	4413	1691	3511	49557	1385
贵州	735	353	484	8801	209
云南	749	454	988	17127	739
西藏	2	2	1	927	18
陕西	2568	1423	3347	44850	1535
甘肃	1149	538	864	17460	688
青海	148	67	107	3765	97
宁夏	235	71	154	4213	84
新疆	468	141	364	10656	261

7-6 全国及分地区高技术产业总产值情况

单位:亿元

地区	1995	2000	2002	2003	2004	2005	2006
全国	**4097.76**	**10411.47**	**15099.29**	**20556.10**	**27768.60**	**34367.11**	**41321.77**
北京	212.82	972.68	1090.59	1188.50	1539.80	2134.26	2596.18
天津	250.82	675.57	934.00	1021.97	1519.60	1793.04	2253.24
河北	81.04	158.83	224.77	251.37	250.70	301.13	327.41
山西	19.81	38.92	52.39	54.18	61.00	74.76	109.61
内蒙古	13.71	20.58	52.73	64.41	82.10	112.66	138.31
辽宁	168.59	358.44	451.41	524.29	610.90	641.10	717.23
吉林	45.12	101.87	129.73	141.47	155.40	185.84	230.59
黑龙江	86.19	176.69	202.62	254.64	155.40	303.94	211.04
上海	378.07	1004.10	1427.85	2251.19	3259.70	3905.10	4429.80
江苏	477.93	1264.40	1846.04	3122.42	5029.70	6178.36	7356.85
浙江	221.30	528.09	760.90	1054.51	1379.00	1734.21	2409.76
安徽	59.17	81.93	107.86	122.23	147.50	172.91	201.34
福建	130.41	449.61	748.05	1002.01	1292.40	1438.81	1634.60
江西	69.66	118.89	155.70	141.66	165.30	234.03	329.27
山东	180.58	368.88	655.36	891.44	1203.50	1785.65	2329.90
河南	93.50	138.26	160.62	194.62	258.10	328.92	457.42
湖北	84.70	218.61	286.09	305.79	274.10	447.53	578.64
湖南	47.30	108.16	135.44	155.23	179.10	219.30	253.96
广东	965.36	2713.48	4532.33	6583.81	8838.30	10710.74	12857.29
广西	35.83	50.15	58.76	70.94	84.50	114.75	135.93
海南	7.30	22.28	28.32	27.37	30.70	35.11	37.58
重庆		71.26	81.87	100.53	129.30	145.45	167.78
四川	222.38	333.80	430.75	447.51	464.70	617.85	714.31
贵州	44.24	78.06	101.22	115.41	125.20	156.22	175.26
云南	20.68	35.93	50.32	47.88	56.30	65.03	78.79
西藏	0.05	2.48	3.29	3.29	4.10	4.17	5.16
陕西	158.06	262.23	332.69	353.20	406.00	443.99	493.50
甘肃	14.77	42.63	38.19	43.14	35.60	43.56	50.30
青海	1.55	2.98	5.10	5.84	6.70	8.29	10.24
宁夏	2.42	6.48	9.85	10.65	14.00	19.14	16.36
新疆	4.40	5.20	4.45	4.60	9.80	11.26	14.12

注:7-6表~7-11表统计口径为规模以上工业企业。

7-7 全国及分地区高技术产业增加值情况

单位:亿元

地 区	1995	2000	2002	2003	2004	2005	2006
全 国	**1080.52**	**2758.75**	**3768.58**	**5034.02**	**6341.30**	**8127.79**	**9866.92**
北 京	66.73	246.68	241.85	290.92	315.10	404.19	472.70
天 津	87.65	171.35	274.44	223.04	371.60	392.65	594.39
河 北	24.38	53.06	74.72	87.14	77.70	93.23	96.90
山 西	5.50	13.88	17.98	20.15	23.90	27.07	37.02
内蒙古	2.57	7.26	21.07	25.48	32.20	35.47	43.55
辽 宁	50.29	88.40	113.67	124.02	148.50	173.16	202.49
吉 林	14.17	45.81	55.61	56.56	62.60	77.05	101.93
黑龙江	22.06	45.37	52.98	59.95	50.20	73.56	66.60
上 海	112.59	235.28	274.78	389.85	601.10	786.33	916.15
江 苏	112.43	302.00	468.92	780.86	1032.10	1460.27	1699.53
浙 江	48.22	132.06	191.68	261.39	314.20	368.38	451.87
安 徽	10.65	19.95	29.43	36.51	42.60	55.24	65.27
福 建	26.20	127.82	180.32	226.63	289.60	317.37	409.17
江 西	19.23	37.54	47.07	41.56	51.60	75.84	106.16
山 东	41.48	106.47	176.76	254.34	358.70	533.32	688.46
河 南	26.41	51.20	51.39	65.22	80.60	103.04	157.29
湖 北	22.24	70.40	92.97	106.09	87.10	165.40	211.68
湖 南	13.25	29.61	38.63	41.94	61.70	74.88	83.89
广 东	216.99	677.77	998.68	1552.11	1880.00	2353.02	2802.64
广 西	10.22	19.11	24.70	28.53	34.60	42.59	55.55
海 南	1.79	6.03	9.02	9.21	10.50	13.20	13.81
重 庆		17.68	23.99	28.00	42.00	46.36	58.35
四 川	63.27	112.98	126.64	133.85	143.50	203.60	225.76
贵 州	11.67	26.40	33.40	39.96	43.70	53.47	67.49
云 南	4.96	13.31	21.30	20.24	22.20	24.53	31.40
西 藏	0.03	1.38	1.98	1.81	2.50	1.93	2.50
陕 西	59.16	80.53	105.42	107.72	134.50	136.57	167.00
甘 肃	3.94	14.43	12.11	13.73	15.10	21.38	22.20
青 海	0.61	0.77	1.90	2.13	3.60	4.03	6.04
宁 夏	0.75	2.42	3.57	3.57	4.70	6.82	5.27
新 疆	1.09	1.79	1.55	1.51	3.20	3.86	3.86

7-8 全国及分地区高技术产业销售收入情况

单位：亿元

地 区	1995	2000	2002	2003	2004	2005	2006
全 国	**3917.12**	**10033.72**	**14614.25**	**20411.52**	**27846.20**	**33921.79**	**40939.19**
北 京	254.36	1018.88	1121.91	1256.51	1571.60	2168.47	2768.55
天 津	214.23	656.47	953.28	1056.87	1505.30	1908.97	2329.84
河 北	76.78	155.65	234.34	270.86	252.20	300.17	320.56
山 西	17.61	29.05	40.22	42.63	51.00	67.62	95.39
内蒙古	12.47	19.42	48.37	60.26	74.80	102.81	132.99
辽 宁	163.36	354.07	441.45	507.56	569.30	608.45	690.27
吉 林	37.17	79.99	97.97	106.83	113.80	145.39	187.35
黑龙江	81.88	165.76	201.53	251.44	142.70	313.34	227.06
上 海	390.85	1051.76	1451.84	2536.42	3850.90	4030.28	4567.49
江 苏	438.77	1229.28	1789.33	3128.55	4916.10	6137.52	7344.51
浙 江	202.18	493.77	730.04	1069.58	1405.40	1741.78	2382.92
安 徽	53.39	79.24	85.87	100.43	133.90	156.49	184.56
福 建	121.78	414.58	723.70	988.48	1272.60	1421.93	1586.92
江 西	63.20	99.67	139.27	141.28	172.70	229.87	319.91
山 东	174.02	365.11	646.92	837.68	1186.50	1737.89	2242.65
河 南	81.61	119.52	152.48	181.38	247.80	297.59	420.76
湖 北	75.08	194.90	258.13	285.03	254.50	396.92	502.72
湖 南	45.23	98.00	124.63	150.68	161.70	205.13	236.43
广 东	937.09	2623.81	4359.79	6345.32	8712.50	10434.38	12679.59
广 西	31.25	44.19	51.40	62.09	72.50	94.22	108.70
海 南	5.92	18.07	24.25	21.53	26.60	30.44	35.42
重 庆		60.59	76.41	87.71	107.90	135.99	155.44
四 川	209.25	297.05	385.66	415.54	440.70	578.27	675.89
贵 州	41.79	67.48	88.41	93.66	107.20	127.93	132.96
云 南	19.68	32.29	47.50	41.69	50.60	59.76	76.55
西 藏	0.12	1.92	2.37	2.86	3.30	3.65	4.51
陕 西	147.66	230.44	292.14	318.95	379.90	414.29	452.00
甘 肃	13.12	19.97	28.63	31.72	36.40	39.17	41.24
青 海	1.48	2.11	3.47	4.62	5.00	6.87	8.44
宁 夏	2.18	5.94	8.94	8.93	11.20	15.67	14.21
新 疆	3.60	4.74	4.00	4.43	9.30	10.49	13.35

7-9 全国及分地区高技术产业利润情况

单位:亿元

地　区	1995	2000	2002	2003	2004	2005	2006
全　国	**178.04**	**673.46**	**741.07**	**971.41**	**1244.60**	**1423.23**	**1737.82**
北　京	16.89	82.57	79.62	84.87	82.10	96.81	115.80
天　津	27.50	78.17	51.01	34.49	150.30	156.00	141.13
河　北	5.50	8.02	17.01	25.84	20.20	18.04	20.52
山　西	0.11	1.97	1.92	2.01	2.60	2.74	1.06
内蒙古	-0.22	0.55	8.31	10.51	14.40	6.31	8.52
辽　宁	-2.82	14.27	17.06	17.23	19.80	16.83	23.49
吉　林	0.84	9.55	10.81	8.88	7.40	11.76	17.63
黑龙江	1.95	7.63	8.88	10.29	6.40	14.42	14.04
上　海	26.49	92.01	54.65	73.99	132.40	93.86	117.73
江　苏	11.59	66.38	72.22	123.26	193.30	252.35	320.49
浙　江	11.57	42.25	64.46	73.47	88.60	81.95	117.32
安　徽	-0.01	2.45	4.59	6.15	7.80	9.47	10.37
福　建	5.93	19.60	48.26	64.92	76.20	69.09	99.42
江　西	1.83	3.75	4.50	6.32	8.90	10.76	15.45
山　东	8.32	21.09	27.13	40.15	62.60	95.73	112.49
河　南	7.16	11.91	8.19	11.17	16.10	14.96	24.48
湖　北	2.26	18.99	19.77	13.71	10.60	21.32	27.51
湖　南	-0.48	5.64	6.51	8.96	10.50	10.47	11.32
广　东	34.77	143.10	173.57	284.32	329.20	367.34	440.97
广　西	0.62	3.75	4.73	5.66	6.20	7.75	7.64
海　南	-0.15	1.50	4.29	3.47	4.30	5.53	7.40
重　庆		0.27	3.57	5.61	6.90	9.06	10.28
四　川	15.19	17.22	21.86	24.05	-39.80	27.61	27.38
贵　州	-1.29	2.12	4.06	4.76	4.90	3.01	7.36
云　南	0.95	3.59	4.74	4.50	6.30	6.62	8.09
西　藏	-0.01	0.59	0.59	0.84	0.90	1.58	1.11
陕　西	4.94	13.90	16.41	19.61	17.90	6.48	22.17
甘　肃	-1.15	-0.21	1.15	1.00	0.50	2.55	3.41
青　海	0.01	0.14	0.23	0.61	0.90	0.77	1.10
宁　夏	-0.14	0.62	0.83	0.38	-4.70	0.94	1.17
新　疆	-0.12	0.06	0.14	0.38	1.30	1.12	0.98

7－10 全国及分地区高技术产业利税情况

单位:亿元

地　区	1995	2000	2002	2003	2004	2005	2006
全　国	**326.24**	**1033.44**	**1166.09**	**1464.60**	**1783.80**	**2089.57**	**2557.90**
北　京	25.22	110.42	116.83	123.31	116.60	139.37	163.11
天　津	37.07	97.68	71.11	54.29	175.20	183.88	173.78
河　北	10.34	16.30	28.48	37.78	32.00	31.06	34.39
山　西	0.95	3.93	4.38	4.83	5.60	6.02	5.38
内蒙古	0.25	1.26	10.70	14.08	17.80	9.09	11.92
辽　宁	3.00	26.72	27.93	25.96	28.20	27.89	35.70
吉　林	3.71	15.89	18.22	16.14	15.60	20.10	26.79
黑龙江	6.49	20.42	22.30	25.98	16.20	30.67	30.28
上　海	43.17	123.76	90.15	115.71	179.40	136.53	159.42
江　苏	29.73	116.75	119.39	181.48	268.30	334.44	411.54
浙　江	19.08	66.76	95.30	117.10	139.10	133.01	175.54
安　徽	1.94	5.84	8.37	9.93	12.40	14.80	17.25
福　建	9.15	31.46	59.33	78.24	97.70	85.32	118.53
江　西	5.25	10.35	12.25	13.23	16.40	22.61	28.62
山　东	14.59	36.23	51.38	67.02	100.10	149.16	177.62
河　南	11.71	19.36	14.75	18.87	26.00	27.96	40.79
湖　北	5.60	29.08	31.81	22.91	19.90	33.67	42.27
湖　南	2.20	11.07	12.64	15.66	18.50	19.73	20.37
广　东	54.16	202.70	255.72	395.04	435.90	545.69	713.45
广　西	2.66	7.31	9.74	11.19	12.00	14.10	14.04
海　南	0.10	2.88	6.78	5.46	6.70	8.39	10.59
重　庆		3.93	8.79	10.64	12.50	15.18	17.49
四　川	25.21	33.33	35.17	41.64	－25.40	47.30	49.96
贵　州	0.22	5.24	8.25	9.13	10.00	9.30	13.36
云　南	2.01	5.85	8.19	8.41	10.00	11.16	13.74
西　藏	0.02	0.88	0.80	1.28	1.30	2.08	1.84
陕　西	12.72	25.41	31.53	34.11	34.00	21.64	39.22
甘　肃	－0.53	0.82	3.43	2.52	2.20	4.66	5.53
青　海	0.13	0.35	0.59	0.99	1.30	1.24	1.79
宁　夏	0.03	1.00	1.29	0.90	－4.00	1.44	1.47
新　疆	0.08	0.49	0.50	0.77	2.30	2.08	2.13

7－11　全国及分地区高技术产业出口交货值情况

单位:亿元

地　区	1995	2000	2002	2003	2004	2005	2006
全　国	**1125.23**	**3388.38**	**6020.02**	**9098.27**	**14830.90**	**17635.97**	**23192.26**
北　京	39.09	160.17	217.95	251.42	453.20	832.58	1136.46
天　津	62.05	259.44	433.52	509.35	852.90	1054.52	1168.31
河　北	10.93	17.25	14.02	36.14	35.30	41.82	44.63
山　西	1.22	1.72	1.48	1.47	2.50	5.72	19.58
内蒙古	1.96	1.09	1.15	1.54	1.60	31.65	37.65
辽　宁	59.73	163.87	211.15	251.83	285.80	271.07	314.21
吉　林	1.96	2.05	5.34	5.07	10.50	6.61	8.72
黑龙江	12.02	12.73	8.23	11.18	4.40	15.36	13.80
上　海	84.38	370.20	645.59	1304.73	2101.80	2726.02	3165.10
江　苏	87.78	531.39	840.62	1530.57	3373.40	3876.44	4662.51
浙　江	45.84	122.80	182.22	253.33	473.70	744.66	1240.91
安　徽	3.89	4.42	7.63	8.78	10.00	15.55	21.47
福　建	63.72	195.60	366.21	511.33	730.40	827.54	934.76
江　西	8.49	4.51	9.27	19.37	19.00	27.13	47.28
山　东	45.49	77.73	145.10	220.41	285.80	423.85	654.03
河　南	6.44	10.08	17.96	16.59	23.70	33.66	36.35
湖　北	14.91	11.66	22.82	23.45	32.70	61.54	122.77
湖　南	3.29	9.57	14.22	18.66	26.70	30.45	34.00
广　东	528.41	1371.45	2735.52	3969.42	5969.20	6475.20	9352.71
广　西	3.28	2.01	1.33	2.73	4.20	9.52	9.32
海　南	0.40	0.94	0.73	1.08	1.60	1.96	2.83
重　庆		6.29	6.05	6.80	7.90	9.49	18.27
四　川	14.75	21.64	93.81	94.56	65.60	66.05	86.39
贵　州	3.13	1.84	5.12	9.86	13.80	10.66	8.03
云　南	3.24	4.00	2.77	3.47	4.20	4.95	7.10
西　藏						0.01	0.02
陕　西	16.53	19.65	23.87	26.46	35.10	24.83	36.41
甘　肃	0.89	2.73	3.20	6.01	2.20	0.47	0.64
青　海	0.06		0.06	0.34	0.40	0.22	0.22
宁　夏	0.03	1.11	3.03	2.13	2.60	6.05	6.70
新　疆	1.32	0.44	0.05	0.19	0.70	0.39	1.11

7-12 全国及分地区高技术产业新产品出口销售收入情况

单位:万元

地 区	1995	2000	2002	2003	2004	2005	2006
全 国	**695011**	**6783131**	**8961059**	**14168325**	**27242033**	**26662498**	**33415657**
北 京	7724	1239076	913273	114480	1323455	576296	556796
天 津	63442	594111	920381	1161666	5557449	2335622	2502651
河 北	5771	12089	9421	16383	29289	28166	28618
山 西		1509	730		884	603	961
内蒙古	47						1570
辽 宁	16855	49699	658907	674833	377457	208970	60221
吉 林	1006	116	5023	6354	12611	16285	17513
黑龙江	2193	583	3168	52598	2395	37010	3715
上 海	27809	927266	1531636	2285669	4786105	5792998	7575219
江 苏	66107	1074420	1718959	1172595	1837144	1129691	1985638
浙 江	47088	130061	182062	405347	760403	1140440	1658511
安 徽	717	2003	14542	27144	11184	5360	10014
福 建	22737	588426	664739	3042807	3163394	3685312	4121220
江 西	5788	25161	14101	28677	71068	72050	54418
山 东	17350	68824	247557	87219	1030404	496205	604360
河 南	7500	34251	1218	16291	127829	55221	51281
湖 北	12601	5273	9960	7994	23268	22591	61021
湖 南	678	16322	7627	10108	19881	18315	31490
广 东	361026	1911396	1986753	4383558	7735892	10595446	13503374
广 西	4331	2349	1211	770	6464	9885	3817
海 南							6
重 庆		5856	2348	645	7707	8598	81751
四 川	5252	40739	36456	585749	305533	344984	304634
贵 州	2169	3730	4996	58154	12514	29574	67605
云 南	6523	6042	4664	4977	9620	6944	5919
西 藏							
陕 西	8398	10658	20890	22494	24388	23913	81717
甘 肃	1899	20781	247	112	600		
青 海		736					
宁 夏	12392	193	965	1392	19371	31948	
新 疆			3705	2652	9667		

注:7-12 表~7-29 表统计口径为大中型工业企业。

7-13 全国及分地区高技术产业科技活动人员情况

单位:人

地　区	1995	2000	2002	2003	2004	2005	2006
全　国	**245572**	**260965**	**273960**	**278017**	**289975**	**347125**	**393987**
北　京	9741	12473	13032	12012	13096	14443	15251
天　津	6345	4711	5040	4867	6662	6664	8648
河　北	3285	4017	4548	5805	5720	6550	6861
山　西	2809	1418	1432	1322	1381	1592	2026
内蒙古	677	151	144	94	188	273	533
辽　宁	20988	14612	13203	10886	8985	13155	16018
吉　林	2792	3040	2948	2399	3153	2888	3295
黑龙江	9051	6737	6692	7078	5748	10702	8128
上　海	16798	17866	16306	19874	16950	18518	18834
江　苏	21581	23256	25839	31400	31550	45839	46185
浙　江	3905	5617	6706	13710	17468	22850	28690
安　徽	2699	2796	3386	4703	2654	3246	4344
福　建	1460	3120	5787	7368	7824	10051	12297
江　西	9393	14314	5146	4894	8352	9177	9065
山　东	6875	11352	23118	13894	13895	14222	17091
河　南	6319	12441	9638	6706	7041	8035	11011
湖　北	7884	9367	9293	8168	10204	12366	13131
湖　南	8480	5920	6048	5127	3286	6770	5159
广　东	8579	28991	42333	49292	65324	80743	97989
广　西	1571	1753	2293	1049	1346	2244	2079
海　南	204	193	52	54	113	150	91
重　庆		4081	4287	4041	4083	4730	4941
四　川	35178	19809	19121	20852	17202	15940	23483
贵　州	13403	10784	10598	7841	6204	6494	9500
云　南	1322	549	933	447	527	485	595
西　藏							
陕　西	37928	37183	29853	28434	28666	26523	26765
甘　肃	5727	3867	5374	5015	1456	1745	1168
青　海	177	70	41	108	66	26	45
宁　夏	356	470	714	554	755	564	611
新　疆	45	7	55	23	76	140	153

7-14 全国及分地区高技术产业科技活动人员中科学家和工程师情况

单位:人

地区	1995	2000	2002	2003	2004	2005	2006
全国	**91311**	**151077**	**173475**	**182380**	**182322**	**240430**	**263825**
北京	5564	8851	9431	8948	9209	11220	11505
天津	2984	3167	2826	2490	2833	4594	6228
河北	1233	2549	2941	3688	3647	4822	4954
山西	1259	787	993	998	840	1074	1492
内蒙古	253	118	138	69	151	207	319
辽宁	6506	9799	9421	7481	5253	9941	10113
吉林	1185	2120	1924	1572	1740	2015	2315
黑龙江	4171	3619	5013	4562	3718	8626	6600
上海	7906	11354	12481	15558	11628	13323	14252
江苏	9048	12146	13614	17820	17929	26447	26835
浙江	1784	3846	4380	8756	12582	17089	19556
安徽	1058	1353	2144	2306	1491	1624	2702
福建	564	2295	4476	5919	5817	7737	8262
江西	3151	6198	2813	2597	3592	4416	4743
山东	3169	7487	15341	10614	9879	10506	11471
河南	2408	4443	3589	3489	3328	4882	6089
湖北	2853	6648	6279	4987	5115	7216	8771
湖南	3072	3167	2653	2886	1581	4566	2900
广东	4526	23678	34631	40031	52048	65826	76225
广西	745	1132	1652	830	890	1509	1613
海南	55	154	52	46	107	114	60
重庆		2788	2991	2713	2837	3562	3484
四川	10027	10285	12228	11380	8069	8888	12020
贵州	4168	4296	4329	3413	3018	3535	5199
云南	655	418	695	386	434	354	448
西藏							
陕西	10915	16276	13318	16102	13165	14640	14558
甘肃	1837	1807	2614	2274	833	1121	656
青海	39	60	34	64	50	19	39
宁夏	162	233	429	380	467	459	355
新疆	14	3	45	21	71	98	61

7－15 全国及分地区高技术产业科技活动经费筹集额情况

单位：万元

地 区	1995	2000	2002	2003	2004	2005	2006
全 国	**651342**	**2398827**	**3330674**	**4275667**	**5428187**	**6343232**	**7424144**
北 京	32897	369447	248824	324157	416606	444843	474818
天 津	27996	83189	151010	169228	232077	286018	360829
河 北	12905	24335	35751	46842	48148	54683	51829
山 西	2701	5367	6946	6380	6792	7299	13373
内蒙古	1189	519	811	762	1273	2818	2585
辽 宁	37879	78688	134193	141550	110398	150808	145490
吉 林	4431	20270	25603	19976	27274	43119	65553
黑龙江	11490	29751	57095	94407	52569	95276	63898
上 海	99297	395856	463488	590952	715038	602753	871833
江 苏	68099	159153	332692	523780	780730	918037	1070239
浙 江	20808	63981	88155	195416	312986	478077	542649
安 徽	6108	17194	32521	52415	33791	68633	61679
福 建	8809	39595	96171	144246	146396	271545	264949
江 西	13313	30477	22539	28648	49527	71219	81089
山 东	14302	133693	230611	194510	310614	372160	416626
河 南	14924	35448	32178	46070	54363	60042	91432
湖 北	12114	77746	73486	59281	93164	109891	127358
湖 南	9841	17224	25093	27762	39440	44943	46196
广 东	63617	501480	903582	1137645	1413794	1716773	2025690
广 西	5971	6371	12519	8373	15209	19131	16583
海 南	287	4890	1281	3649	1401	938	1746
重 庆		17460	38667	37350	37347	43407	40990
四 川	83519	69720	98699	187678	171304	210918	294533
贵 州	18464	17831	26562	32505	34757	48403	60257
云 南	1662	5589	6866	4786	6904	5709	7283
西 藏							
陕 西	69375	181330	169658	182930	294412	194922	205815
甘 肃	8515	10181	7153	7883	8478	11235	9319
青 海	94	303	3134	756	98	130	403
宁 夏	586	1558	5110	5634	10662	5975	5365
新 疆	149	180	275	96	2639	3528	3736

7-16 全国及分地区高技术产业科技活动经费筹集额中政府资金情况

单位:万元

地　区	1995	2000	2002	2003	2004	2005	2006
全　国	**117470**	**172806**	**261508**	**228530**	**283870**	**338767**	**390984**
北　京	3742	10085	6413	8361	9042	20348	14403
天　津	711	4296	3221	3083	1432	1985	3351
河　北	898	2489	2062	5202	7814	2594	2465
山　西	541	923	1495	1615	1233	834	1840
内蒙古	92	32	176	50	54	100	386
辽　宁	14339	12718	16571	18914	37842	19184	29952
吉　林	545	885	4834	984	1625	1830	2231
黑龙江	1814	4741	19163	20344	15493	16361	27413
上　海	4728	5645	4532	5670	7583	6584	27342
江　苏	11081	12170	17237	12386	14627	22803	21438
浙　江	382	5698	1834	4387	14503	23434	32482
安　徽	719	1876	1405	992	2042	9998	2003
福　建	268	795	5406	4730	4784	6356	5639
江　西	3537	9418	6527	784	7218	9764	21017
山　东	472	2468	4920	4157	6704	5859	10345
河　南	1102	2316	1984	1200	2543	2106	5118
湖　北	1744	3792	9737	9506	19223	12095	14283
湖　南	4302	3969	4132	5298	1805	12648	11065
广　东	1114	11131	15266	16010	32724	41553	33995
广　西	57	224	1654	303	2231	768	2869
海　南	48			40	8		60
重　庆		2465	10087	4744	4633	5239	2369
四　川	31430	21710	26628	24640	18120	41117	46307
贵　州	3379	7847	11592	7941	6215	8379	16233
云　南	340	947	1018	1453	848	940	1312
西　藏							
陕　西	28712	40131	81424	62009	58702	63508	51938
甘　肃	1364	3975	1728	2895	2609	895	2720
青　海		50	10	200		10	
宁　夏	11	10	451	585	1797	475	240
新　疆				47	420	1000	170

7－17 全国及分地区高技术产业科技活动经费筹集额中企业资金情况

单位:万元

地　区	1995	2000	2002	2003	2004	2005	2006
全　国	**418783**	**1884279**	**2569223**	**3430556**	**4641136**	**5483076**	**6269090**
北　京	22748	335626	240577	293020	381625	412018	455060
天　津	22311	47336	116496	162889	220182	273286	340798
河　北	8132	15959	33462	37596	40333	49844	46943
山　西	1053	4319	5351	3927	5446	5475	9025
内蒙古	1097	292	635	692	1219	2118	2089
辽　宁	12478	51780	60449	98368	71314	96069	81898
吉　林	3255	15983	20119	17405	24151	30215	63243
黑龙江	6499	23155	31541	68141	36966	75888	34864
上　海	85530	373207	441766	578367	688924	582956	527587
江　苏	46634	122226	236391	357537	700760	795121	978066
浙　江	18150	51112	78304	163417	276612	421137	477818
安　徽	3658	8553	30598	40971	30670	58124	59444
福　建	4393	37590	61982	125242	120993	238486	224650
江　西	6617	17161	15735	26576	33988	48095	43485
山　东	10149	94821	179630	142947	251073	299681	366456
河　南	10197	26770	27228	37567	51437	54301	68460
湖　北	9183	45431	52394	42648	55774	92901	109010
湖　南	3926	11604	16127	20788	36520	23056	28528
广　东	54242	439426	743615	923754	1171431	1580208	1910608
广　西	5900	5378	9560	8070	12740	15956	12533
海　南	206	4890	1281	3309	1373	888	1686
重　庆		10175	21391	22186	28315	33291	31439
四　川	38319	34789	54455	133685	139171	158291	224173
贵　州	13056	8976	11630	15261	25547	29893	31721
云　南	1206	4291	5705	3318	4774	4541	5760
西　藏							
陕　西	25552	86461	63031	94693	215152	86032	118391
甘　肃	3632	5000	5343	4798	5167	7559	6263
青　海	44	253	224	386	98	120	403
宁　夏	503	1535	3927	2949	7164	5000	5125
新　疆	114	180	275	49	2219	2528	3566

7-18 全国及分地区高技术产业科技活动经费筹集额中金融机构贷款情况

单位:万元

地 区	1995	2000	2002	2003	2004	2005	2006
全 国	**92845**	**196383**	**323005**	**428596**	**392260**	**355478**	**586151**
北 京	3162	21760	470	20216	23517	8570	4110
天 津	4790	7030	2689	2830	4230	9341	8670
河 北	2873	5850	100	3780		1510	1263
山 西	870	25	100	100	100	800	805
内蒙古				19		600	110
辽 宁	5019	4360	51850	18012	1130	3366	1371
吉 林	630	3100	310	1287	200	1800	
黑龙江	2987	1455	6326	5872	90	2108	1580
上 海	7730	10321	5227	5107	14991	7300	276414
江 苏	9385	11024	36784	59886	32405	94897	57708
浙 江	2208	6645	7455	26688	21071	30025	31266
安 徽	1430	6582	378	10277	700		151
福 建	4135	1110	23964	14256	20500	26520	34240
江 西	3093	2239		1250	8321	13218	16236
山 东	3253	35580	43049	44860	50682	63014	35685
河 南	3223	6226	2080	6320	200	3600	14510
湖 北	889	11621	9930	6540	18097	803	3609
湖 南	1445	1588	2921	1660	1100	9173	4450
广 东	7943	42670	106511	170597	182521	60181	60533
广 西	11	600	911		100	480	646
海 南	33						
重 庆		4740	6723	9606	3154	4685	4986
四 川	11126	2300	2508	2628	5169	869	8600
贵 州	1963	345	1396	7130	1350	8363	10160
云 南	86	352	20				
西 藏							
陕 西	10991	8547	7669	7405	232	2004	9048
甘 肃	3415	300			700	1750	
青 海	50		2900	170			
宁 夏	72	13	732	2100	1700	500	
新 疆	35						

7－19　全国及分地区高技术产业科技活动经费内部支出情况

单位:万元

地　区	1995	2000	2002	2003	2004	2005	2006
全　国	**596183**	**2008155**	**3168936**	**3990200**	**4910429**	**5755848**	**7039251**
北　京	29723	233101	265441	316815	347331	441303	472064
天　津	27823	82671	111175	122809	169889	137398	173447
河　北	10219	23704	35657	45561	49291	57543	54138
山　西	2419	3844	4373	4936	6761	8778	11469
内蒙古	1175	483	1234	488	821	1684	1909
辽　宁	35863	58044	132950	110764	107437	138410	142841
吉　林	4413	14898	21456	21018	25750	33444	59980
黑龙江	11313	24732	60077	77855	43957	85827	60744
上　海	86933	255340	343226	533055	735422	634383	725997
江　苏	64631	149620	272721	378763	516541	686537	998412
浙　江	18339	61093	71002	156343	298783	424932	480345
安　徽	4127	15536	40036	74541	31595	48184	70008
福　建	7780	35687	65106	114105	127696	216344	238711
江　西	12214	28659	21291	33923	47396	66904	68642
山　东	12451	128572	214208	191618	305195	395013	422557
河　南	13163	32187	39790	35461	51948	61213	96258
湖　北	11003	100746	66221	50864	108370	112439	126263
湖　南	13444	14394	33174	31508	38742	45527	41392
广　东	55670	475977	966052	1172769	1240349	1599744	2083920
广　西	5707	6299	16641	11030	17456	19346	18074
海　南	219	1852	841	2403	1054	1186	1334
重　庆		14749	25100	29841	35112	40401	46054
四　川	77723	78390	130784	217811	207452	202079	320193
贵　州	18322	15521	24686	26828	38821	40504	56214
云　南	1630	8021	6078	3995	5203	5186	6549
西　藏							
陕　西	61156	133352	179450	209823	333086	228973	240036
甘　肃	7828	8762	7909	8763	7279	13417	12814
青　海	125	284	614	854	113	63	367
宁　夏	623	1521	11457	5560	8961	5584	4987
新　疆	149	119	188	96	2619	3505	3535

7-20 全国及分地区高技术产业活动经费内部支出中劳务费情况

单位:万元

地区	1995	2000	2002	2003	2004	2005	2006
全　国	**122509**	**497314**	**834984**	**999249**	**1372496**	**1676218**	**1896517**
北　京	5131	33341	50815	76327	66160	129865	117050
天　津	4546	17012	38093	42996	43837	49854	49172
河　北	1840	5259	7423	8397	8351	9800	11739
山　西	632	1315	1384	1487	2283	2758	3383
内蒙古	140	83	204	215	341	482	845
辽　宁	6122	11932	22635	24350	26996	39625	27707
吉　林	1006	2753	3325	3669	6780	6649	4291
黑龙江	5483	11024	6772	15097	11193	30820	15734
上　海	16061	78705	99089	106604	126128	139093	167721
江　苏	14017	31688	58408	79237	136082	169947	184618
浙　江	2805	11098	22488	45288	95300	153115	171859
安　徽	1092	2239	5562	7154	5903	8825	9083
福　建	1051	11518	19300	32431	36165	58902	79625
江　西	3693	11730	6021	7141	9950	12092	17039
山　东	3481	23989	63225	42769	47558	61576	72892
河　南	2356	13297	9911	8717	23221	12738	20233
湖　北	2581	12413	14202	15503	28411	36559	43284
湖　南	3983	5822	6247	6646	6692	15236	13036
广　东	11027	150825	302629	376418	567090	625133	758465
广　西	961	1321	3402	1822	3622	4579	3955
海　南	36	434	231	830	193	404	231
重　庆		5126	6032	6130	8756	9096	10980
四　川	14398	12821	24603	34675	37955	29531	44284
贵　州	5329	5364	9810	6660	11018	12403	13672
云　南	557	1324	2745	1709	2080	1604	1961
西　藏							
陕　西	12119	30743	44803	41561	55845	52416	49283
甘　肃	1763	3628	3716	4420	2602	1675	2219
青　海	85	86	125	129	39	39	90
宁　夏	193	403	1679	849	1794	1270	1720
新　疆	21	20	107	18	152	131	349

7-21 全国及分地区高技术产业科技活动经费内部支出中仪器设备费情况

单位:万元

地 区	1995	2000	2002	2003	2004	2005	2006
全 国	**91706**	**496258**	**700776**	**1052893**	**1162064**	**1207847**	**1644941**
北 京	2462	67540	37784	34048	47316	22547	84682
天 津	6926	17889	8526	19580	79589	31866	25042
河 北	2499	6929	9382	16511	22732	25268	20440
山 西	340	818	701	984	1523	1396	3077
内蒙古	868	27	474	57	32	340	462
辽 宁	2648	23244	25282	40244	16799	28885	53259
吉 林	556	2872	4219	6440	3678	4498	8341
黑龙江	1250	4624	8893	16034	10086	24182	24191
上 海	7300	54223	104707	291902	210363	245667	276667
江 苏	9049	39856	56392	62857	113131	171610	312239
浙 江	2922	18731	16114	35361	77128	68984	86659
安 徽	654	6276	13353	30550	8039	16135	24425
福 建	4367	9924	15884	25334	29187	57264	41589
江 西	2055	1053	4035	6267	9077	12421	11958
山 东	2679	23100	39070	37167	72719	114173	114829
河 南	2530	4602	2989	14370	12934	21539	32941
湖 北	2389	24264	11566	8763	27631	25131	32273
湖 南	1877	2442	15704	9162	21281	3901	8954
广 东	13415	145467	219997	220345	168323	170673	335840
广 西	460	1572	2593	1969	6050	5475	4793
海 南	39	259	198	282	192	62	502
重 庆		2496	5369	7202	9564	14652	15459
四 川	15880	16867	47224	62114	45226	48355	64035
贵 州	2647	2579	4111	2796	6801	8504	11807
云 南	197	4188	671	504	669	914	782
西 藏							
陕 西	3106	13161	41855	99309	157625	80084	43912
甘 肃	2454	1096	1363	1687	2189	2266	4049
青 海	2		280	180	35	7	200
宁 夏	73	132	2013	874	903	1049	855
新 疆	64	28	29		1246		682

7－22 全国及分地区高技术产业专利申请数情况

单位:项

地 区	1995	2000	2002	2003	2004	2005	2006
全 国	**612**	**2245**	**5590**	**8270**	**11026**	**16823**	**24301**
北 京	21	7	779	896	679	777	944
天 津	18	73	54	461	295	393	541
河 北	9	27	24	31	82	118	160
山 西	9	4	9	45	17	18	55
内蒙古		1		2	3	13	1
辽 宁	79	30	58	75	306	445	284
吉 林	18	27	28	79	193	126	84
黑龙江	16	47	86	66	90	114	123
上 海	19	118	460	835	1804	1445	1719
江 苏	47	129	225	676	711	1000	808
浙 江	18	54	276	353	556	838	1317
安 徽	2	3	40	49	11	43	36
福 建	4	50	112	243	204	233	187
江 西	10	17	33	45	76	202	138
山 东	27	155	421	589	789	991	1102
河 南	23	26	27	85	193	141	278
湖 北	23	81	105	42	103	409	359
湖 南	14	49	115	29	51	77	65
广 东	154	922	2254	2831	3955	8268	14883
广 西	7	11	48	55	73	87	50
海 南		4			4		4
重 庆		54	69	72	50	80	156
四 川	33	146	98	260	328	261	383
贵 州	12	38	17	55	77	98	200
云 南	11	40	46	140	158	167	57
西 藏							
陕 西	32	53	159	226	185	395	286
甘 肃	6	4	3	10	14	48	31
青 海		13	13	4	1	1	35
宁 夏		62	28	16	13	20	9
新 疆			3		5	15	6

7-23　全国及分地区高技术产业拥有发明专利数情况

单位:项

地　区	1995	2000	2002	2003	2004	2005	2006
全　国	**410**	**1443**	**1851**	**3356**	**4535**	**6658**	**8141**
北　京	9	18	18	183	477	500	490
天　津	22	6	10	347	375	113	115
河　北	5	12	5	14	38	42	77
山　西	6	1	4	10	14	8	12
内蒙古				1	2	13	1
辽　宁	62	62	45	57	99	92	184
吉　林	14	15	14	26	42	30	126
黑龙江	12	68	28	23	41	51	86
上　海	7	110	61	318	247	264	562
江　苏	27	84	117	246	222	489	695
浙　江	9	50	69	177	304	333	575
安　徽	1	1	20	26	28	34	36
福　建		1	60	66	324	434	423
江　西	4	12	23	11	17	42	70
山　东	19	97	157	85	180	247	314
河　南	6	32	15	46	32	47	78
湖　北	9	28	48	29	129	160	244
湖　南	15	51	36	44	64	71	121
广　东	118	552	882	1360	1407	3197	3130
广　西	6	9	13	14	21	29	37
海　南		2					
重　庆		15	12	14	42	38	73
四　川	19	81	40	53	186	91	264
贵　州	9	33	20	37	98	84	126
云　南	1	17	66	50	53	73	93
西　藏							
陕　西	28	68	56	111	68	154	166
甘　肃	1	5	1	2	12	3	33
青　海		4	14	1	1	1	1
宁　夏	1	9	14	5	9	15	5
新　疆			3		3	3	4

7－24 全国及分地区高技术产业技术引进经费支出情况

单位:万元

地 区	1995	2000	2002	2003	2004	2005	2006
全 国	**291596**	**470463**	**937122**	**935365**	**1118594**	**848184**	**785792**
北 京	3326	2904	61882	12239	263610	31155	23560
天 津	7567	6088	19470	80665	139316	248797	280004
河 北	133148	8208	8072	3891	1850	1882	783
山 西	85	315	40	77	60		1278
内蒙古	162	2263	52				
辽 宁	15154	12396	80	27129	151337	5813	4127
吉 林	84	3071	3400	480	847	706	
黑龙江	7172	4567	9831	35002	5253	7880	396
上 海	21344	153586	353032	256350	167311	141906	116211
江 苏	20988	54830	84131	186751	177111	168260	100497
浙 江	4447	8306	7946	28555	9604	9197	20889
安 徽	3853	1906	6697	13551	8292	3374	1596
福 建	2256	11572	24372	33883	25971	27311	59997
江 西	1836	3365	3030	3655	221	4442	7442
山 东	3683	5957	13127	14577	9359	7565	4509
河 南	8198	3786	16254	27382	16199	498	4690
湖 北	870	13060	6006	3860	1008	1672	2450
湖 南	703	2765	110428	33982	11379	1354	2933
广 东	11588	68671	133966	123496	93293	161527	131945
广 西	338	239	1204	719	125	42	50
海 南	1800	573	245	230			
重 庆		609	183	2981	2829	2490	100
四 川	14960	21569	25113	7274	3794	4069	11126
贵 州	9727	11654	9335	2326	2034	7223	3172
云 南	950	427	6974	2646	3030	217	20
西 藏							
陕 西	16102	64595	27796	28567	23896	10804	1274
甘 肃	1251	3058	1003	3575	542		
青 海		2	654	64			
宁 夏		64	2750	1458	150		6745
新 疆	4	60	50		174		

7-25　全国及分地区高技术产业消化吸收经费支出情况

单位:万元

地　区	1995	2000	2002	2003	2004	2005	2006
全　国	**22744**	**33685**	**52387**	**56515**	**125061**	**274972**	**110043**
北　京	178	4538	344	84	165	196	2653
天　津	51	816	81	8	2142	158030	1114
河　北	9736	1806	784	735	1536	785	703
山　西	20	13	30	30	37	30	564
内蒙古							150
辽　宁	3066	2240		160	146	43	206
吉　林	12		4046	1080	100	252	10
黑龙江	264	6579	1581	4391	6346	2622	464
上　海	359	1637	21643	18594	48945	9373	19293
江　苏	1441	2373	4447	7246	9194	11721	9625
浙　江	7	1129	9828	6504	2933	7904	10178
安　徽	48	749	250	100	8227	280	220
福　建	18	858	517	4242	1953	3328	26390
江　西	807	22	49	95	1412	1309	79
山　东	276	1315	820	1562	1841	2581	4350
河　南	3079	53	71	456	410	820	1307
湖　北	25	794	1227	699	393	280	2282
湖　南	75	330	1628	1326	1010	884	851
广　东	1172	5972	4490	4214	36538	71581	24159
广　西	2	15	112	335	575	423	551
海　南	251	102				60	70
重　庆		400	94	56	286	1025	621
四　川	1009	532	206	207	179	899	2291
贵　州	31	35	25	15	1	44	12
云　南	3	654					5
西　藏							
陕　西	625	702	91	4376	251	504	384
甘　肃	191				10		260
青　海							
宁　夏		12	10		433		1252
新　疆		10	15				

7－26 全国及分地区高技术产业购买国内技术经费支出情况

单位:万元

地 区	1995	2000	2002	2003	2004	2005	2006
全 国	**42534**	**72099**	**58894**	**85663**	**85693**	**95359**	**102308**
北 京	99	86	2728	757	1871	3274	1000
天 津	66	2231	10787	4519	2840	1254	909
河 北	25360	2066	776	627	965	1637	1447
山 西	134	145	300	336	305	181	903
内蒙古	97	2018	18		150		25
辽 宁	547	327	779	205	2352	592	268
吉 林	187	32722	1432	1825	1020	323	599
黑龙江	470	856	797	2641	1090	600	309
上 海	873	4683	3775	827	3578	5669	6752
江 苏	1766	8472	11401	15246	14655	16724	18170
浙 江	3453	3303	2150	8662	7384	11229	14730
安 徽	478	1511	115	1192	2114	348	579
福 建	88	540	1285	866	6388	9702	3961
江 西	173	173	2533	85	4707	5129	11571
山 东	627	4205	2101	2332	5309	3812	1923
河 南	556	82	632	230	1884	4653	2388
湖 北	243	2952	1559	427	965	774	2867
湖 南	84	493	169	266	330	110	554
广 东	519	1329	6146	7214	12565	16220	11256
广 西	173	388	294	813	562	602	394
海 南	214	375	50		352	280	350
重 庆		1024	146	4183	3437	2488	945
四 川	4734	887	908	1830	579	1705	3961
贵 州	47	100	50	1540	2967	6102	913
云 南	25	40		3	163	297	10
西 藏							
陕 西	1388	1001	2702	29037	6747	1484	15070
甘 肃	128	41	372		314	100	
青 海							
宁 夏	2	10	4831		100	56	454
新 疆	5	40	60			15	

7-27 全国及分地区高技术产业R&D经费内部支出情况

单位:万元

地区	1995	2000	2002	2003	2004	2005	2006
全国	**178474**	**1110410**	**1869660**	**2224468**	**2921315**	**3624985**	**4564367**
北京	10497	107059	207980	248888	255335	207216	346013
天津	2618	60429	80797	75761	82971	90124	132264
河北	2017	15687	21566	29800	28905	34702	36463
山西	47	1577	811	2135	1316	2949	3580
内蒙古	1039	73	196	259	430	1174	1334
辽宁	16299	19875	67627	54712	78979	78649	72764
吉林	1501	7870	7840	11426	14958	13897	17839
黑龙江	1440	18342	51696	62156	20761	55664	41942
上海	23894	119707	165617	181907	291844	341939	404956
江苏	10910	68974	121417	151588	242113	381402	517115
浙江	6619	43078	46802	100560	233411	328463	373825
安徽	1192	8765	16805	29622	7011	18711	18781
福建	1879	28198	41977	66015	78544	139019	143687
江西	2444	17724	8455	16194	36004	43024	51003
山东	2279	49329	122772	125808	176439	267923	299790
河南	5212	11431	13536	21591	41268	29571	34930
湖北	5125	40537	32127	31835	50686	63366	86372
湖南	7342	6749	13699	19926	29199	20253	9413
广东	17353	319979	633825	728847	922333	1206178	1565556
广西	1573	2827	6631	4742	4380	11391	10897
海南	86	573	600	1816	353	560	377
重庆		7960	15268	19999	19565	24712	23928
四川	13144	24759	37753	65226	104390	109765	166342
贵州	5931	7274	12786	15200	16565	22100	35262
云南	921	1701	5444	3346	3819	2846	5021
西藏							
陕西	35113	116030	128748	146809	170471	119312	160423
甘肃	1799	3464	4633	5683	1638	4496	1195
青海	43	284	592	134	50	38	
宁夏	134	157	1660	2438	7576	5165	3298
新疆	24			45		380	

7－28 全国及分地区高技术产业科技机构数情况

单位：个

地 区	1995	2000	2002	2003	2004	2005	2006
全 国	**2138**	**1379**	**1374**	**1259**	**1732**	**1619**	**1929**
北 京	94	49	48	34	42	32	64
天 津	106	38	51	27	47	41	57
河 北	51	35	38	30	27	27	28
山 西	30	18	19	10	25	23	23
内蒙古	5	3	3	3	3	3	5
辽 宁	150	56	40	38	52	34	40
吉 林	57	41	34	26	33	29	31
黑龙江	38	31	30	29	21	32	30
上 海	119	82	80	61	67	74	103
江 苏	298	193	183	184	394	225	253
浙 江	72	68	63	103	162	193	242
安 徽	65	27	30	38	31	33	36
福 建	23	25	44	31	43	43	64
江 西	57	27	25	22	24	39	40
山 东	102	81	81	77	106	123	96
河 南	94	43	37	32	42	49	66
湖 北	86	62	35	42	38	37	51
湖 南	52	32	36	33	27	30	40
广 东	176	168	213	203	237	264	377
广 西	30	17	18	13	18	17	18
海 南	1	6	3	4	4	3	3
重 庆		25	23	21	42	43	47
四 川	192	75	64	47	76	54	71
贵 州	45	45	34	19	48	41	42
云 南	23	6	20	9	9	9	7
西 藏							
陕 西	125	106	92	98	84	89	77
甘 肃	39	11	19	14	16	23	13
青 海	2	3	2	3	1	2	1
宁 夏	5	5	8	7	11	6	2
新 疆	1	1	1	1	2	1	2

7-29 全国及分地区高技术产业R&D活动人员折合全时当量情况

单位:人年

地　区	1995	2000	2002	2003	2004	2005	2006
全　国	**57838**	**91573**	**118448**	**127849**	**120830**	**173161**	**188987**
北　京	3265	4374	4973	6209	7509	8591	6467
天　津	971	1895	2472	1935	2504	3464	3124
河　北	382	1768	2577	3125	2744	3469	3296
山　西	62	286	159	288	203	302	380
内蒙古	121	20	29	46	38	108	202
辽　宁	3022	3725	6422	4117	4941	6089	6601
吉　林	383	1136	808	756	695	630	764
黑龙江	1000	2245	4269	4816	2679	5500	4160
上　海	5307	7128	4468	8555	5947	7045	10006
江　苏	3035	6272	9520	9817	11696	18901	17924
浙　江	884	1724	2808	5376	8451	11571	17517
安　徽	492	1136	978	1361	611	1404	1464
福　建	443	1595	2554	4081	3835	5277	5473
江　西	1176	6493	1214	1979	4535	5441	5655
山　东	941	3195	7175	5878	4978	5836	7717
河　南	1022	1217	1957	1605	3745	3826	4258
湖　北	2371	2704	3510	3290	4987	8461	6986
湖　南	4628	2077	2061	2092	1557	3611	1924
广　东	3218	16915	25471	30834	28282	47488	55555
广　西	577	491	659	433	375	870	734
海　南	127	39	38	41	6	33	32
重　庆		1379	1634	1522	1565	2094	2473
四　川	5429	2425	6521	8933	7735	9401	8989
贵　州	3349	2393	2490	2047	789	2451	2650
云　南	442	118	619	302	416	246	313
西　藏							
陕　西	13201	17561	21174	16481	9058	9686	13560
甘　肃	1915	1116	1636	1508	386	848	307
青　海	15	61	33	42	17	12	
宁　夏	48	85	219	375	547	480	455
新　疆	12			4		25	

主要指标解释

科技活动:指在自然科学、农业科学、医药科学、工程与技术科学、人文与社会科学领域(简称科学技术领域)中与科技知识的产生、发展、传播和应用密切相关的有组织的活动。为核算科技投入的需要,科技活动可分为科学研究与试验发展(R&D)、科学研究与试验发展成果应用及相关的科技服务三类活动。

科学研究与试验发展:指在科学技术领域,为增加知识总量以及运用这些知识去创造新的应用进行的系统的创造性的活动,包括基础研究、应用研究、试验发展三类活动。

基础研究:指为了获得关于现象和可观察事实的基本原理的新知识(揭示客观事物的本质、运动规律,获得新发现、新学说)而进行的实验性或理论性研究,它不以任何专门或特定的应用或使用为目的。其成果以科学论文和科学著作为主要形式。

应用研究:也指为获得新知识而进行的创造性研究,主要针对某一特定的目的或目标。应用研究是为了确定基础研究成果可能的用途,或是为达到预定的目标探索应采取的新方法(原理性)或新途径。其成果形式以科学论文、专著、原理性模型或发明专利为主。

试验发展:指利用从基础研究、应用研究和实际经验所获得的现有知识,为产生新的产品、材料和装置,建立新的工艺、系统和服务,以及对已产生和建立的上述各项作实质性的改进而进行的系统性工作。其成果形式主要是专利、专有技术、新产品原型或样机样件等。

科学研究与试验发展成果应用:指为使试验发展阶段产生的新产品、材料和装置,建立的新工艺、系统和服务以及作实质性改进后的上述各项能够投入生产或实际应用,解决所存在的技术问题而进行的系统性的工作。这类活动的成果形式大多是可供生产和实际操作的带有技术和工艺参数的图纸、技术标准和操作规范。

科技服务:指与科学研究与实验发展有关,并有助于科学技术知识的产生、传播和应用的活动。

从业人员年平均人数:从业人员是指在从事劳动并取得劳动报酬或经营收入的全部劳动力。从业人员年平均人数是指在报告期平均每天拥有的从业人员数。

科学家和工程师:指具有高、中级技术职称(职务)的人员和无高中级技术职称(职务)的大学本科及以上学历的人员。

专业技术人员:指从事专业技术工作的人员以及从事专业技术管理工作且在1983年以前审定了专业技术职称或在1984年以后聘任了专业技术职务的人员。

工程技术人员:指负担工程技术和工程技术管理工作并具有工程技术能力的人员。

从业人员劳动报酬:指工业企业在报告期内直接支付给本企业全部从业人员的劳动报酬总额,包括职工工资总额和企业其他从业人员劳动报酬两部分。

工业总产值:指以货币表现的工业企业在报告期内生产的工业产品总量,包括本年生产成品价值,对外加工费收入,自制半成品、在产品期末期初差额价值。

产品销售收入:指工业企业销售产成品、自制半成品的收入和提供工业性劳务等取得的收入总额。

产品销售利润:指企业销售收入扣除其成本、费用、税金后的余额。

利润总额:指企业在生产经营过程中各种收入扣除各种消耗后的盈余,反映企业在报告期内实现的盈亏总额(亏损以"-"号表示),包括企业的营业利润、补贴收入、各种投资净收益和营业外收支净额。

年末固定资产原价:指企业在建造、购置、安装、改建、扩建、技术改造固定资产时实际支出的全部货币总额。

生产经营用机器设备原价:指企业在年末拥有的直接服务于企业生产、经营过程的各种机器设备的原价。

微电子控制机器设备原价:指企业在年末拥有的、利用微电子技术(包括电子计算机、集成电路等)对生产过程进行控制、观察测量、测试等生产机器设备的原价。

科技活动人员:指企业在报告年度直接从事(或参与)科技活动以及专门从事科技活动管理和为科技活

动提供直接服务的人员。累计从事科技活动的时间占制度工作时间10%(不含)以下的人员不统计。

科技活动全时人员:指企业科技活动人员中在报告年度实际从事科技活动的时间占制度工作时间90%以上(含90%)的人员。

科技活动非全时人员:指企业科技活动人员中在报告年度实际从事科技活动的时间占制度工作时间在10%(含10%)~90%(不含)的人员。

研究与试验发展人员:指企业科技活动人员中从事基础研究、应用研究和试验发展三类活动的人员。

科技活动经费筹集总额:指企业在报告年度从各种渠道筹集到的计划用于科技活动的经费,包括企业资金、金融机构贷款、政府资金、事业单位资金、国外资金、其他资金等。

企业资金:指报告年度本企业从自有资金中提取或接受在国内注册的其他企业委托获得的计划用于科研和技术开发活动的经费,不包括来自政府有关部门、金融机构以及国外的计划用于科技活动的经费。

金融机构贷款:指企业从各类金融机构获得的用于科技活动的贷款。

政府资金:指企业从各级政府部门获得的计划用于科技活动的经费,包括科技专项费、科研基建费和贷款等。

事业单位资金:指企业从独立的科研院所和高等学校等事业单位获得的计划用于科技活动的经费,不包括来自其他企业、政府部门、金融机构以及国外的用于科技活动的经费。

国外资金:指本企业从中国境外的企业、大学、国际组织、民间组织、金融机构及外国政府获得的计划用于科技活动的经费,不包括从在国内注册的外资企业获得的计划用于科技活动的经费。

其他资金:指科技活动执行单位从上述渠道以外获得的计划用于科技活动的经费,如来自民间非营利机构的资助和个人捐赠等。

科技活动经费支出总额:指企业在报告年度实际支出的全部科技活动费用,包括列入技术开发的经费支出以及技措技改等资金实际用于科技活动的支出,不包括生产性支出和归还贷款支出。科技活动经费支出总额分为内部支出和外部支出。

科技活动经费内部支出:指企业在报告年度用于内部开展科技活动实际支出的费用,包括外协加工费,不包括委托研制或合作研制而支付外单位的经费。

科技活动人员劳务费:指以货币或实物形式直接或间接支付给科技活动人员的劳动报酬及各种费用,包括各种形式的工资、补助工资、津贴、价格补贴、奖金、福利、失业保险、养老保险、医疗保险、工伤保险、人民助学金等。为科技活动提供间接服务人员的劳务费计入其他支出。

固定资产购建:指企业在报告年度为开展科技活动,使用非基本建设资金进行固定资产购置,以及使用基本建设费进行新建、改建、扩建、购置、安装科研用固定资产以及进行科研设备改造及大修理等的实际支出。

设备购置:指在报告期内为进行科技活动而购置的科研仪器设备、图书资料、实验材料和标本以及其他设备的支出。

研究与试验发展经费支出:指报告年度在企业科技活动经费内部支出中用于基础研究、应用研究和试验发展三类项目以及这三类项目的管理和服务费用的支出。

基础研究支出:指报告年度在企业科技活动经费内部支出中用于基础研究项目以及这类项目的管理和服务费用的支出。

应用研究支出:指报告年度在企业科技活动经费内部支出中用于应用研究项目以及这类项目的管理和服务费用的支出。

试验发展支出:指报告年度在企业科技活动经费内部支出中用于试验发展项目以及这类项目的管理和服务费用的支出。

科技活动经费外部支出:指企业在报告年度委托其他单位或与其他单位合作开展科技活动而支付给其他单位的经费,不包括外协加工费。

新产品:指采用新技术原理、新设计构思研制、生产的全新产品,或在结构、材质、工艺等某一方面比原有产品有明显改进,从而显著提高了产品性能或扩大了使用功能的产品。

新产品产值:指报告年度本企业生产的新产品的价值。

新产品销售收入:指报告年度本企业销售新产品实现的销售收入。

新产品出口收入:指报告年度本企业将新产品出售给外贸部门和直接出售给外商所实现的销售收入。

新产品销售利润:指报告年度企业销售新产品实现的利润。

全部科技项目数:指企业在报告年度当年立项并开展研制工作和以前年份立项仍继续进行研制的科技项目数,包括当年完成和年内研制工作已告失败的科技项目,但不包括委托外单位进行研制的科技项目。

研究与试验发展项目数:指企业在报告年度进行的全部科技项目中属于研究与试验发展的项目数。

专利申请数:指企业在报告年度内向专利行政部门提出专利申请并被受理的件数。

发明专利申请数:指企业在报告年度内向专利行政部门提出发明专利申请并被受理的件数。

拥有发明专利数:指企业作为专利权人在报告年度拥有的、经国内外专利行政部门授权且在有效期内的发明专利件数。

发表科技论文:指在学术刊物上以书面形式发表的最初的科学研究成果。它应具备以下三个条件:(1)首次发表的研究成果;(2)作者的结论和试验能被同行重复并验证;(3)发表后科技界能引用。

出版科技著作:指经过正式出版部门编印出版的论述科学技术问题的理论性论文集或专著以及大专院校教科书、科普著作,但不包括翻译国外的著作。由多人合著的科技著作,由第一作者所在单位统计。

技术改造经费支出:指本企业在报告年度进行技术改造而发生的费用支出。在技术改造经费支出中,属于研究与试验发展的经费支出,除了包含在技术改造经费支出中,还要计入企业研究与试验发展经费支出中。

技术引进经费支出:指企业在报告年度用于购买国外技术,包括产品设计、工艺流程、图纸、配方、专利等技术资料的费用支出,以及购买关键设备、仪器、样机和样件等的费用支出。

引进技术资料及关键设备等的支出:指企业在报告年度用于购买国外产品设计、工艺流程、图纸、配方、专利、技术诀窍及关键设备的费用支出。

引进设计、图纸、工艺、配方、专利的支出:指企业在报告年度内用于购买国外产品设计、工艺流程、配方、专利、技术诀窍等的费用支出。

消化吸收的经费支出:指本企业在报告年度对国外引进项目进行消化吸收所支付的经费总额。

购买国内技术经费支出:指本企业在报告年度购买国内其他单位科技成果的经费支出。

享受各级政府对科技的减免税:指各级政府为了鼓励增加科技投入、促进高新技术产品开发、发展高新技术产业等而减负的各种税金总额。

图书在版编目（CIP）数据

浙江科技统计年鉴. 2007 /浙江省科学技术厅编. —杭州：浙江大学出版社，2007.12
ISBN 978-7-308-05725-7

Ⅰ.浙… Ⅱ.浙… Ⅲ.科技统计－浙江省－2007－年鉴
Ⅳ.G322.755-66

中国版本图书馆 CIP 数据核字（2007）第 196891 号

2007 浙江科技统计年鉴

责任编辑 樊晓燕
封面设计 刘依群
出版发行 浙江大学出版社
（杭州天目山路 148 号 邮政编码 310028）
（E-mail：zupress@mail.hz.zj.cn）
（网址：http://www.zjupress.com
http://www.press.zju.edu.cn）
排 版 浙江大学出版社电脑排版中心
印 刷 浙江中恒世纪印务有限公司
开 本 889mm×1194mm 1/16
印 张 23.5
字 数 602 千
版 印 次 2008 年 1 月第 1 版 2008 年 1 月第 1 次印刷
印 数 0001—1500
书 号 ISBN 978-7-308-05725-7
定 价 180.00 元